高等职业院校理实一体化校企双元特色教材
体现新设备新工艺新技能
对标"岗课赛证"需求

 "文轨学堂"学习平台·教学课件·授课视频·实训实测与答案

混凝土结构设计原理

（新形态活页式）

主　编◎高鸽子　占玉林　范碧琨
副主编◎侯晓晶　张东卿
参　编◎常艳婷　陈若曦　郑　奋　张沐然
主　审◎王军龙

本书数字资源目录

西南交通大学出版社
·成　都·

图书在版编目（CIP）数据

混凝土结构设计原理：新形态活页式 / 高鸽子，占玉林，范碧琨主编. -- 成都：西南交通大学出版社，2023.11
ISBN 978-7-5643-9587-2

Ⅰ. ①混… Ⅱ. ①高… ②占… ③范… Ⅲ. ①混凝土结构 – 结构设计 – 高等职业教育 – 教材 Ⅳ. ①TU370.4

中国国家版本馆 CIP 数据核字（2023）第 229777 号

Hunningtu Jiegou Sheji Yuanli (Xin Xingtai Huoye Shi)

混凝土结构设计原理（新形态活页式）

主　编 / 高鸽子　占玉林　范碧琨	责任编辑 / 姜锡伟
	封面设计 / 墨创文化

西南交通大学出版社出版发行
（四川省成都市金牛区二环路北一段 111 号西南交通大学创新大厦 21 楼　610031）
营销部电话：028-87600564　　028-87600533
网址：http://www.xnjdcbs.com
印刷：四川玖艺呈现印刷有限公司

成品尺寸　185 mm×260 mm
印张　17.5　　字数　437 千
版次　2023 年 11 月第 1 版　　印次　2023 年 11 月第 1 次

书号　ISBN 978-7-5643-9587-2
定价　56.00 元

课件咨询电话：028-81435775
图书如有印装质量问题　本社负责退换
版权所有　盗版必究　举报电话：028-87600562

前言 PREFACE

混凝土结构设计原理课程是高职高专土木工程类专业的一门专业基础课程。为建设好该课程，编者认真研究专业教学标准和"1+X"职业能力评价标准，开展广泛调研，与最新专业规范即住房和城乡建设部发布的《建筑结构荷载规范》（GB 50009—2012）及《混凝土结构设计规范（2015年版）》（GB 50010—2010）（以下简称《规范》）、交通运输部发布的《公路桥涵设计通用规范》（JTG D60—2015）（以下简称《桥通规》）及《公路钢筋混凝土及预应力混凝土桥涵设计规范》（JTG 3362—2018）（以下简称《桥规》）以及国家铁路局发布的《铁路桥涵混凝土结构设计规范》（TB 10092—2017）（以下简称《铁路桥规》）对接，联合企业，开发了《专业人才培养质量标准》；按照《专业人才培养质量标准》中的素质、知识和能力要求要点，注重"以学生为中心，以立德树人为根本，强调知识、能力、思政目标并重"，组建了校企合作的结构化课程开发团队。团队以生产企业实际项目案例为载体，以任务驱动、工作过程为导向，进行课程内容模块化处理；以"项目+任务"的方式，开发工作页式的任务工单，注重课程之间的相互融通及理论与实践的有机衔接，形成了多元多维、全时全程的评价体系；并基于互联网，融合现代信息技术，配套开发了丰富的数字化资源，编写成了该活页式教材。

本书面向对象为交通运输类学生，故书中涉及规范的地方基本采用了《公路钢筋混凝土及预应力混凝土桥涵设计规范》（JTG 3362—2018），在预应力混凝土构件部分参考了《铁路桥涵设计规范》（TB 10002—2017）。另外，书中工单重点突出技术应用，可作为土木工程技术人员的继续教育教材。

本书由西安铁路职业技术学院高鸽子、西南交通大学占玉林教授、四川省勘察设计大师范碧琨联合担任主编，西安铁路职业技术学院侯晓晶、中铁第二勘察设计院集团有限公司张东卿联合担任副主编。参与本书编写的人员还有：西安铁路职业技术学院常艳婷、陈若曦、郑奋、张沐然。具体分工如下：高鸽子、范碧琨联合编写模块一；高鸽子编写模块二中项目一；占玉林编写模块二中项目二；侯晓晶编写模块二中项目三、项目四；常艳婷编写模块二中项目五；张东卿编写模块二中项目六；高鸽子、郑奋编写模块二中项目七；陈若曦编写模块三中项目一；张沐然编写模块三中项目二。全书由高鸽子、占玉林统稿。

因该书涉及内容广泛，编者水平有限，书中难免出现疏漏和处理不妥之处，恳请广大读者批评指正。

编 者

2023 年 5 月

目 录 CONTENTS

模块一　课程认识 ……………………………………………………………… 001

模块二　钢筋混凝土结构设计 …………………………………………………… 004

  项目一　钢筋混凝土结构基本知识认知 ……………………………………… 004
    任务一　混凝土结构概述 …………………………………………………… 004
    任务二　钢筋混凝土材料物理力学性质 …………………………………… 012
    任务三　钢筋与混凝土的黏结 ……………………………………………… 030
  项目二　钢筋混凝土结构设计方法认知 ……………………………………… 039
    任务一　极限状态设计法的基本概念认知 ………………………………… 039
    任务二　公路桥涵设计规范的设计原则 …………………………………… 050
  项目三　受压构件正截面承载力计算 ………………………………………… 058
    任务一　轴心受压普通箍筋柱计算 ………………………………………… 058
    任务二　轴心受压螺旋箍筋柱计算 ………………………………………… 070
    任务三　偏心受压构件承载力计算 ………………………………………… 080
  项目四　受弯构件正截面承载力计算 ………………………………………… 095
    任务一　受弯构件的构造特点及破坏形态认知 …………………………… 095
    任务二　单筋矩形截面受弯构件计算 ……………………………………… 109
    任务三　双筋矩形截面受弯构件计算 ……………………………………… 124
    任务四　单筋 T 形截面受弯构件计算 ……………………………………… 135
  项目五　受弯构件斜截面承载力计算 ………………………………………… 147
    任务一　受弯构件斜截面抗剪承载力的影响因素及破坏形态认知 ……… 147
    任务二　受弯构件斜截面承载力计算 ……………………………………… 154
    任务三　全梁承载力校核与构造要求 ……………………………………… 164

项目六 受扭构件承载力计算 178
  任务一 矩形截面纯扭构件的承载力计算 178
  任务二 矩形截面在弯、剪、扭共同作用下的承载力计算 187
  任务三 T形、工形及箱形截面受扭构件的承载力计算 194
项目七 受弯构件的应力、裂缝和变形计算 201
  任务一 截面换算及应力验算 201
  任务二 受弯构件的裂缝和裂缝宽度验算 212
  任务三 受弯构件的变形（挠度）验算 221

模块三 预应力混凝土结构设计 230

项目一 预应力混凝土结构基本知识认知 230
  任务一 预应力混凝土结构概述 230
项目二 预应力混凝土受弯构件设计计算 243
  任务一 张拉控制应力与预应力损失计算 243
  任务二 预应力混凝土受弯构件设计要求 258

参考文献 273

模块一　课程认识

一、本课程的主要内容

通常，结构设计按照以下步骤进行：
（1）根据使用要求，确定结构形式，做出初步设计。
（2）建立计算模型，施加荷载，对结构进行受力分析，得到单个构件的内力。

课程宣传片　　课程导学

（3）构件设计。
（4）地基基础设计。
（5）绘制施工图。

本课程内容用以实现上面的步骤（3）。其主要内容包括：混凝土和钢筋的力学性能，极限状态设计法原则，各类基本构件的受力性能、计算理论、计算方法和配筋构造，应力验算，混凝土的变形与裂缝宽度验算，以及预应力混凝土的基本知识，等。

通过本门课程的学习，学生应掌握的知识点和应达到的综合职业能力如下：

1. 素质目标

（1）深厚的爱国情感和中华民族自豪感。
（2）良好的职业道德和质量安全意识。
（3）良好的环保意识。
（4）良好的专业素养。
（5）基本的试验操作技能。
（6）健康的体魄、完整的人格和良好的意志品质，能适应艰苦的工作环境。
（7）良好的团队协作精神，不怕吃苦，甘于奉献。
（8）爱岗敬业，作风严谨、踏实，勇于克服困难、积极进取的精神。
（9）精益求精的工匠精神。

2. 知识目标

（1）掌握钢筋混凝土的概述和性质。
（2）掌握钢筋混凝土结构设计的基本原理。
（3）掌握钢筋混凝土受弯构件的构造及各类荷载的计算。
（4）掌握受压构件的构造要求及计算。
（5）掌握预应力混凝土结构的基本概念及设计。

3. 能力目标

（1）钢材物理力学性能的认知能力。
（2）混凝土物理力学性能的认知能力。
（3）钢筋混凝土结构共同工作原理的分析能力。
（4）钢筋混凝土受弯构件正截面破坏的分析能力。
（5）钢筋混凝土受弯构件正截面设计及检算能力。
（6）钢筋混凝土受弯构件斜截面设计及检算能力。
（7）钢筋混凝土受弯构件正常使用极限状态的分析、计算能力。
（8）钢筋混凝土受压构件的截面设计及检算能力。
（9）简支T梁的结构设计与检算能力。
（10）预应力钢筋混凝土结构的认知能力。

4. 劳动能力

（1）树立正确的劳动价值观和爱岗敬业的态度。
（2）具有必备的动手能力。
（3）培养积极向上、认真负责的劳动态度。
（4）培育执着专注、作风严谨、精益求精、敬业守信、推陈出新的大国工匠精神。

二、前后课程的衔接和融通

本课程的前续课程为材料力学、工程材料。虽然不具备这两门课程知识的读者也能够理解本书的内容，但终究不如学习了材料力学、工程材料之后顺畅，水到渠成。另外，本课程与钢结构、砌体结构等结构设计类课程属于同种类型课程，彼此之间只是涉及的材料性能不同而已，对于同一种力学问题本质上并无太大区别，故学习了本门课程后应能触类旁通，具备自学钢结构、砌体结构等结构设计类课程的能力。

本课程的后续课程有桥梁工程、地基基础等。桥梁工程主要用来解决结构设计步骤（2），另外还有桥梁施工的内容，例如汽车、人群等荷载通过什么样的计算模型施加在上部结构上，从而得到梁、板的内力；地基基础则主要解决桥梁下部结构的设计问题。

三、本课程的特点与学习方法

混凝土结构设计原理是一门对混凝土结构构件的力学性能、计算方法和构造要求等问题进行讨论的综合性课程，学好这门课要综合运用数学、力学、材料科学和施工技术等相关知识。本书适用于轨道交通类混凝土结构设计，以桥梁结构设计为基础，讨论了混凝土结构的材料性能、设计方法、承载能力和正常使用极限状态计算方法并介绍了预应力混凝土构件设计。

在学习本课程时，应该注意以下几点：

（1）混凝土结构是由钢筋和混凝土结合而成的一种结构，钢筋混凝土材料与力学中的理想弹性材料或理想弹塑性材料有很大的区别。为了对混凝土结构的受力性能与破坏特征有较好的了解，首先要求对钢筋和混凝土的力学性能有很好的认识。

（2）混凝土结构在裂缝出现以前的抗力行为与理想弹性结构相近；但是，在裂缝出现以后特别是临近破坏时，其受力和变形状态与理想弹性材料或理想弹塑性材料做成的结构有显著不同。混凝土结构的受力性能还与结构的受力状态、配筋方式和配筋数量等多种因素有关，暂时还难以用一种简单的数学、力学模型来描述。因此，目前对混凝土结构主要以混凝土结构构件的试验与工程实践经验为基础进行分析，许多计算公式都带有试验统计与经验性质。它们虽然不如用理想弹性材料或理想弹塑性材料做成的结构构件的计算公式那样严谨，却能够较好地反映结构的真实受力性能。在学习本课程时，应该注意各计算公式与力学公式的联系与区别。

（3）我国科技工作者在进行大量的试验、调查与统计的基础上，对土木工程结构可能承受的各种荷载大小作了明确的规定；我国的混凝土结构设计规范也给出了各种常用钢筋和混凝土的强度、弹性模量等指标。鉴于实际情况的复杂性，工程结构上的实际荷载和实际材料指标与规范规定的大小会有一定的出入。它们可能高于规范规定的数值，也可能低于规范规定的数值。此外，不同结构的重要性也不一样，它们对于结构安全、适用和耐久的要求各不相同。为了使混凝土结构设计满足技术先进、经济合理、安全适用、确保质量的要求，将混凝土结构各种分析公式用于设计时，要考虑上述各种因素的影响，应具有一定的安全储备。学习本课程时，应该注意分析公式与设计公式之间的联系与区别，了解和掌握我国当前有关混凝土结构设计的技术和经济政策。

（4）进行混凝土结构设计时离不开计算。但是，现行的计算方法一般只考虑荷载效应，其他影响因素，如混凝土收缩、温度影响及地基不均匀沉陷等，难以用计算公式来表达。《规范》根据长期的工程实践经验，总结出一些构造措施来考虑这些因素的影响。因此，在学习本课程时，除了要了解和掌握各种计算式以外，对于各种构造措施也必须给予足够的重视。在设计混凝土结构时，除了进行各种计算之外，还必须检查各项构造要求是否得到满足。

（5）为了指导混凝土结构的设计工作，各国都制定了专门的技术标准和设计规范。这些标准和规范是各国在一定时期内理论研究成果和实际工程经验的总结，在学习混凝土结构设计时，应很好地熟悉、掌握和运用它们。但是也要了解，混凝土结构设计是一门比较年轻和迅速发展的学科，许多计算方法和构造措施还不完善。也正因为如此，各国每隔一段时间都要对其结构设计标准或规范进行修订，使之更加合理。因此，在很好地学习和运用规范的过程中，也要善于总结和发现问题，灵活运用，并且要勇于进行探索与创新。

模块二 钢筋混凝土结构设计

项目一 钢筋混凝土结构基本知识认知

任务一 混凝土结构概述

一、学习目标

1. 知识目标

(1) 了解混凝土结构的分类及特点。

(2) 掌握钢筋混凝土结构受压及受弯构件的受力特点及破坏形态。

2. 能力目标

(1) 能说出钢筋混凝土结构的优缺点。

(2) 能简要描述混凝土的应用与发展概况。

3. 思政目标

(1) 培养积极进取、奋发图强的精神。

(2) 培养团结协作、共同进步的品质。

(3) 培养创新意识。

二、任务重、难点

1. 重 点

(1) 钢筋混凝土结构的优缺点。

(2) 钢筋混凝土结构受压及受弯构件的受力特点及破坏形态。

2. 难 点

钢筋混凝土结构受压及受弯构件的受力特点及破坏形态。

结构的分类及特点

三、知识链接

(一) 钢筋混凝土结构的基本概念

工程结构，广义上指房屋、桥梁、铁路、公路、水工、海工、港口、地下等建筑物、构筑物及其相关组成部分的实体，狭义上指各种工程实体的承重骨架。工程结构除要满足工程所要求的功能和性能外，还必须在使用期内安全、适用、耐久地承受外加的或内部形成的各种作用。按应用领域分，工程结构可分为建筑结构、桥梁结构、水电结构和其他特种结构等；按结构所使用的工程材料种类分，工程结构又可分为混凝土结构、预应力混凝土结构、钢结构、木结构、圬工结构及组合结构等。

以混凝土为主要材料制作的结构称为混凝土结构。它包括素混凝土结构、钢筋混凝土结构和预应力混凝土结构等。

素混凝土结构是指无筋或不配置受力钢筋的混凝土结构。图 2.1-1（a）为一根未配置钢筋的素混凝土简支梁。

钢筋混凝土结构是指配置受力普通钢筋的混凝土结构。图 2.1-1（b）在上述简支梁的受拉区布置了 3 根直径为 20 mm 的热轧带肋钢筋（记作 3Φ20），并在受压区布置 2 根直径为 12 mm 的热轧光圆钢筋（记作 2Φ12）和适量的箍筋。

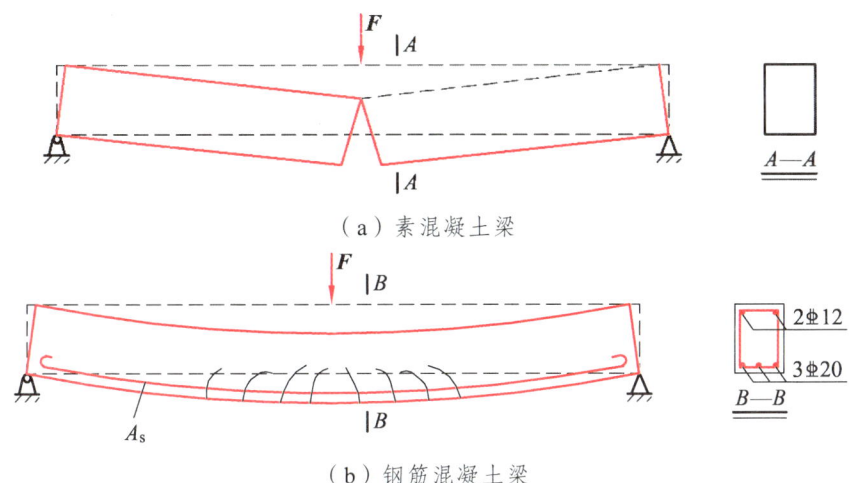

（a）素混凝土梁

（b）钢筋混凝土梁

图 2.1-1　素混凝土简支梁和钢筋混凝土简支梁在集中荷载作用下的破坏形态

预应力混凝土结构是指配置受力的预应力筋，通过张拉或其他方法建立预应力的混凝土结构。

1. 钢筋混凝土结构的基本原理

由工程材料知识可知，混凝土的抗压强度较高，抗拉强度很低，大约只有抗压强度的 1/10。如果仅用混凝土材料制作一根受弯的简支梁［图 2.1-1（a）］，根据材料力学得知，在荷载作用下（以集中荷载为例进行破坏性试验），梁下部产生拉应力，上部产生压应力。由于混凝土抗拉强度很低，所以在很小的外力作用下梁的下部就会开裂，从而使梁失去承载能力。尽管混凝土的抗压强度是抗拉强度的 10 倍左右，但在上述破坏中，抗压强度并没有得到充分利用，因为该试件的破坏是由混凝土的抗拉强度控制的且这种破坏非常突然，没有明显预兆。这种没有明显预兆的破坏，称为脆性破坏，在工程上是不允许发生的。

为什么要在混凝土中配置钢筋？

如果在构件受拉区布置钢筋，再进行同样的荷载试验[图 2.1-1（b）]，则当加载到一定阶段使截面受拉区边缘混凝土拉应变达到极限拉应变时，混凝土虽出现开裂现象，但裂缝不会沿截面高度迅速开展，试件也不会随即发生断裂破坏。混凝土开裂后，裂缝截面的混凝土拉应力由纵向受拉钢筋承受，故荷载还可进一步增加。此时，变形将相应发展，裂缝的数量增多，宽度也慢慢增大，直到受拉钢筋抗拉强度和受压区混凝土抗压强度被充分利用时，试件才发生破坏。试件破坏前，变形和裂缝发展得很充分，呈现出明显的破坏征兆。这种有明显预兆的破坏，称为塑性破坏。

虽然钢筋混凝土试件中纵向受力钢筋的截面面积只占整个截面面积的1%左右，但是混凝土的抗压性能和钢筋的抗拉性能均得到了合理和有效的结合与利用，梁的破坏荷载增大了4倍左右。因此，在素混凝土结构构件中配置一定形式和数量的钢筋，可以得到下列效果：

（1）承载力有很大提高。

（2）脆性性能得到显著改善。

钢筋和混凝土这两种物理和力学性能很不同的材料有机结合，充分发挥各自的长处，取得了很好的综合经济效应。它们可以相互结合共同工作的主要原因是：

（1）混凝土结硬后，能与钢筋牢固地黏结在一起，相互传递内力。黏结力是这两种性质不同的材料能够共同工作的基础。

（2）两者线膨胀系数数值接近。钢筋的线膨胀系数为 $1.2\times10^{-5}\,°C^{-1}$，混凝土的线膨胀系数为 $(1.0\sim1.5)\times10^{-5}\,°C^{-1}$。因此，当温度发生变化时，钢筋与混凝土之间不会出现较大的相对变形和由温度应力引起的黏结破坏。

（3）混凝土包裹钢筋，使钢筋免遭锈蚀，从而增强了结构的耐久性。

2. 钢筋混凝土结构的优缺点

钢筋混凝土结构的优点在于：

（1）就地取材。混凝土所用的砂、石料可就地取材，节省运费，降低运输成本。

（2）节约钢材。钢筋混凝土结构的用钢量很小，承载能力却很高。与钢结构相比，它可以节约大量钢材。

（3）耐久性好。与钢结构相比，钢筋混凝土结构有较好的耐久性，它不需要经常保养与维护。在钢筋混凝土结构中，钢筋被混凝土包裹而不致锈蚀，另外，混凝土的强度还能随时间增长而略有提高，故钢筋混凝土有较好的耐久性。对于在有侵蚀性介质存在的环境中工作的钢筋混凝土结构，可根据侵蚀的性质合理地选用不同品种的水泥，以达到提高耐久性的目的。一般地，火山灰质水泥和矿渣水泥抗硫酸盐侵蚀的能力很强，可在有硫酸盐腐蚀的环境中使用；另外，矿渣水泥抗碱腐蚀的能力也很强，可用于碱腐蚀的环境中。

（4）耐火性好。相对钢结构和木结构而言，钢筋混凝土结构具有较好的耐火性。在钢筋混凝土结构中，由于钢筋包裹在混凝土里面而受到保护，火灾时钢筋不至于很快软化而破坏。

（5）整体性好。相对砌体结构而言，钢筋混凝土结构具有较好的整体性，刚度大、变形小。

（6）可模性好。可根据结构形状的要求制造模板，进而将钢筋混凝土结构浇筑成各种形状和尺寸。

钢筋混凝土结构除具有以上优点外，还存在以下缺点：

（1）自重大。普通钢筋混凝土的重度约为 25 kN/m³，比砌体和木材的重度都大。尽管它的重度比钢材的小，但钢材的强度高，在相同的内力下，钢筋混凝土结构的截面尺寸比钢结构的截面尺寸大，因而其自重远远超过相同跨度或高度的钢结构。

（2）抗裂性差。如前所述，混凝土的抗拉强度只是其抗压强度的 1/10 左右，非常低。因此，普通钢筋混凝土结构经常带裂缝工作。尽管裂缝的存在并不一定意味着结构发生破坏，但是它影响结构的耐久性和美观。当裂缝数量较多和开展较宽时，还将给人造成不安全感。

（3）性质较脆。混凝土结构破坏前的预兆不明显，特别是在抗剪切、抗冲切和小偏心受压构件破坏时，破坏往往是突然发生的。

综上所述，钢筋混凝土虽有很多缺点，但其优点更加显而易见，因此它已经在房屋建筑、地下结构、桥梁、铁路、隧道、水利、港口等工程中得到了广泛应用。而且，人们已经研究出许多克服其缺点的有效措施。例如：为了克服钢筋混凝土自重大的缺点，人们已经研究出许多重量轻、强度高的混凝土和强度很高的钢筋；为了克服普通钢筋混凝土容易开裂的缺点，可以对它施加预应力；为了克服其性质较脆的特点，可以采取加强配筋或在混凝土中掺入短段纤维等措施。

（二）混凝土结构的应用与发展概况

现代混凝土结构，与砖石砌体结构、钢木结构相比，其历史并不长。1824 年英国人 J. 阿斯普汀（J. Aspdin）发明了波特兰水泥，才开启了混凝土大量使用的新纪元，至今约 200 年历史。

混凝土结构的发展概况

四、课外加油站

混凝土坚如磐石的历史（上）

五、思想政治素质养成

（1）各种各样的结构，如梁、拱、柱，首先是大自然的馈赠，人类用发现的眼光将之合理利用在了生活、工业等各个领域，促进了人类文明的发展。这些都是人类智慧的结晶，也是人类不断开拓、积极进取精神造就的结果。在讲述结构的分类时，引入天生桥等自然现象，培养学生善于发现的品质；在讲述混凝土的发展概况及应用时，通过混凝土结构的发展，展示中国日新月异的科技进展，激发学生的自豪感与自信心，培养积极进取、奋发图强的精神。

（2）钢筋混凝土之所以能够得到广泛应用，除了钢筋和混凝土两种材料本身的优点之外，更是它们共同作用、取长补短的结果。通过素混凝土和钢筋混凝土结构受压及受弯构件的受力特点及破坏形态的比较，教导学生养成团结协作、共同进步的品质。

六、任务分配和任务工作单

学生任务分配表

班级：　　　　　组号：　　　　　组长：　　　　　指导老师：

组员	任务分工	组员	任务分工

任务工作单 1

姓名：	学号：	日期：

（1）绘制素混凝土简支梁在集中荷载作用下的破坏形态。

（2）绘制钢筋混凝土简支梁在集中荷载作用下的破坏形态。

任务工作单 2

姓名：	学号：	日期：

（1）对比分析：说明素混凝土简支梁和钢筋混凝土简支梁在集中荷载作用下破坏形态的区别。

（2）简要说明钢筋混凝土的优缺点。

任务工作单 3

姓名：	学号：	日期：

（1）小组讨论：学习本门课程应注意哪些问题？

（2）试论述我国钢筋混凝土结构设计与施工的现状。

七、评价反馈

评价反馈表

姓名:		组号:		组长:		指导老师:		
评价指标	评价内容			分值	个人自评（20%）	组内互评（20%）	组间互评（20%）	教师评价（40%）	综合评价
信息检索能力	能有效利用网络、图书资源查找有用的相关信息等，能将查到的信息有效地利用到学习中			10分					
课堂感知力	是否熟悉结构设计流程，认同工作价值？在学习中是否能获得满足感？课堂氛围如何？			10分					
参与度、交流沟通	是否积极主动与教师、同学交流，相互尊重、理解？与教师、同学之间是否能够保持多向、丰富、适宜的信息交流？			10分					
	能处理好合作学习和独立思考的关系，做到有效学习；能提出有意义的问题或能发表个人见解			10分					
知识、能力获得情况	了解结构的分类及特点			10分					
	掌握钢筋混凝土结构受压及受弯构件的受力特点及破坏形态			10分					
	能说出钢筋混凝土结构的优缺点			10分					
	能简要描述混凝土的应用与发展概况			10分					
	能阐述本门课程所讲述的主要内容			10分					
思维态度	是否能发现问题、提出问题、分析问题、解决问题、创新问题？			5分					
自评反思	按时按质完成任务；较好地掌握了知识点；具有较强的信息分析能力和理解能力；具有较为全面严谨的思维能力，并能条理清楚明晰地表达成文			5分					
反思改进									

任务二　钢筋混凝土材料物理力学性质

一、学习目标

1. 知识目标

（1）熟悉土木工程用钢筋的品种、级别及其性能。
（2）掌握钢筋的选用原则。
（3）熟悉混凝土在各种受力状态下的强度与变形性能。
（4）掌握混凝土的选用原则。

2. 能力目标

（1）能根据实际工程合理选择钢筋。
（2）能根据实际工程合理选择混凝土。

3. 思政目标

（1）培养尊重科学的品质。
（2）培养安全意识。

二、任务重、难点

1. 重　点

（1）钢筋和混凝土的材料性能。
（2）钢筋和混凝土的选用原则。

2. 难　点

混凝土在各种受力状态下的强度和变形性能。

三、知识链接

钢筋混凝土结构是由钢筋和混凝土两种性质不同的材料组成的，因此，钢筋混凝土结构构件的受力性能与钢筋和混凝土两种材料的力学性能密切相关。为了更好地掌握钢筋混凝土构件的受力性能和计算原理，正确进行钢筋混凝土结构构件的设计，必须对钢筋和混凝土的力学性能以及相互作用有较深入的了解。

（一）混凝土的强度

混凝土是以水泥、砂、石子和水按一定配合比拌和，需要时掺入外加剂和矿物混合材料，经过均匀拌制、密实成型及养护硬化而制成的人工石料。

在实际工程中，混凝土一般是在复合应力状态下工作的，但目前对混凝土在复合应力状态下强度的研究，尚未达到能简便地应用与理论计算的程度。在大部分实际设计中，混凝土受力计算还处于采用混凝土在单向受力状态下的强度和变形的水平。因此，研究单向受力状态下的混凝土强度指标显得格外重要，它是结构构件分析和建立强度理论公式的重要依据。

工程中常用的混凝土强度有立方体抗压强度、棱柱体轴心抗压强度、轴心抗拉强度等。

1. 混凝土的立方体抗压强度 f_{cu} 和强度等级

混凝土的立方体抗压强度是衡量混凝土强度大小的基本指标，其值与制作方法、尺寸、养护环境等因素有关。因此，在建立混凝土强度时，需要规定一个统一标准作为依据。我国《规范》规定：立方体抗压强度标准值系指按标准方法制作、养护的边长为 150 mm 的立方体试件，在 28 d 或设计规定龄期以标准试验方法测得的具有 95% 保证率的抗压强度值。立方体抗压强度标准值用符号 $f_{cu,k}$ 表示，其单位为 N/mm² （MPa）。此处，标准条件指温度为 （20±3）℃，相对湿度 ≥90% 的环境条件。标准试验方法下文将详细讲述。

我国《规范》规定的混凝土强度等级，是根据混凝土立方体抗压强度标准值确定的，用符号 C 表示，共分为 14 个等级，分别是 C15、C20、C25、C30、C35、C40、C45、C50、C55、C60、C65、C70、C75、C80。其中：C 表示混凝土，C 后面的数字表示以 N/mm² 为单位的立方体抗压强度标准值。例如：C25 即表示混凝土立方体抗压强度的标准值 $f_{cu,k}$ = 25 N/mm²。C50 及 C50 以上为高强混凝土。

素混凝土结构的混凝土强度等级不应低于 C15；钢筋混凝土结构的混凝土强度等级不应低于 C20；采用强度等级 400 MPa 及以上的钢筋时，混凝土强度等级不应低于 C25。预应力混凝土结构的混凝土强度等级不宜低于 C40，且不应低于 C30。承受重复荷载的钢筋混凝土构件，混凝土强度等级不应低于 C30。

混凝土的立方体抗压强度与试块的尺寸、试验方法、龄期有关。试验结果表明：采用相同的混凝土进行试验时，立方体尺寸越小，测得的抗压强度越高。实际工程中如采用边长为 200 mm 或 100 mm 的立方体试块时，需将其立方体抗压强度实测值分别乘以换算系数 1.05 或 0.95，换算成标准试件的立方体抗压强度标准值。

试验方法对立方体抗压强度有较大影响。如图 2.1-2、图 2.1-3 所示是不同试验方法下混凝土立方体的破坏情况。试件在试验机上受压时，纵向会压缩，横向会膨胀。压力机垫板的横向变形明显小于混凝土试件，由于混凝土与压力机垫板弹性模量与横向变形的差异，当试件承压接触面上不涂润滑剂时，垫板通过接触面上的摩擦力约束混凝土试块的横向变形，形成"套箍"作用。在"套箍"作用下，试件与垫板的接触面局部混凝土处于三向受压应力状态，试件破坏时形成两个对顶的角锥形破坏面，所测得的抗压极限强度较高，如图 2.1-2 所示。当试件承压接触面上涂润滑剂时，垫板与混凝土试件间的摩擦力大大减小，试件沿着力的作用方向平行地产生几条裂缝而破坏，所测得的抗压极限强度较低，如图 2.1-3 所示。我国规定的标准试验方法是不涂润滑剂。

此外，加载速度对立方体抗压强度也有影响，加载速度越快，测得的强度越高。通常加载速度：当混凝土的强度等级低于 C30 时，取 0.3 ~ 0.5 MPa/s；当混凝土的强度等级高于或等于 C30 时，取 0.5 ~ 0.8 MPa/s。

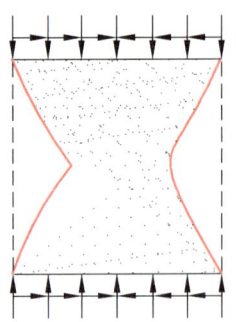
图 2.1-2　混凝土立方体试块的破坏情况
（不涂润滑剂）

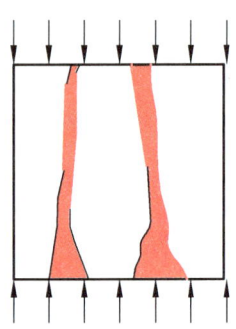
图 2.1-3　混凝土立方体试块的破坏情况
（涂润滑剂）

2. 混凝土的轴心抗压强度（棱柱体抗压强度）f_c

在实际工程中，钢筋混凝土构件的长度比其横截面尺寸大得多。为更好地反映混凝土在实际构件中的受力情况，可采用混凝土的棱柱体试件测得其轴心抗压能力，所对应的抗压强度称为混凝土的轴心抗压强度，也称棱柱体抗压强度，用符号 f_c 表示。

混凝土轴心抗压强度测试的方法与立方体抗压强度相同。为消除试验机上下承压板摩擦的影响，同时也为了避免试件的长细比太大出现附加偏心而影响轴心受压试件的结果，规范规定以 150 mm × 150 mm × 300 mm（高）的棱柱体作为混凝土轴心抗压强度试验的标准试件。

轴心抗压强度 f_c 是混凝结构最基本的强度指标，但在工程中很少直接测量 f_c，而是测定立方体抗压强度 f_{cu} 进行换算。其原因是采用立方体试块具有节省材料、便于试验时加载对中、操作简单、试验数据离散性小等优点。混凝土的立方体抗压强度与轴心抗压强度之间的关系很复杂，与很多因素有关。

根据统计分析并基于安全考虑，《规范》规定轴心抗压强度标准值与立方体抗压强度标准值之间的关系按照下式确定：

$$f_{ck} = 0.88\alpha_{c1}\alpha_{c2}f_{cu,k} \tag{2.1-1}$$

式中：α_{c1}——棱柱体抗压强度与立方体抗压强度的比值，对 C50 及以下的混凝土取 $\alpha_{c1} = 0.76$，对 C80 取 $\alpha_{c1} = 0.82$，中间由线性内插确定；

α_{c2}——考虑混凝土脆性的折减系数，C40 及以下的混凝土取 $\alpha_{c2} = 1.0$，对 C80 取 $\alpha_{c2} = 0.87$，中间由线性内插确定。

3. 混凝土的轴心抗拉强度 f_t

混凝土的轴心抗拉强度也是混凝土的一个基本强度指标，用符号 f_t 表示。混凝土的抗拉强度远小于其抗压强度，一般只有抗压强度的 1/18 ~ 1/9。且 f_{cu} 越高，f_t/f_{cu} 的比值越低，两者之间并非简单的线性关系。

混凝土抗拉强度的测定方法分两类：

一是如图 2.1-4（a）所示的直接测试法，即在尺寸 100 mm × 100 mm × 500 mm 的棱柱体试件两端对中预埋钢筋（每端预埋长度为 150 mm、直径为 16 mm 的变形钢筋），试验机夹住两端伸出的钢筋进行拉伸，直到试件中部产生横向裂缝破坏，其平均拉应力即为混凝土轴心抗拉强度。但由于直接测试法的对中比较困难，加之混凝土内部存在不均匀性，所测结果的离散程度较大。

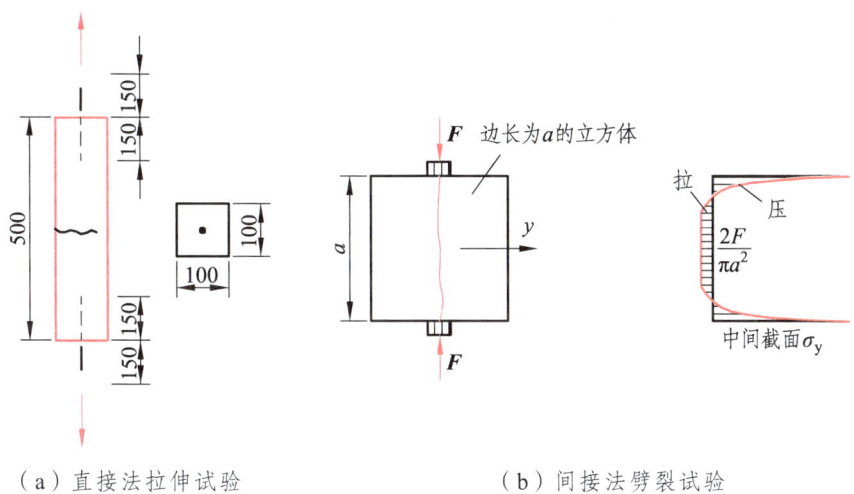

（a）直接法拉伸试验　　　　　　（b）间接法劈裂试验

图 2.1-4　混凝土抗拉强度试验[1]

二是如图 2.1-4（b）所示的间接测试法——劈裂法测试。劈裂试验即对立方体或平放的圆柱试件通过垫条施加线荷载，试件破坏时在破裂面上将产生与该面垂直且均匀分布的水平拉力，混凝土的劈裂强度试验值 $f_{t,s}$ 可以按下式计算：

$$f_{t,s} = \frac{2F}{\pi d l} \qquad (2.1-2)$$

式中：F——破坏荷载（N）；

　　　d——圆柱体试件的直径或立方体试件的边长（mm）；

　　　l——圆柱体试件的长度或立方体试件的边长（mm）。

4. 复合应力状态下的混凝土强度

在实际工程中，混凝土结构构件很少处于单向受拉或受压状态，而往往承受弯矩、剪力、轴力及扭矩的多种组合作用，大多是处于双向或三向复合应力状态，此时，混凝土的强度会有明显的变化。复合受力状态下的强度，至今尚未建立统一的理论，相关研究成果还多是以试验结果为依据的近似方法。

（1）双向应力状态下的强度。

双向应力状态即在两个主轴方向上作用着法向应力 σ_1 和 σ_2，第三个主轴方向上正应力为零，该状态下混凝土强度的变化曲线如图 2.1-5 所示。

---

[1] 编者注：若无特别说明，本书图中尺寸单位均为毫米（mm）。

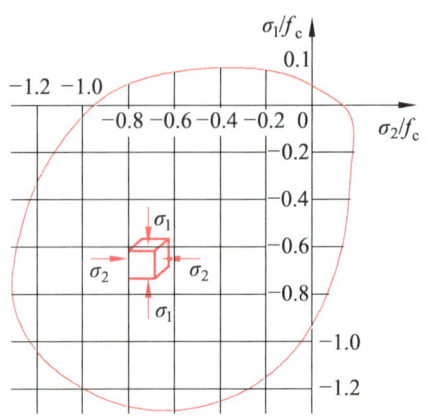

图 2.1-5 双向应力状态下混凝土强度变化曲线

从图中可看出：

① 双向受拉时（图中第一象限），混凝土一向的抗拉强度基本与另一向拉应力的大小无关，即双向受拉的强度与单向受拉的强度基本相同。

② 双向受压时（图中第三象限），混凝土一向的强度随着另外一个方向压力的增加而增加。这是由于一个方向的压应力对另一个方向压应力引起的横向变形起到了一定的约束作用，限制了试件内部混凝土微裂缝的扩展，故而提高了混凝土的抗压强度。双向受压状态下混凝土强度提高的幅度与双向应力比 σ_1/σ_2 有关。当 σ_1/σ_2 约等于 2 或 0.5 时，双向抗压强度比单向抗压强度提高 25% 左右；当 $\sigma_1/\sigma_2 = 1$ 时，仅提高 16% 左右。

③ 在拉压组合情况下（图中第二、四象限），混凝土的强度均低于单轴受力（拉或压）强度。

（2）三向应力状态下的强度。

试验研究表明：三轴受压时，混凝土的强度和延性均有较大的增长。这是由于侧向压应力的存在，约束了混凝土的横向变形，从而抑制了混凝土内部裂缝的产生和发展，如图 2.1-6 所示。

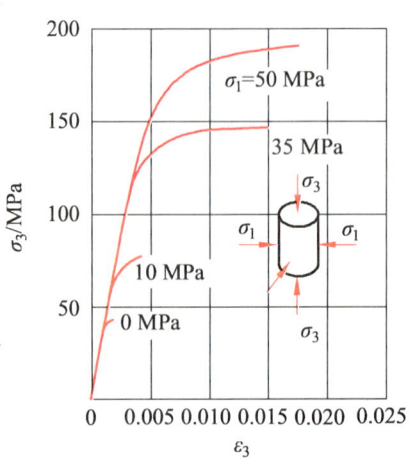

图 2.1-6 混凝土三向受压试验曲线

在实际工程中，利用三向受压可使混凝土强度得以提高的这一特性，可将受压构件做成"约束混凝土"，如螺旋箍筋柱、钢管混凝土柱等。

（3）正应力和剪应力共同作用时混凝土的强度。

由于剪应力的存在，抗拉强度降低。当 $\sigma/f_c < 0.5 \sim 0.7$ 时，抗剪强度随压应力的增大而增大；之后，抗剪强度随压应力的增大而减小，如图 2.1-7 所示。

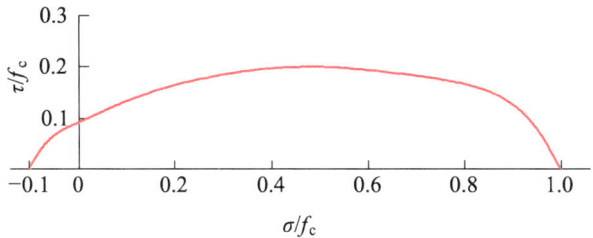

图 2.1-7 混凝土在 σ 和 τ 作用下的复合强度曲线

（二）混凝土的变形

变形是混凝土的一个重要力学性能。混凝土的变形可分为两类：一类为荷载（包括一次短期荷载、重复荷载和长期荷载）作用下的受力变形；另一类为混凝土的体积变形，主要为混凝土的收缩和温度变化产生的变形等。

1. 混凝土在一次短期荷载作用下的变形性能

（1）混凝土受压时的应力-应变曲线。

混凝土的变形

混凝土在单轴一次短期加载过程中的应力-应变关系，反映了混凝土最基本的力学性能，是研究钢筋混凝土构件截面应力、建立强度和变形计算理论不可缺少的依据。

图 2.1-8 所示为混凝土棱柱体标准试件受压的典型的应力-应变关系曲线。由图可见，这条曲线包括上升段和下降段两部分。其中关键点包括：A——比例极限，B——临界点，C——峰值点，D——拐点，E——收敛点，F——曲线末梢。

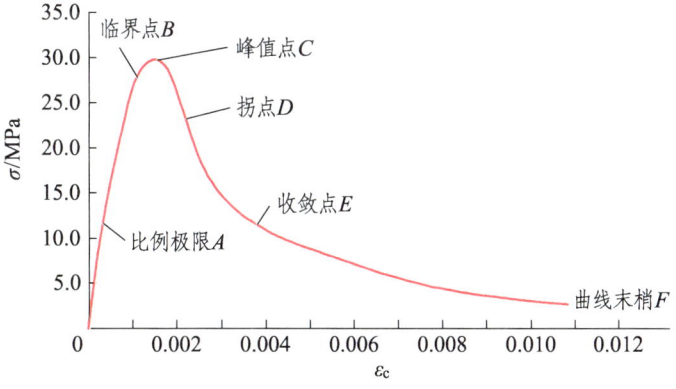

图 2.1-8 混凝土受压时的应力-应变关系曲线

上升段 OABC 可分为 3 段：

OA 段：接近直线，应力较低（$\sigma \leqslant 0.3f_c$）时，曲线接近直线，此时可将混凝土视为理想的弹性体，其内部的微裂缝尚未发展，水泥凝胶体的黏性流动很小，主要是骨料和水泥石受压后的弹性变形。

AB 段：当应力增大（$0.3f_c < \sigma \leq 0.8f_c$）时，混凝土的非弹性性质逐渐显现，曲线弯曲，应变增长比应力增长速度快，内部的微裂缝开始发展但仍处于稳定状态。

BC 段：当荷载进一步增加（$0.8f_c < \sigma \leq 1.0f_c$）时，应变迅速增加，塑性变形显著增大，裂缝发展进入不稳定阶段。当应力达到峰值点 *C* 时，混凝土达到其受压的峰值应力，即轴心抗压强度 f_c，所对应的应变 ε_0 称为峰值应变，其值在 0.001 5 ~ 0.002 5 范围波动，常取 $\varepsilon_0 = 0.002$。

下降段 *CDEF* 也可分为 3 段：

CD 段：*D* 为曲线反弯点，*CD* 段应力快速下降，应变仍在增长，混凝土中裂缝迅速发展且贯通，出现了主裂缝，内部结构破坏严重。

DE 段：*E* 点为下降段曲线中曲率最大的点，*DE* 段应力下降变慢，应变较快增长，混凝土内部结构处于磨合和调整阶段，主裂缝宽度进一步增大，最后依赖骨料间的咬合力和摩擦力来承受荷载。

EF 段：收敛段，试件中的主裂缝宽度快速增大而完全破坏了混凝土内部结构。通常将收敛点 *E* 对应的应变作为试件破坏时的最大应变，称极限压应变，记作 ε_{cu}，取值为 0.003 3。

混凝土受拉时的应力-应变曲线的形状与受压时相似，只是混凝土的极限拉应变较小，约为极限压应变的 1/20，均较受压时小得多，取 $\varepsilon_{0t} = 0.000\ 15$。由于混凝土的极限拉应变太小，所以处于受拉区的混凝土极易开裂，钢筋混凝土构件通常都是带裂缝工作的。

值得一提的是，在普通试验机上采用等应力速率的加载方式进行试验时，一般只能获得应力-应变曲线的上升段，很难获得其下降段，其原因是试验机刚度不足。当加载至混凝土达到轴心抗压强度时，试验机中积蓄的弹性应变能大于试件所吸收的应变能，此应变能在接近试件破坏时会突然释放，致使试件发生脆性破坏。如果采用伺服试验机，在混凝土达极限强度时能以等应变速率加载，或在试件旁边附加设置高性能弹性元件共同承压，当混凝土达极限强度时能吸收试验机内积聚的应变能，就能获得应力-应变全曲线。

不同强度等级混凝土的应力-应变关系曲线基本形状相似，强度等级越高，下降段越陡，表明其延性越差。

（2）混凝土的变形模量。

① 弹性模量。

弹性模量在力学中是联系应力和应变的重要参数；在钢筋混凝土结构的设计计算中，混凝土的弹性模量也是分析研究构件的应力分布、变形、温度应力以及进行预应力混凝土结构的应力计算等的重要参数。

如图 2.1-9 所示，通过一次加载的混凝土棱柱体的应力-应变曲线，取原点切线的斜率为混凝土的原点切线模量，也即混凝土的弹性模量，以 E_c 表示，则：

$$E_c = \tan \alpha_0 \tag{2.1-3}$$

式中：α_0——混凝土应力-应变曲线在原点处的切线与横坐标的夹角（°）。

但是，由于利用一次加载的应力-应变曲线不易准确测得混凝土的弹性模量，我国《规范》规定，混凝土的弹性模量利用混凝土在重复荷载作用下的性质得到：以 $\sigma = (0.4 \sim 0.5)f_c$ 重复加载和卸载 5 ~ 10 次后，应力-应变曲线渐趋稳定并基本上接近直线，且该直线平行于第一次加载时曲线的原点切线。因此可取直线的斜率作为混凝土的弹性模量 E_c。

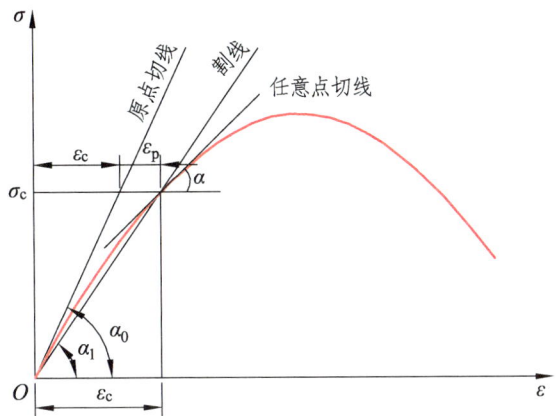

图 2.1-9 混凝土的弹性模量及变形模量的表示方法

由于混凝土并非弹性材料，其应力-应变关系呈非线性，通过一次加载试验所得的曲线难以准确地确定混凝土的弹性模量 E_c。《混凝土物理力学性能试验方法标准》（GB/T 50081—2019）规定，采用标准棱柱体试件，在 $\sigma = 0.5\text{MPa} \sim f_c^0/3$ 应力范围内（此处 f_c^0 为棱柱体试件轴心抗压强度），通过反复加载和卸载消除混凝土的塑性变形后，测定混凝土的弹性模量。

《桥规》中用下式计算混凝土弹性模量 E_c，其值见表 2.1-1。E_c 用于计算构件的变形以及弹性模量比。

$$E_c = \frac{10^5}{2.2 + \dfrac{34.74}{f_{cu,k}}} \text{ (MPa)} \tag{2.1-4}$$

表 2.1-1 混凝土的弹性模量

混凝土强度等级	C25	C30	C35	C40	C45	C50	C55	C60	C65	C70	C75	C80
$E_c(\times 10^4 \text{MPa})$	2.80	3.00	3.15	3.25	3.35	3.45	3.55	3.60	3.65	3.70	3.75	3.80

注：① 混凝土剪变模量 G_c 按表中数值的 0.4 倍采用。
② 对高强混凝土，当采用引气剂及较高砂率的泵送混凝土且无实测数据时，表中 C50~C80 的 E_c 值应乘以折减系数 0.95。

② 割线模量。

当混凝土压应力 σ 较大（超过 $0.5f_c$）时，弹性模量 E_c 已不能反映这时的 σ 与 ε 的关系，为此，要用到变形模量的概念。

在图 2.1-9 中，连接原点 O 与 σ-ε 曲线上任一点 C 的割线的斜率，称为混凝土的变形模量或割线模量，用 E_c' 表示：

$$E_c' = \tan\alpha_1 = \frac{\sigma_c}{\varepsilon_c} \tag{2.1-5}$$

式中：α_1——混凝土应力-应变曲线在任一点 C 的割线与横坐标的夹角（°）。

ε_c——混凝土应力为 σ_c 时的总应变，即 $\varepsilon_c = \varepsilon_e + \varepsilon_p$，其中 ε_e 为混凝土的弹性应变，ε_p 为混凝土的塑性应变。

混凝土的弹性模量与变形模量的关系为：

$$E'_c = \frac{\varepsilon_e}{\varepsilon_c} E_c = \nu E_c \quad (2.1\text{-}6)$$

式中：ν——混凝土受压的弹性系数，等于混凝土弹性应变与总应变之比。在应力较小时，处于弹性阶段，可取 $\nu=1$；应力增大，处于弹塑性阶段时，$\nu<1$；当应力接近 f_c 时，$\nu=0.4\sim 0.7$。

③ 切线模量。

在混凝土的应力-应变曲线上任取一点 D，并作该点的切线，如图 2.1-9 所示，则其斜率即为混凝土的切线模量，即：

$$E''_c = \frac{d\sigma}{d\varepsilon} = \tan\alpha \quad (2.1\text{-}7)$$

式中：α——应力-应变曲线上某点的切线与应变轴间的夹角（°）。

混凝土的切线模量也是一个变数，并随应力的增大而减小。对不同强度等级的混凝土，在应变相同的条件下，强度越高，切线模量越大。

④ 剪切模量。

混凝土的剪切模量一般根据弹性模量 E_c 来确定，即：

$$G_c = \frac{E_c}{2(\upsilon_c + 1)} \quad (2.1\text{-}8)$$

式中：E_c——混凝土的弹性模量（MPa）；
υ_c——混凝土的泊松比，一般结构的混凝土泊松比变化不大，且与混凝土的强度等级无明显关系，取 $\upsilon_c=0.2$。

（3）混凝土单轴受拉应力-应变曲线。

混凝土受拉时的应力-应变曲线与受压时相似，所以在计算中，受拉弹性模量与受压弹性模量可取相同值。

2. 混凝土在多次重复荷载作用下的变形性能

将混凝土试件加载到一定数值后，再卸载至零，并多次重复这一循环过程，便可得到混凝土在多次重复荷载作用下的应力-应变曲线，如图 2.1-10 所示。从图中可以看出，混凝土在经过一次加载和卸载循环后，其变形中有一部分可以恢复，还有一部分则不能恢复。这些不能恢复的塑性变形，在多次的循环过程中逐渐积累。

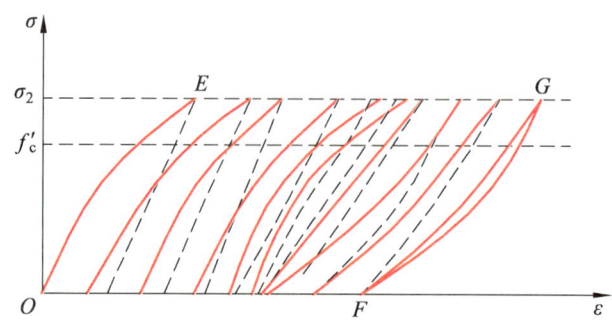

图 2.1-10　混凝土在多次重复荷载作用下的应力-应变曲线

在上述试验中，如果在所加的应力较小时即卸载，则在多次循环后，积累的塑性变形就不再增加，而多次加载、卸载作用下的应力-应变曲线逐渐密合成一条直线（处于弹性工作状态）。如果所加的应力虽低于混凝土的抗压强度，但超过某一限值，则在经过多次重复循环加载、卸载作用以后，混凝土会因严重开裂或变形过大而导致破坏，这种现象称为疲劳破坏。通常将试件在循环200万次时发生破坏的压应力称为混凝土的疲劳强度，以 f_c^f 表示。在实际工程中，诸如吊车梁、汽锤基础等承受重复荷载的构件是需要进行疲劳强度验算的。

3. 混凝土在长期荷载作用下的变形——徐变

混凝土在不变荷载作用下，其应变或变形随时间增长而继续增长的现象称为混凝土徐变。混凝土的这种性质对结构构件的变形、强度以及预应力钢筋中的应力都将产生重要的影响。图 2.1-11 所示为混凝土棱柱体试件加载至 $\sigma = 0.5 f_c$ 后维持荷载不变测得的徐变与时间的关系曲线。图中：ε_{ce} 是在加载瞬间所产生的变形，称为瞬时应变；ε_{cr} 即随时间增长的混凝土的徐变应变。

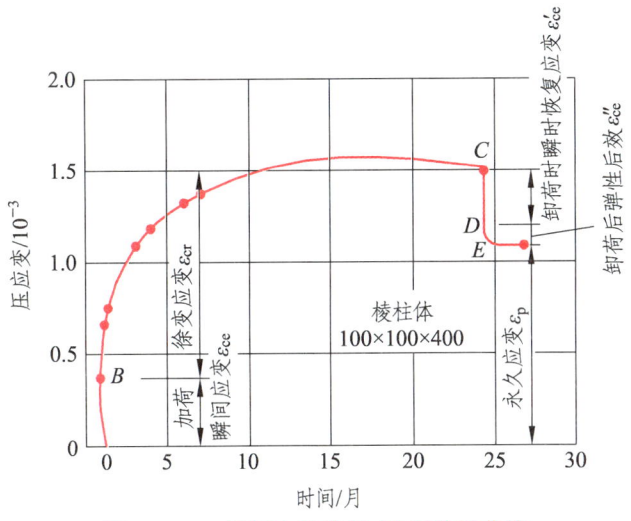

图 2.1-11　混凝土的徐变-时间关系曲线

由图可见，徐变的发展规律是先快后慢：在最初 6 个月内徐变增长很快，可达总徐变量的 70%~80%；在第 1 年内约完成 90%；2~3 年后基本趋于稳定。如经长期荷载作用后于某时卸载，即在卸载瞬间，混凝土将发生瞬时的弹性恢复变形 ε_{ce}'，其数值小于加载时的瞬时应变 ε_{ce}；经过一段时间之后还有一段恢复的变形 ε_{ce}''，称为徐变应变恢复的弹性后效；而剩下的 ε_p 则是不可恢复的残余应变。

对于产生徐变的原因，目前相关研究尚不充分。一般认为，徐变产生的原因有两方面：一是在应力不太大时（$\sigma < 0.5 f_c$），由混凝土中一部分尚未形成结晶体的水泥凝胶体的黏性流动而产生塑性变形；二是在应力较大时（$\sigma \geq 0.5 f_c$），由混凝土内部微裂缝在荷载作用下不断发展和增加而导致应变的增加。

混凝土的徐变对钢筋混凝土结构的影响，在大多数情况下是不利的，徐变会使构件的变形大大增加。对于长细比较大的偏心受压构件，徐变会使偏心距增大从而降低构件的承载力；在预应力混凝土构件中，徐变会造成预应力损失。

影响混凝土徐变的因素有：① 应力的大小（主要的因素），应力越大，徐变也越大；② 加载时混凝土的龄期越短，则徐变也越大；③ 水泥用量多，徐变大；④ 养护温度高、时间长，则徐变小；⑤ 混凝土骨料的级配好、弹性模量大，则徐变小；⑥ 水泥品种，普通硅酸盐水泥的混凝土较矿渣水泥、火山灰水泥的混凝土徐变相对要大。

4. 混凝土的体积变形（收缩与膨胀）

混凝土的体积变形主要是指混凝土的收缩与膨胀。混凝土在空气结硬过程中体积减小的现象称为混凝土的收缩。产生收缩的主要类型有二，即由于混凝土在硬化过程中产生化学反应的凝结收缩和混凝土内的自由水分蒸发产生的收缩。另外，混凝土在水中硬化时，体积会有轻微膨胀，这是由于凝胶体粒子的吸附水膜增厚，使胶体粒子之间的距离增大。一般膨胀变形很小，不会对结构造成破坏；而收缩对混凝土和预应力混凝土构件会产生十分不利的影响。例如：当混凝土构件受到约束时，混凝土的收缩就会使构件中产生收缩应力，收缩应力过大，就会使构件产生裂缝，影响混凝土的耐久性；在预应力混凝土构件中，混凝土收缩会引起预应力损失。因此，应当设法减小混凝土的收缩，避免对结构产生不利影响。

试验表明，混凝土的收缩与诸多因素有关：① 水泥用量越多，水灰比越大，收缩越大；② 水泥强度等级越高，收缩越大；③ 骨料的弹性模量越大，收缩越小；④ 在结硬过程中，养护条件越好，收缩越小；⑤ 使用环境湿度越大，收缩越小；⑥ 制作越密实，收缩越小；⑦ 体表比比值越大，收缩越小。

（三）钢筋的种类

钢材按化学成分的不同，可分为碳素结构钢和普通低合金钢两大类。

根据含碳量的多少，碳素结构钢又可分为低碳钢（含碳量 < 0.25%）、中碳钢（含碳量在 0.25%~0.6%）、高碳钢（含碳量在 0.6%~1.4%）。随着含碳量的增加，钢材的强度会提高，但塑性和可焊性将降低。

钢筋的种类

普通低合金钢是在钢材冶炼过程中加入了少量的合金元素，如锰、硅、钒、钛等，可以有效地提高钢材的强度，并使钢材保持一定的塑性和可焊性。

结构设计时，通常将钢筋分为普通钢筋和预应力钢筋，如图 2.1-12 所示。

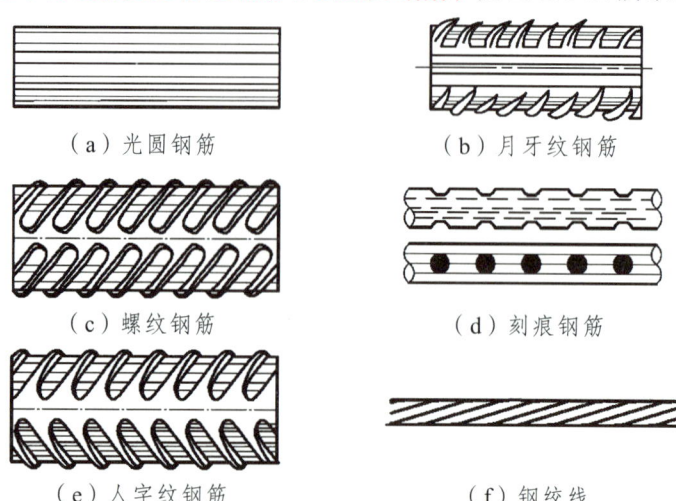

图 2.1-12　钢筋的形式

1. 普通钢筋

钢筋混凝土构件中的钢筋和预应力混凝土构件中的非预应力钢筋均为普通钢筋，《桥规》规定，在钢筋混凝土结构中使用的钢筋为热轧钢筋，热轧钢筋是由低碳钢、普通合金钢在高温状态下轧制而成的，按强度不同可分为 HPB300、HRB400、HRB500、HRBF400 和 RRB400 钢筋。

从外形上看，HPB300 为光面钢筋，HRB400、HRB500、HRBF400 和 RRB400 为带肋钢筋（也称变形钢筋）。光面钢筋俗称"圆钢"，截面呈圆形，其表面光滑，无凸起的花纹；变形钢筋表面有肋纹，如月牙纹或人字纹，与混凝土有更好的黏结性能。通常变形钢筋的直径不小于 10 mm，光面钢筋的直径不小于 6 mm。

2. 预应力钢筋

预应力钢筋用于预应力混凝土结构中，《桥规》中规定了 3 种：钢绞线、消除应力钢丝和预应力螺纹钢筋。

（1）钢绞线。

钢绞线是由多根（或称"股"）高强度钢丝绞合在一起，再经低温回火处理制成的，有 2 股、3 股和 7 股之分，常用的为 7 股。

（2）消除应力钢丝。

消除应力钢丝是由高碳镇静钢轧成圆盘后，经过多道冷拔并经应力消除、矫直、回火处理制成的，其表面形状有光面、螺旋肋和刻痕三种。

（3）预应力螺纹钢筋。

螺纹钢筋在轧制时沿钢筋纵向全部轧有规律性的螺纹肋条，可用螺丝套筒连接和螺帽锚固，不需要再加工螺丝，也不需要焊接。

（四）钢筋的强度和变形

1. 钢筋的应力-应变曲线

钢筋按其力学性能的不同，可分为有明显屈服点的钢筋和没有明显屈服点的钢筋两大类。有明显屈服点的钢筋常称作软钢，在工程中常用的热轧钢筋就属于软钢；没有明显屈服点的钢筋则称为硬钢，消除应力钢丝、刻痕钢丝、钢绞线就属于硬钢。

如图 2.1-13 所示是有明显屈服点的钢筋通过拉伸试验得到的典型应力-应变关系曲线。由图可见：在曲线到达 a 点之前，应力 σ 与应变 ε 的比例为常数，其关系符合胡克定律，a 点所对应的应力称为比例极限。曲线到达 b 点后，钢筋开始进入屈服阶段，该点称为屈服上限，c 点称为屈服下限，屈服上限为开始进入屈服阶段时的应力，呈不稳定状态；达到屈服下限时，应变增长，应力基本不变，比较稳定，所对应的钢筋应力则称为"屈服强度"。此后应力基本不增加而应变急剧增长，曲线大致呈水平状态到 d 点，c 点到 d 点的水平距离称为屈服台阶；过 d 点以后，曲线又开始上升，即应力又随应变的增加而增加，直至达到最高点 e，此阶段称为强化阶段，e 点所对应的应力称为钢筋的极限抗拉强度 σ_b。过 e 点后，钢筋的薄弱处断面显著缩小，试件出现颈缩现象，当达到 f 点时，试件被拉断，此阶段称为颈缩阶段。

无明显屈服点的硬钢的应力-应变曲线如图 2.1-14 所示。硬钢没有明显的屈服台阶，钢筋的强度很高，但变形很小，脆性也大。这类钢筋在计算时，《规范》取条件屈服强度作为强度设计指标。条件屈服强度是指无明显屈服点的钢筋经过加载和卸载后,残余应变为0.2%时所对应的应力值,以 $\sigma_{0.2}$ 表示,其值相当于极限抗拉强度 σ_b 的0.85倍。

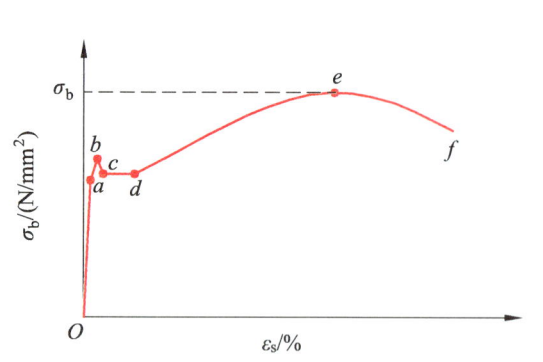
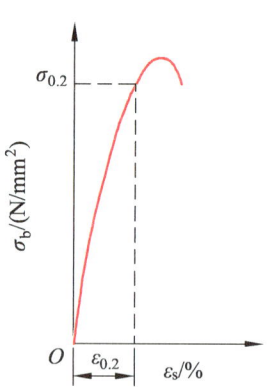

图 2.1-13 有明显屈服点钢筋的应力-应变曲线　　图 2.1-14 无明显屈服点钢筋的应力-应变曲线

钢筋拉伸应力-应变关系曲线

对于有明显屈服点的钢筋,由于钢筋达到屈服时,将产生很大的塑性变形,钢筋混凝土构件会出现很大的变形及过宽的裂缝,以至于不能满足正常使用的要求。所以在进行钢筋混凝土结构构件计算时,对于有明显屈服点的钢筋,取其屈服强度作为结构设计的强度指标。

各种级别普通钢筋的弹性模量见表2.1-2。

表 2.1-2　普通钢筋的弹性模量

钢筋种类	弹性模量 $E_s(\times 10^5$ MPa)
HPB300	2.1
HRB400、HRBF400	2.0
RRB400、HRB500	

2. 钢筋的塑性性能

钢筋除了要有足够的强度外,还应具有一定的塑性变形能力。反映钢筋塑性性能的基本指标是伸长率和冷弯性能。

根据《金属材料　拉伸试验　第1部分:室温试验方法》(GB/T 228.1—2010),伸长率可以用"断后伸长率 A"表达,断后伸长率 A 按下式求得:

$$A = \frac{L_u - L_0}{L_0} \times 100\% \qquad (2.1\text{-}9)$$

式中:A——伸长率(%);
　　　L_u——试样断裂后的标距(mm);
　　　L_0——施力前的试样标距(原始标距,mm),对于钢筋,试验时通常取原始标距为5倍(或10倍)钢筋直径。

伸长率越大，钢筋的塑性性能越好，拉断前有明显的预兆。伸长率小的钢筋塑性差，其破坏突然发生，呈脆性性质。软钢的伸长率较大，而硬钢的伸长率很小。

冷弯是将钢筋围绕规定直径为 D（规定 D 为 d、$2d$、$3d$、$4d$、$5d$，d 为钢筋直径）的辊轴进行弯曲。满足冷弯要求是指弯到规定的冷弯角度（180°或90°），钢筋的表面不出现裂缝、起皮或断裂（图2.1-15）。冷弯试验是检验钢筋韧性和材质均匀性的有效手段，可以间接反映钢筋的塑性性能和内在质量。

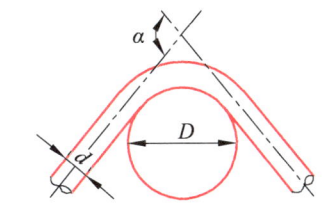

α—冷弯角度；D—辊轴直径；d—钢筋直径。

图 2.1-15 钢筋的冷弯试验

3. 钢筋的冷加工

钢筋的冷加工是指在常温情况下，对钢筋进行冷拉、冷拔或冷轧加工。通过冷加工，可提高钢筋的强度。

所谓冷拉，是将有明显屈服点的钢筋在常温下进行拉伸，使其应力超过其原有的屈服点，达到强化阶段的某一应力，然后卸掉荷载。将钢筋放置一段时间后，再次张拉钢筋时，其屈服点就会明显高于原有的屈服点（图2.1-16）。这一现象称为"时效硬化"。利用"时效硬化"，既可使钢筋强度得到提高，又能保持必要的伸长率，可获得节约钢材的经济效益。但冷拉只能提高钢筋的抗拉强度，故不宜作受压钢筋。

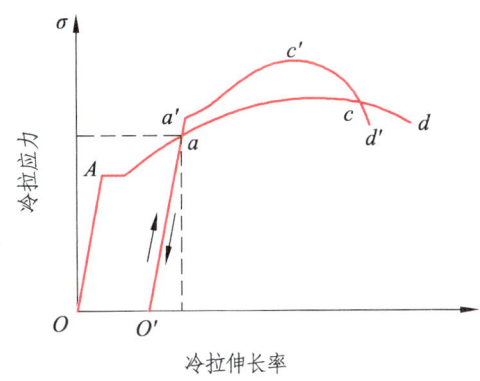

图 2.1-16 钢筋冷拉前后的应力-应变曲线

冷拔是用强力将热轧钢筋拔过比其直径小的硬质合金锥形拔丝孔（图2.1-17）。因锥形拔丝孔小头的孔径比钢筋直径稍小，故钢筋通过时受到很大的侧向挤压，从而产生较大的塑性变形，迫使钢材内部组织结构发生变化，直径变细，长度增加。钢筋经过多次冷拔后，其抗拉和抗压强度可比原来提高很多，但其塑性显著降低。冷拔可同时提高钢筋的抗拉强度和抗压强度。

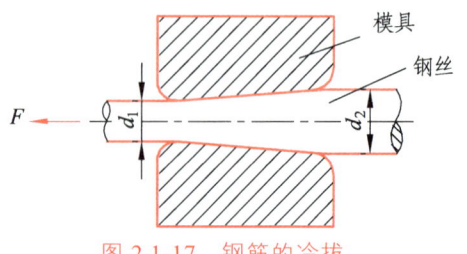

图 2.1-17 钢筋的冷拔

（五）钢筋混凝土结构对钢筋性能的要求

钢筋混凝土结构中使用的钢筋，应满足以下性能要求：

（1）强度高。受力钢筋强度高，则钢筋的用量少，可节省钢材，取得较好的经济效益。尤其是在预应力混凝土结构中，高强度钢筋的优势可以得到充分发挥。提高钢筋的强度，一是通过改变钢材的化学成分；二是可以通过对钢筋进行冷加工。但使用冷拉和冷拔钢筋时应注意要符合专门规程的规定。

（2）塑性好。要求钢筋有一定的塑性是为了使钢筋在断裂前能有足够的变形，保证钢筋混凝土构件能表现出良好的延性。同时，要保证钢筋冷弯的要求，钢筋的伸长率和冷弯性能是施工单位验收钢筋是否合格的主要指标。

（3）可焊性好。由于加工运输的要求，除直径较细的钢筋外，一般钢筋都是直条供应的。因长度有限，所以在施工中需要将钢筋接长以满足需要。目前钢筋接长最常用的办法就是焊接，所以要求钢筋具有较好的可焊性，以保证钢筋焊接接头的质量。可焊性好，即要求在一定的工艺条件下钢筋焊接后不产生裂纹及过大的变形。

（4）钢筋与混凝土的黏结性能好。钢筋与混凝土之间的黏结力是二者共同工作的基础，钢筋的表面形状是影响黏结力的重要因素。

四、课外加油站

"瘦身"钢筋

五、思想政治素质养成

（1）钢筋和混凝土是钢筋混凝土结构的两种基本组成材料，了解这两种材料的物理力学性质，是合理利用这两种材料的基础。古人云："格物而后致知。"求得知识、增进智慧的方法在于推究事物的原理、本质，学习就是如此。

（2）结合"瘦身"钢筋的工程案例，帮助学生端正职业操守，树立正确的价值观。介绍钢筋冷拉后的性能特点，特别是延性降低的缺点。

六、任务分配和任务工作单

学生任务分配表

班级：　　　　　组号：　　　　　组长：　　　　　指导老师：

组员	任务分工	组员	任务分工

任务工作单1

姓名：	学号：	日期：

（1）工程中常用的混凝土强度有哪些？请简要描述。

（2）绘制混凝土受压时的应力-应变关系曲线。

（3）什么是混凝土的收缩和徐变？其影响因素有哪些？

任务工作单 2

| 姓名： | 学号： | 日期： |

（1）工程中常用的钢筋种类有哪些？请简要描述。

（2）绘制钢筋受拉时的应力-应变关系曲线，并说明该曲线的特点。

七、评价反馈

评价反馈表

姓名:		组号:		组长:			指导老师:		
评价指标		评价内容	分值	个人自评（20%）	组内互评（20%）	组间互评（20%）	教师评价（40%）	综合评价	
信息检索能力		能有效利用网络、图书资源查找有用的相关信息等,能将查到的信息有效地利用到学习中	10分						
课堂感知力		是否熟悉结构设计流程,认同工作价值？在学习中是否能获得满足感？课堂氛围如何？	10分						
参与度、交流沟通		是否积极主动与教师、同学交流,相互尊重、理解？与教师、同学之间是否能够保持多向、丰富、适宜的信息交流？	10分						
		能处理好合作学习和独立思考的关系,做到有效学习；能提出有意义的问题或能发表个人见解	10分						
知识、能力获得情况		掌握混凝土的材料性能	10分						
		了解混凝土的选用原则	10分						
		掌握钢筋的材料性能	10分						
		了解钢筋的选用原则	10分						
		能阐述混凝土在各种受力状态下的强度与变形性能	10分						
思维态度		是否能发现问题、提出问题、分析问题、解决问题、创新问题？	5分						
自评反思		按时按质完成任务；较好地掌握了知识点；具有较强的信息分析能力和理解能力；具有较为全面严谨的思维能力,并能条理清楚明晰地表达成文	5分						
		反思改进							

任务三 钢筋与混凝土的黏结

一、学习目标

1. 知识目标

（1）掌握钢筋与混凝土黏结作用产生的原因。
（2）了解钢筋与混凝土黏结强度的影响因素。
（3）熟悉保证钢筋与混凝土之间协同工作的构造措施。

钢筋与混凝土
之间的黏结

2. 能力目标

能描述钢筋与混凝土的共同工作原理。

3. 思政目标

培养团结协作、共同进步的品质。

二、任务重、难点

1. 重　点

钢筋与混凝土黏结作用产生的原因。

2. 难　点

钢筋与混凝土黏结作用产生的原因。

三、知识链接

（一）黏结的作用及产生原因

钢筋与混凝土这两种力学性能完全不同的材料之所以能够在一起共同工作，除了二者具有相近的温度线膨胀系数及混凝土对钢筋具有保护作用外，主要还由于在钢筋与混凝土之间的接触面上存在良好的黏结力。

试验表明，钢筋与混凝土之间产生黏结作用主要有以下 3 个方面原因：一是钢筋与混凝土之间接触面上产生化学吸附作用力，也称化学胶结力；二是因为混凝土收缩将钢筋紧紧握裹而产生摩擦力；三是由于钢筋的表面凸凹不平，与混凝土之间产生机械咬合力。其中：化学胶结力一般很小；光面钢筋的黏结力以摩擦力为主，变形钢筋则以机械咬合力为主。

（二）黏结强度及影响因素

黏结强度通常采用拔出试验测定。如图 2.1-18 所示，将钢筋一端埋入混凝土中，埋入长度为 l，然后在另一端施力将钢筋拔出。试验表明，钢筋与

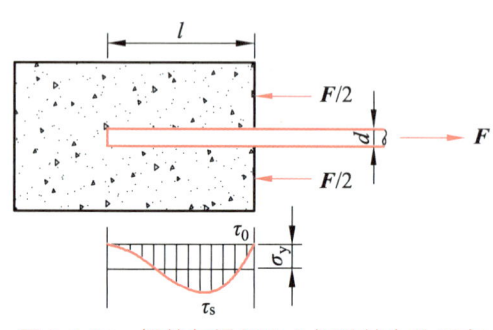

图 2.1-18　钢筋与混凝土之间黏结力的测定

混凝土的黏结强度沿钢筋长度方向是不均匀分布的，最大黏结应力产生在离端头某一距离处，越靠近钢筋尾部，黏结应力越小。

影响钢筋与混凝土之间黏结强度的主要因素有：

（1）混凝土的强度。混凝土的强度等级越高，黏结强度越大，但不成比例。

（2）钢筋的表面形状。变形钢筋由于表面凹凸不平，其黏结强度高于光面钢筋。

（3）保护层厚度及钢筋的净距。如果钢筋外围的混凝土保护层厚度太小，会使外围混凝土产生劈裂裂缝，降低黏结强度，导致钢筋被拔出。所以，在构造上必须保证一定的混凝土保护层厚度和钢筋间距。

（4）浇筑位置。混凝土浇筑深度超过 30 mm 时，由于混凝土泌水下沉，气泡逸出，与顶部的水平钢筋之间产生空隙层，从而削弱了钢筋与混凝土之间的黏结作用。

（5）横向钢筋与侧向压力的影响。有侧向压力（如在梁的支承区下部），则黏结力增大。

（三）保证钢筋与混凝土黏结的措施

为使钢筋与混凝土之间有足够的黏结作用，我国设计规范采用规定混凝土保护层厚度、钢筋净距、锚固长度和钢筋搭接长度等构造措施来保证，在设计和施工时必须严格遵守相应的规定。

1. 钢筋的锚固长度

为了避免纵向钢筋在受力过程中产生滑移，甚至从混凝土中拔出而造成锚固破坏，纵向受力钢筋必须伸过其受力截面一定长度，这个长度称为锚固长度。

理论上，钢筋的锚固长度可按黏结破坏极限状态平衡条件确定。为了使用方便，《桥规》中直接给出了采用不同混凝土强度等级时各类钢筋的最小锚固长度，见表 2.1-3。

表 2.1-3 钢筋最小锚固长度

钢筋种类		HPB300				HRB400、HRBF400、RRB400			HRB500		
混凝土强度等级		C25	C30	C35	≥C40	C30	C35	≥C40	C30	C35	≥C40
受压钢筋（直端）		$45d$	$40d$	$38d$	$35d$	$30d$	$28d$	$25d$	$35d$	$33d$	$30d$
受拉钢筋	直端	—	—	—	—	$35d$	$33d$	$30d$	$45d$	$43d$	$40d$
	弯钩端	$40d$	$35d$	$33d$	$30d$	$30d$	$28d$	$25d$	$35d$	$33d$	$30d$

注：① d 为钢筋直径。

② 对于受压束筋和等代直径 d_e≤28 mm 的受拉束筋的锚固长度，应以等代直径按表值确定，束筋的各单根钢筋在同一锚固终点截断；对于等代直径 d_e>28 mm 的受拉束筋，束筋内各单根钢筋，应自锚固起点开始，以表内规定的单根钢筋的锚固长度的 1.3 倍，呈阶梯形逐根延伸后截断，即自锚固起点开始，第一根延伸 1.3 倍单根钢筋的锚固长度，第二根延伸 2.6 倍单根钢筋的锚固长度，第三根延伸 3.9 倍单根钢筋的锚固长度。

③ 采用环氧树脂涂层钢筋时，受拉钢筋最小锚固长度应增加 25%。

④ 当混凝土在凝固中易受扰动时，锚固长度应增加 25%。

⑤ 当受拉钢筋末端采用弯钩时，锚固长度为包括弯钩在内的投影长度。

2. 钢筋的弯钩和弯折

为了防止钢筋在混凝土中滑动，对于承受拉力的光面钢筋，需在钢筋端部设置半圆弯钩。带肋钢筋握裹力好，可不设半圆形弯钩，而改用直角形弯钩。弯钩的内侧弯曲直径 D 不宜过小。对于光面钢筋，D 一般应大于 $2.5d$；对于带肋钢筋，D 一般应大于 $(4\sim5)d$。d 为钢筋的直径。

受压的光面钢筋可不设弯钩，这是因为受压时钢筋横向产生变形，使直径加大，提高了握裹力。

按照受力的要求，钢筋有时需按设计要求弯转方向，为了避免在弯转处混凝土被局部压碎，在弯折处钢筋内侧弯曲直径 D 不得小于 $20d$。

受力钢筋端部弯钩和中间弯折应符合表 2.1-4 的要求。

表 2.1-4　受拉钢筋端部弯钩及弯折

弯曲部位	弯曲角度	形状	钢筋	弯曲直径 D	平直段长度
末端弯钩	180°		HPB300	$\geq 2.5d$	$\geq 3d$
末端弯钩	135°		HRB400、HRB500 HRBF400 RRB400	$\geq 5d$	$\geq 5d$
末端弯钩	90°		HRB400、HRB500 HRBF400 RRB400	$\geq 5d$	$\geq 10d$
中间弯折	≤90°		各种钢筋	$\geq 20d$	—

注：采用环氧树脂涂层钢筋时，除应满足表内规定外，当钢筋直径 $d\leq 20$ mm 时，弯钩内直径 D 不应小于 $4d$；当 $d>20$ mm 时，弯钩内直径 D 不应小于 $6d$；直线段长度不应小于 $5d$。

3. 束筋与等代直径

钢筋混凝土构件中，有时需要将数根钢筋组成一束作为整体使用，称作束筋。束筋按照截面面积相等换算出的直径称作等代直径。

《桥规》规定，组成束筋的单根钢筋直径不应大于 36 mm。组成束筋的单根钢筋根数，当其直径不大于 28 mm 时，不应多于 3 根；当其直径大于 28 mm 时，应为 2 根。束筋的等代直径 $d_e=\sqrt{n}/d$，这里，n 为组成束筋的钢筋根数，d 为单根钢筋直径。

当单根钢筋直径或束筋的等代直径大于 36 mm 时，受拉区应设表层钢筋网，顺束筋长度方向，钢筋直径不应小于 10 mm，其间距不应大于 100 mm；垂直于束筋长度方向，钢筋直径不应小于 6 mm，其间距不应大于 100 mm。上述钢筋网的布置范围，应超出束筋的设置范围，每边不小于 5 倍钢筋直径或束筋等代直径。

4. 钢筋的接头

为了运输方便，工厂生产的钢筋除小直径钢筋按盘圆供应外，一般长度为 10~12 m。因此，在使用时就需要用钢筋接头将钢筋接长至设计长度。钢筋接头有焊接接头、机械连接接头和绑扎接头等三种形式。钢筋接头宜优先采用焊接接头和机械连接接头；当施工或构造条件有困难时，也可采用绑扎接头。钢筋接头宜设在受力较小区段，并宜错开布置。绑扎接头的钢筋直径不宜大于 28 mm，但轴心受压构件和偏心受压构件中的受压钢筋，可不大于 32 mm。轴心受拉和小偏心受拉构件不应采用绑扎接头。

（1）焊接接头。

焊接接头宜采用闪光接触对焊，条件不具备时，也可采用电弧焊（帮条焊或搭接焊），焊接形式如图 2.1-19 所示。

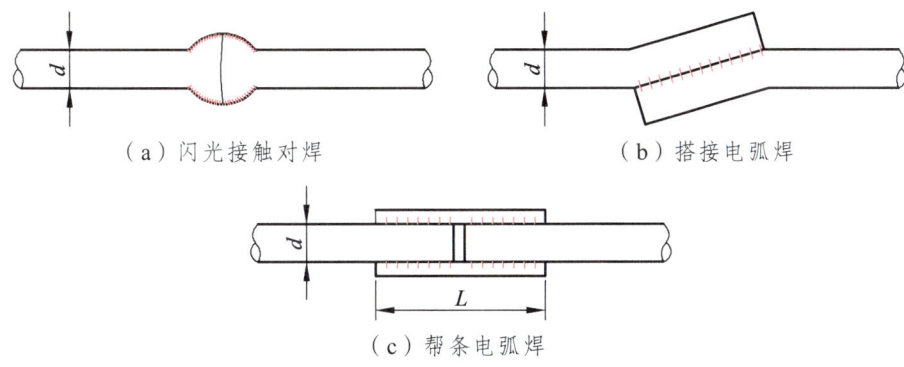

图 2.1-19 钢筋的焊接接头

电弧焊一般应采用双面焊缝，施工有困难时亦可采用单面焊缝。电弧焊接头的焊缝长度，双面焊缝不应小于 $5d$，单面焊缝不应小于 $10d$，d 为钢筋直径。

采用搭接焊时，两钢筋端部应预先折向一侧，两钢筋轴线应保持一致。

采用帮条焊时，帮条应采用与被焊接钢筋同强度等级的钢筋，帮条的总截面面积不应小于被焊钢筋的截面面积。

在任一焊接接头中心至长度为钢筋直径的 35 倍且不小于 500 mm 的区段内，同一根钢筋不得有两个接头；在该区段内有接头的受力钢筋截面面积占受力钢筋总截面面积的百分数，普通钢筋在受拉区不宜超过 50%，在受压区和装配式构件间的连接钢筋不受此限。在图 2.1-20 中，若各钢筋直径相同，则接头百分率为 50%。

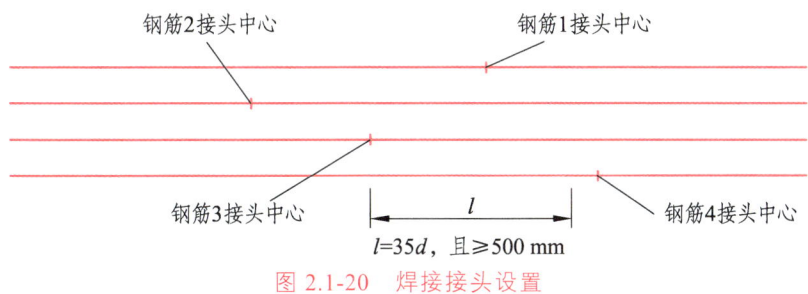

图 2.1-20 焊接接头设置

帮条焊或搭接焊接头部分钢筋的横向净距不应小于钢筋直径，且不应小于 25 mm。同时，非焊接部分钢筋的净距仍应满足规范要求。

（2）机械连接接头。

《桥规》推荐的机械连接接头包括套筒挤压接头和镦粗直螺纹接头。套筒挤压接头是将两根待连接的带肋钢筋用钢套筒作连接体，套于钢筋端部，使用挤压设备沿套筒径向挤压，进而使钢套筒产生塑性变形，依靠变形的钢套与钢筋紧密结合为一个整体，如图 2.1-21、图 2.1-22 所示。镦粗直螺纹接头是将钢筋的连接端先行镦粗，再加工出圆柱螺纹，并用连接套筒连接的钢筋接头，如图 2.1-23 所示。

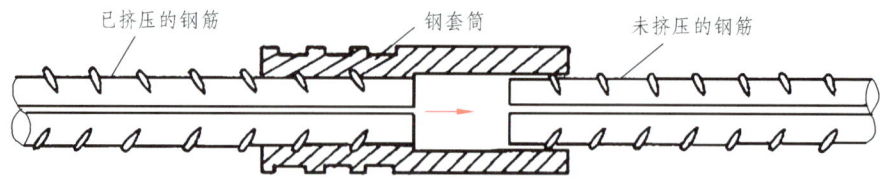

图 2.1-21　套筒挤压接头示意

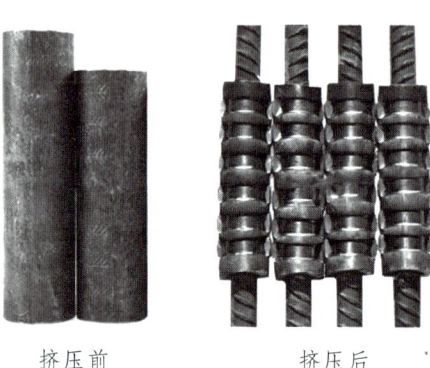

挤压前　　　挤压后

图 2.1-22　套筒挤压接头

图 2.1-23　镦粗直螺纹接头

钢筋机械连接件的最小混凝土保护层厚度，宜符合受力主筋保护层厚度的规定，但不得小于 20 mm。

连接件之间或连接件与钢筋之间的横向净距不应小于 25 mm；同时，非接头部分钢筋净距仍应满足梁或柱中钢筋净距的要求。

（3）绑扎接头。

绑扎接头是在钢筋搭接处用钢丝绑扎而成。为保证接头处传递内力的可靠性，连接钢筋必须具有足够的搭接长度 l_s。《桥规》规定，受拉钢筋绑扎接头的搭接长度应满足表 2.1-5 的要求。受压钢筋绑扎接头的搭接长度，应取受拉时的 0.7 倍。

表 2.1-5　受拉钢筋绑扎接头搭接长度 l_s

钢筋种类	HPB300		HRB400、HRBF400、RRB400	HRB500
混凝土强度等级	C25	≥C30	≥C30	≥C30
搭接长度/mm	40d	35d	45d	50d

注：① d 为钢筋公称直径（mm）。当带肋钢筋直径 $d>25$ mm 时，其受拉钢筋的搭接长度应按表值增加 5d 采用；当带肋钢筋直径 $d<25$ mm 时，搭接长度应按表值减少 5d 采用。
② 当混凝土在凝固过程中受力钢筋易受扰动时，其搭接长度应增加 5d。
③ 在任何情况下，受拉钢筋的搭接长度不应小于 300 mm，受压钢筋的搭接长度不应小于 200 mm。
④ 环氧树脂涂层钢筋的绑扎接头搭接长度，受拉钢筋按表值的 1.5 倍采用。
⑤ 受拉区段内，HPB300 钢筋绑扎接头的末端应做成弯钩，HRB400、HRB500、HRBF400 和 RRB400 钢筋的末端可不做成弯钩。

在任一绑扎接头中心至搭接长度的 1.3 倍长度区段内，同一根钢筋不得有两个接头；在该区段内有绑扎接头的受力钢筋截面面积占受力钢筋总截面面积的百分数，受拉区不应超过 25%，受压区不应超过 50%。当绑扎接头的受力钢筋截面面积占受力钢筋总截面面积的百分数超过上述规定时，表 2.1-5 给出的受拉钢筋绑扎接头搭接长度值应乘以下列系数：当受拉钢筋绑扎接头截面面积占受力钢筋总截面面积的百分数大于 25%，但不大于 50% 时，乘以 1.4；当大于 50% 时，乘以 1.6；当受压钢筋绑扎接头截面面积占受力钢筋总截面面积的百分数大于 50% 时，乘以 1.4（受压钢筋绑扎接头长度仍为表中受拉绑扎接头长度的 0.7 倍）。

图 2.1-24 中，从任一钢筋接头中心向外 1.3l_s 范围内只有 2 个接头，若各钢筋直径均相同，则绑扎接头截面面积百分率为 50%。

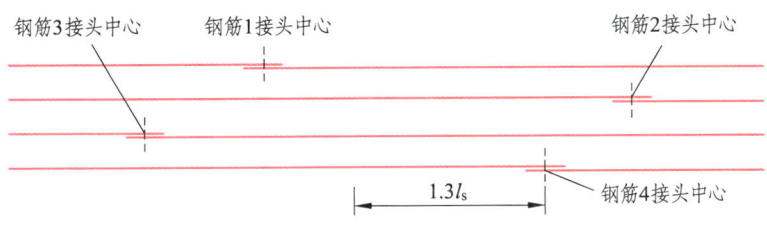

图 2.1-24　受力钢筋绑扎接头

绑扎接头部分钢筋的横向净距不应小于钢筋直径且不应小于 25 mm，同时，非接头部分钢筋净距仍应满足梁或柱中钢筋净距的要求。

束筋的搭接接头应先由单根钢筋错开搭接，接头中距为 1.3l_s；再用一根长度为 1.3$(n+1)l_s$ 的通长钢筋进行搭接绑扎，其中 n 为组成束筋的单根钢筋根数，l_s 为单根钢筋搭接长度，如图 2.1-25 所示（图中 3 根钢筋组成束筋）。

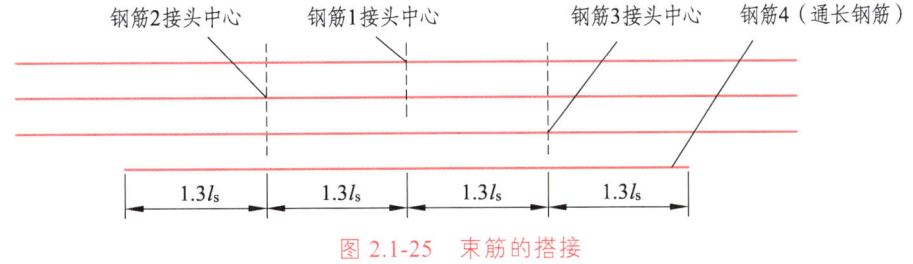

图 2.1-25　束筋的搭接

四、课外加油站

混凝土坚如磐石的历史(下)

五、思想政治素质养成

混凝土结构是由钢筋和混凝土两种性质不同的材料组成的,它们共同承担和传递结构的荷载。在工程中,合理地利用这两种材料的力学性能,不仅可以改善钢筋混凝土结构和构件的受力性能,也可以取得良好的经济效益。通过讲解钢筋与混凝土的协同工作与合作的关系,使学生深刻意识到团结协作是取得竞争优势的关键,引导学生在今后的学习和工作中注重团结协作精神。

六、任务分配和任务工作单

学生任务分配表

班级：　　　　　组号：　　　　　组长：　　　　　指导老师：

组员	任务分工	组员	任务分工

任务工作单

姓名：	学号：	日期：
（1）钢筋和混凝土为什么能共同工作？		
（2）钢筋和混凝土之间的黏结力由哪几部分组成？		
（3）如何保证钢筋和混凝土之间的黏结力？		

七、评价反馈

评价反馈表

姓名:		组号:		组长:		指导老师:	
评价指标	评价内容		分值	个人自评（20%）	组内互评（20%）	组间互评（20%）	教师评价（40%）	综合评价
信息检索能力	能有效利用网络、图书资源查找有用的相关信息等，能将查到的信息有效地利用到学习中		10分					
课堂感知力	是否熟悉结构设计流程，认同工作价值？在学习中是否能获得满足感？课堂氛围如何？		10分					
参与度、交流沟通	是否积极主动与教师、同学交流，相互尊重、理解？与教师、同学之间是否能够保持多向、丰富、适宜的信息交流？		10分					
	能处理好合作学习和独立思考的关系，做到有效学习；能提出有意义的问题或能发表个人见解		10分					
知识、能力获得情况	掌握钢筋与混凝土黏结作用产生的原因		10分					
	了解钢筋与混凝土黏结强度的影响因素		10分					
	掌握保证钢筋与混凝土之间协同工作的构造措施		20分					
	能描述钢筋与混凝土共同工作的原理		10分					
思维态度	是否能发现问题、提出问题、分析问题、解决问题、创新问题？		5分					
自评反思	按时按质完成任务；较好地掌握了知识点；具有较强的信息分析能力和理解能力；具有较为全面严谨的思维能力，并能条理清楚明晰地表达成文		5分					
反思改进								

项目二 钢筋混凝土结构设计方法认知

任务一 极限状态设计法的基本概念认知

一、学习目标

1. 知识目标

（1）了解结构设计的几种计算方法。
（2）掌握结构的功能、可靠性及可靠度。
（3）掌握极限状态的基本概念及分类。

2. 能力目标

（1）能简要描述结构设计理论的发展阶段。
（2）能说出现行规范设计桥梁结构用的方法。
（3）会对公路桥涵的作用进行分类。

3. 思政目标

（1）培养尊重科学发展规律的精神。
（2）培养安全意识。

二、任务重、难点

1. 重 点

（1）结构的功能、可靠性及可靠度的概念。
（2）极限状态的基本概念及分类。
（3）公路桥涵的作用分类。

2. 难 点

（1）结构的功能、可靠性及可靠度的概念。
（2）极限状态的基本概念及分类。

三、知识链接

材料力学、结构力学的计算都是针对弹性材料的，是在给定材料特性、几何尺寸（如截面、跨度等）、荷载大小的基础上进行的内力分析和截面验算。而实际工程结构无法保证施工所采用的材料与设计所选用的材料完全一样，混凝土材料就是一个明显的例子，其离散性是我们通过工程材料课程学习所熟知的特性。结构在施工后，其实际几何尺寸也与设计尺寸有偏差，会影响结构自重、截面强度等计算的准确性。结构在投入使用后，施加在其上的荷载也会与设计取定的值不一样，如桥梁上的汽车荷载，白天时车辆很多，晚上相对较少，荷载变化范围大。总之，这些影响结构内力、变形的外在因素和结构自身强度、刚度的内在因素在设计时是无法"精确"预知和确定的。这样的不确定性说明这些因素不是普通变量，它们符合随机变量的特征。对随机变量的处理应采用概率统计方法，通过对各种影响因素的变异情况研究，可以科学合理地选定它们的设计值。这就是本任务要讨论的问题。需要说明的是，本任务的基本内容不仅适用于钢筋混凝土结构，它也是钢结构、砌体结构等各种材料结构设计和荷载取值的基本依据。

从历史上看，设计理论发展大体经过了以下 3 个阶段。

（1）容许应力设计法。这种方法要求结构构件在规定的标准荷载作用下，按照弹性理论计算得到的截面任意点的应力不超过规定的容许应力。容许应力由材料的强度除以安全系数得到。后来出现的"破坏阶段法"也可视为容许应力法。该方法考虑混凝土的塑性性能，以材料极限强度计算的承载能力须大于计算的最大荷载产生的内力为原则，计算的最大荷载由规定的标准荷载乘以安全系数得到。容许应力计法采用大于等于 1.0 的安全系数，该系数依据工作状况、所处环境、破坏严重性由工程经验和主观判断确定。

结构设计的几种计算方法

（2）半概率半经验极限状态设计法。该设计方法是破坏阶段法的发展，它规定了结构的极限状态，并把原来单一的安全系数归结为 3 个分项系数即荷载系数、材料系数和工作条件系数，故也称"三系数极限状态设计法"。由于把不同的外荷载、不同的材料以及不同的构件受力性质分别考虑用不同的安全系数，故不同的构件具有比较一致的安全度。这种设计方法只是对某些设计参数进行了概率分析，而对另一些参数仍采用了经验值，并且对构件抗力和作用效应也未进行综合概率分析。

（3）概率极限状态设计法。这种方法引入了结构可靠性理论，把影响结构可靠性的各种因素均视为随机变量，根据统计分析，利用结构的失效概率来度量可靠性。它用以概率论、数理统计为基础的定量分析代替过去的经验判断，使结构设计更符合客观实际。

目前，用于公路桥涵的《桥规》采用的就是概率极限状态设计法。

（一）结构的可靠性概念

1. 作用效应与结构抗力

建筑结构在发挥其使用价值的过程中会承受各种作用。作用包括直接作用和间接作用。直接作用也称为荷载，是指施加在结构上的集中力或分布力；间接作用是指引起结构外加变形或约束变形的原因，如地震。

结构的可靠性

作用按照其持续的时间分类，有永久作用、可变作用、偶然作用和地震作用共 4 类。《桥通规》对公路桥涵设计中需要考虑的作用作出了规定，见表 2.2-1。

作用效应是指由作用引起的结构或结构构件的反应，如内力（具体可表现为轴力、弯矩、剪力等）、变形和裂缝等。

抗力是指结构或结构构件承受作用效应的能力，如梁截面的抗弯承载力。

从概率的角度看，作用效应与结构抗力均为随机变量。

表 2.2-1　公路桥涵的作用分类

序号	分类	名称
1	永久作用	结构重力（包括结构附加重力）
2		预加力
3		土的重力
4		土侧压力
5		混凝土收缩、徐变作用
6		水浮力
7		基础变位作用
8	可变作用	汽车荷载
9		汽车冲击力
10		汽车离心力
11		汽车引起的土侧压力
12		汽车制动力
13		人群荷载
14		疲劳荷载
15		风荷载
16		流水压力
17		冰压力
18		波浪力
19		温度（均匀温度和梯度温度）作用
20		支座摩阻力
21	偶然作用	船舶的撞击作用
22		漂流物的撞击作用
23		汽车的撞击作用
24	地震作用	地震作用

2. 结构功能要求

对结构的功能要求可概括为以下 3 个方面。

（1）安全性。

结构的安全性指结构在规定的使用期限内，能够承受正常施工和正常使用时可能出现的各种作用，其中包括荷载的作用、变形的作用、温度的作用等；在偶然事件（如地震、爆炸）发生时及发生后结构仍能保持必需的整体稳定性，即结构仅产生局部损坏而不致发生连续倒塌。

（2）适用性。

结构的适用性指结构在正常使用过程中满足预定的使用要求，应具有良好的工作性能（例如不发生影响正常使用的过大变形、振幅及裂缝等）。

（3）耐久性。

结构的耐久性指在正常使用和正常维护条件下，建筑结构能够正常使用到预定设计使用年限的能力。例如，不发生由于混凝土保护层碳化或裂缝宽度开展过大而导致的钢筋锈蚀，不发生混凝土的腐蚀、脱落及冻融破坏等而影响结构的使用年限。

3. 结构的可靠性与可靠度

安全性、适用性和耐久性统称为可靠性。可靠性是结构在规定的时间内、规定的条件下，完成预定功能的能力。

对结构可靠性进行度量的指标是可靠度。可靠度是结构在规定的时间内、规定的条件下，完成预定功能的概率。

若令 R 表示结构抗力，S 表示荷载效应，$Z=R-S$ 表示功能函数，则可靠度的数学描述就是 $P(Z=R-S \geqslant 0)$。

4. 结构设计基准期与设计使用年限

依据《工程结构可靠性设计统一标准》（GB 50153—2008），所谓设计基准期，就是为确定可变作用及与时间有关的材料性能等的取值而选用的时间参数。而设计使用年限，则是指结构不需进行大修即可按其预定目的使用的时间。

《桥通规》规定公路桥涵的设计基准期为100年，公路桥涵主体结构和可更换部件的设计使用年限见表2.2-2。

表 2.2-2　桥涵设计使用年限　　　　　　　　　　　　　　单位：年

公路等级	主桥结构			可更换部件	
	特大桥 大桥	中桥	小桥 涵洞	斜拉索 吊索 系杆等	栏杆 伸缩装置 支座等
高速公路 一级公路	100	100	50	20	15
二级公路 三级公路	100	50	30		
四级公路	100	50	30		

5. 可靠指标与目标可靠指标

为了简化，仅采用 R 和 S 的平均值和标准差的函数来代替可靠度的计算，这就是可靠指标。当结构具有的可靠指标大于等于某一个值（该值称作目标可靠性指标）时，可以认为结构是足够安全的。《公路工程结构可靠性设计统一标准》（JTG 2120—2020）规定的目标可靠指标见表2.2-3。

表 2.2-3　公路桥涵与隧道结构的承载能力极限状态目标可靠指标

结构或构件破坏类型	结构安全等级		
	一级	二级	三级
延性破坏	4.7	4.2	3.7
脆性破坏	5.2	4.7	4.2

注：表中延性破坏系指结构构件有明显变形或其他预兆的破坏，脆性破坏系指结构构件无明显变形或其他
　　预兆的破坏。

6. 结构安全等级

在进行结构设计时，应根据结构破坏时对人的危害、造成的经济损失和对社会影响的严重程度，考虑不同的可靠度，这反映在安全等级上。《桥通规》对桥涵安全等级的划分见表 2.2-4。

公路桥涵结构构件的安全等级宜与整体结构相同；必要时也可以作部分调整，但调整后的级差一般不得超过一级。

表 2.2-4　公路桥涵结构的设计安全等级

设计安全等级	破坏后果	适用对象
一级	很严重	（1）各等级公路上的特大桥、大桥、中桥； （2）高速公路、一级公路、二级公路、国防公路及城市附近交通繁忙公路上的小桥
二级	严重	（1）三、四级公路上的小桥； （2）高速公路、一级公路、二级公路、国防公路及城市附近交通繁忙公路上的涵洞
三级	不严重	三、四级公路上的涵洞

注：表中所列特大、大、中桥等系按单孔跨径确定；对多跨不等跨桥梁，以其中最大跨径为准。

表 2.2-4 中用到的桥涵分类，见表 2.2-5。

表 2.2-5　桥涵分类

桥涵分类	多孔跨径总长 L/m	单孔跨径 L_k/m
特大桥	$L>1\,000$	$L_k>150$
大桥	$100 \leqslant L \leqslant 1\,000$	$40 \leqslant L_k \leqslant 150$
中桥	$30<L<100$	$20 \leqslant L_k \leqslant 40$
小桥	$8 \leqslant L \leqslant 30$	$5 \leqslant L_k \leqslant 20$
涵洞	—	$L_k<5$

注：① 单孔跨径系指标准跨径。
② 梁式桥、板式桥的多孔跨径总长为多孔标准跨径的总长；拱式桥为两岸桥台内起拱线间的距离；其他形式桥梁为桥面系行车道长度。
③ 管涵及箱涵不论管径或跨径大小、孔数多少，均称为涵洞。
④ 标准跨径：梁式桥、板式桥以两桥墩中线间距离或桥墩中线与台背前缘间距为准；拱式桥和涵洞以净跨径为准。

（二）极限状态的基本概念

结构的工作状态是处于"可靠"还是"失效"，是由"极限状态"区分的。当结构构件的一部分或全部超过某一特定状态，就不能满足设计规定的某一功能要求时，此特定状态就称为该功能的极限状态。

极限状态的分类及设计状况

结构的极限状态可分为承载能力极限状态和正常使用极限状态两类。

1. 承载能力极限状态

所谓承载能力极限状态，是指结构或构件达到最大承载力或出现不适于继续承载的变形或变位的状态。它是结构安全性功能极限状态。当结构或构件出现下列状态之一时，应认为超过了其承载能力极限状态：

（1）结构构件或连接因超过材料强度而破坏，或因过度变形而不适于继续承载。
（2）整个结构或其一部分作为刚体失去平衡。
（3）结构转变为机动体系。
（4）结构或结构构件丧失稳定。
（5）结构因局部破坏而发生连续倒塌。
（6）地基丧失承载力而破坏。
（7）结构或结构构件的疲劳破坏。

超过结构承载能力极限状态将导致人身伤亡和经济损失，因此任何结构和结构构件均需避免出现这种状态。为此，在设计时应控制出现承载能力极限状态的概率，使其处于很低的水平。

2．正常使用极限状态

所谓正常使用极限状态，是指对应于结构或构件达到正常使用或耐久性的某项限值的状态，它是结构的适用性和耐久性功能极限状态。当结构或结构构件出现下列状态之一时，应认为超过了正常使用极限状态：

（1）影响正常使用或外观的变形。
（2）影响正常使用或耐久性的局部损坏（例如钢筋混凝土构件的裂缝宽度超过某个限值）。
（3）影响正常使用的振动。
（4）影响正常使用的其他特定状态。

各种结构或构件都有不同程度的结构正常使用极限状态要求。当结构超过正常使用极限状态时，虽然它已不能满足适用性和耐久性功能要求，但结构并没有破坏，不会导致人身伤亡。因此，出现正常使用极限状态的概率允许大于出现承载能力极限状态的概率。

3．设计状况

设计状况是代表一定时段内实际情况的一组设计条件，设计时应做到在该组条件下结构不超越有关的极限状态。设计状况分为4种，如下：

（1）持久设计状况：在结构使用过程中一定出现，且持续很长时间的设计状况，其持续期一般与设计使用年限为同一数量级。该状况应进行承载能力极限状态和正常使用极限状态的设计。

（2）短暂设计状况：在结构施工和使用过程中出现概率较大，而与设计使用年限相比，其持续时间很短的设计状况。该状况应进行承载能力极限状态设计，可根据需要确定是否进行正常使用极限状态设计。

（3）偶然设计状况：在使用过程中出现概率很小，且持续时间很短的设计状况。该状况应进行承载能力极限状态设计。

（4）地震设计状况：结构遭受地震时的设计状况。该状况应进行承载能力极限状态设计。

四、课外加油站

混凝土的腐蚀

五、思想政治素质养成

（1）长期以来，结构设计注重分析，精确的结构分析往往是建立在精确的力学分析基础上的。近年来，由于新技术、新领域的拓展，结构工程的发展已经不是单纯建立在力学基础上的了，概率论、计算机技术、风工程、地震工程、海洋工程等多学科的交叉，对结构工程师提出了更高要求，引导学生树立多学科思想及全面发展观。

（2）随着国民经济的发展，我国桥梁事业得到了空前发展，技术的革新、跨径的突破，对桥梁设计人员的结构安全意识、专业素养也提出了更高的要求。安全性是结构设计的首要原则，因为安全事故一旦发生，就会威胁到人民的生命安全，造成不可估计的损失。

六、任务分配和任务工作单

学生任务分配表

班级：　　　　　组号：　　　　　组长：　　　　　指导老师：

组员	任务分工	组员	任务分工

任务工作单 1

姓名：	学号：	日期：

（1）简要描述结构设计理论发展的几个阶段。

（2）什么是结构的极限状态？分为几类？

任务工作单 2

姓名:	学号:	日期:

(1) 哪些状况被认为是超过了承载能力极限状态？

(2) 哪些状况被认为是超过了正常使用极限状态？

(3) 面临不同的施工和使用情况，《桥规》规定需要考虑哪些设计状况？

任务工作单 3

| 姓名： | 学号： | 日期： |

（1）目前规范采用什么方法来设计桥梁结构？

（2）公路桥涵上的作用有哪些？如何分类？

（3）"作用"和"荷载"有什么区别？

七、评价反馈

评价反馈表

姓名：		组号：		组长：		指导老师：		
评价指标	评价内容	分值	个人自评（20%）	组内互评（20%）	组间互评（20%）	教师评价（40%）	综合评价
信息检索能力	能有效利用网络、图书资源查找有用的相关信息等，能将查到的信息有效地利用到学习中	10分					
课堂感知力	是否熟悉结构设计流程，认同工作价值？在学习中是否能获得满足感？课堂氛围如何？	10分					
参与度、交流沟通	是否积极主动与教师、同学交流，相互尊重、理解？与教师、同学之间是否能够保持多向、丰富、适宜的信息交流？	10分					
	能处理好合作学习和独立思考的关系，做到有效学习；能提出有意义的问题或能发表个人见解	10分					
知识、能力获得情况	了解结构设计的几种计算方法	10分					
	掌握结构的功能、可靠性及可靠度概念	10分					
	掌握极限状态的基本概念及分类	10分					
	能简要描述结构设计理论的发展阶段	10分					
	能说出现行规范设计桥梁结构采用的方法	10分					
思维态度	是否能发现问题、提出问题、分析问题、解决问题、创新问题？	5分					
自评反思	按时按质完成任务；较好地掌握了知识点；具有较强的信息分析能力和理解能力；具有较为全面严谨的思维能力，并能条理清楚明晰地表达成文	5分					
反思改进							

任务二　公路桥涵设计规范的设计原则

一、学习目标

1. 知识目标

（1）掌握承载能力极限状态计算原则。
（2）掌握正常使用极限状态计算原则。
（3）掌握荷载与材料强度取值原则。

2. 能力目标

（1）能进行承载能力极限状态计算。
（2）能进行正常使用极限状态计算。
（3）能根据不同情况进行荷载与材料强度取值。

3. 思政目标

（1）培养遵守规范的严谨工作精神。
（2）培养安全意识。

二、任务重、难点

1. 重　点

（1）承载能力极限状态计算原则。
（2）正常使用极限状态计算原则。

2. 难　点

（1）承载能力极限状态计算原则。
（2）正常使用极限状态计算原则。

三、知识链接

《桥通规》规定，公路桥涵混凝土构件应进行承载能力极限状态、正常使用极限状态的计算；此外，还应进行应力验算。

作用的分类与作用效应组合

（一）承载能力极限状态计算原则

依据《工程结构可靠性设计统一标准》（GB 50153—2008），结构构件的破坏或过度变形的承载能力极限状态设计，应符合下式要求：

$$\gamma_0 S_d \leqslant R_d \tag{2.2-1}$$

式中：γ_0——结构的重要性系数；
　　　S_d——作用效应组合的设计值；
　　　R_d——构件承载力设计值。

《桥通规》规定，公路桥涵结构按承载能力极限状态设计时，对持久设计状况和短暂设计状况应采用作用的基本组合，对偶然设计状况应采用作用的偶然组合，对地震设计状况应采用作用的地震组合。基本组合的表达式如下：

$$\gamma_0 S_d = \gamma_0 \left(\sum_{i=1}^{m} \gamma_{Gi} S_{Gik} + \gamma_{Q1} S_{Q1k} + \varphi_c \sum_{j=2}^{n} \gamma_{Qj} S_{Qjk} \right) \quad (2.2\text{-}2)$$

式中：γ_0——桥梁结构的重要性系数，安全等级为一级、二级、三级时分别取 1.1、1.0、0.9。

γ_{Gi}——第 i 个永久作用效应的分项系数。当永久作用效应对结构承载力不利时，通常取 1.2；对结构承载力有利时，通常取为 1.0；更详细情况，可参阅规范。

S_{Gik}——第 i 个永久作用效应的标准值。

γ_{Q1}——汽车荷载效应（含汽车冲击力、离心力）的分项系数。采用车道荷载计算时，取 $\gamma_{Q1} = 1.4$；采用车辆荷载计算时，其分项系数取 $\gamma_{Q1} = 1.8$。当某个可变作用效应在效应组合中超过汽车荷载效应时，则用该作用取代汽车荷载，其分项系数取值为 1.4；对专为承受某作用而设置的结构或装置，设计时该作用的分项系数取为 1.4；计算人行道板和人行道栏杆的局部荷载，其分项系数取为 1.4。

S_{Q1k}——汽车荷载效应（含汽车冲击力、离心力）的标准值。

φ_c——在荷载效应组合中除汽车荷载效应（含汽车冲击力、离心力）外的其他可变作用效应的组合系数，取 $\varphi_c = 0.75$。

γ_{Qj}——在荷载效应组合中除汽车荷载效应（含汽车冲击力、离心力）外的其他第 j 个可变作用效应的分项系数，取 $\gamma_{Qj} = 1.4$，风荷载的分项系数取 $\gamma_{Qj} = 1.1$。

S_{Qjk}——在荷载效应组合中除汽车荷载效应（含汽车冲击力、离心力）外的其他第 j 个可变作用效应的标准值。

对于公路桥涵结构，最基本作用（或荷载）效应组合是"永久作用效应 + 汽车荷载效应 + 人群荷载效应"，此时，上式可以写成如下形式：

当永久作用效应与可变作用效应同号时，

$$S_d = 1.2 S_{Gk} + 1.4 S_{Q1k} + 0.75 \times 1.4 S_{Q2k} \quad (2.2\text{-}3)$$

当永久作用效应与可变作用效应异号时，

$$S_d = 1.0 S_{Gk} + 1.4 S_{Q1k} + 0.75 \times 1.4 S_{Q2k} \quad (2.2\text{-}4)$$

偶然组合应按照《桥通规》采用，地震组合应按照《公路工程抗震规范》（JTG B02—2013）采用，这里不再详述。

（二）正常使用极限状态计算原则

公路桥涵结构按正常使用极限状态设计时，应按照《桥通规》的规定，根据不同结构不同的设计要求，选用以下一种或两种作用效应组合。

（1）频遇组合，是永久作用标准值效应与可变作用频遇值效应的组合，其表达式为：

$$S_{sd} = \sum_{i=1}^{m} S_{Gik} + \varphi_{f1} S_{Q1k} + \sum_{j=1}^{n} \varphi_{qj} S_{Qjk} \quad (2.2\text{-}5)$$

式中：φ_{f1}——汽车荷载（不计冲击力）的频遇值系数，取 $\varphi_{f1} = 0.7$；

φ_{qj}——第 j 个可变荷载的准永久系数。

频遇值系数与准永久系数的取值见表 2.2-6。

表 2.2-6 频遇值系数与准永久系数

项目	汽车荷载	人群荷载	风荷载	温度作用	其他作用
频遇值系数 φ_f	0.7	1.0	0.75	0.8	1.0
准永久值系数 φ_q	0.4	0.4	0.75	0.8	1.0

（2）准永久组合，是永久作用标准值效应与可变作用准永久值效应的组合，其表达式为：

$$S_{qd} = \sum_{i=1}^{m} S_{Gik} + \sum_{j=1}^{n} \varphi_{qj} S_{Qjk} \qquad (2.2\text{-}6)$$

对正常使用极限状态而言，结构抗力表现为裂缝宽度限值、挠度限值等，也就是说，以上公式计算所得的作用效应的表现形式相应的是裂缝宽度、挠度，这是与承载能力极限状态计算时作用效应表现为弯矩、剪力、压力等所不同的。

（三）构件的应力验算

构件的应力验算是承载能力极限状态计算和正常使用极限状态计算的补充。构件应力验算的实质，是将钢筋"换算"成混凝土之后得到单一材料的截面，然后按照材料力学的方法计算得到应力，该应力应小于等于限值。

（四）荷载与材料强度取值

1. 公路桥涵荷载的取值

各种作用，应对其所取量值作出规定。作用代表值是指针对不同设计目的所采用的各种作用规定值，包括标准值、组合值、频遇值和准永久值。其中，作用标准值是作用的基本代表值，其他值可由此得到。

对于不同的作用应采用不同的代表值。《桥通规》规定，永久作用以标准值作为代表值；可变作用根据不同的极限状态，采用标准值、频遇值或准永久值作代表值；偶然作用取其标准值作为代表值。

永久作用主要是结构的自重，其标准值可根据结构构件的设计尺寸与材料的密度确定；可变作用频遇值为可变作用标准值乘以频遇值系数，可变作用准永久值为可变作用标准值乘以准永久值系数。可变作用标准值以及频遇值系数、准永久值系数均应依据《桥通规》的规定采用。

公路桥涵结构中最常用的可变荷载有汽车荷载和人群荷载。

人群荷载为均布面荷载，应根据计算跨径按表 2.2-7 取值，对于跨径不等的连续结构，以最大跨径为准。

表 2.2-7 人群荷载标准值

计算跨径 l_0/m	$l_0 \leq 50$	$50 < l_0 < 150$	$l_0 \geq 150$
人群荷载/（kN/m²）	3.0	$3.25 - 0.005 l_0$	2.5

对于非机动车、行人密集的公路桥涵，人群荷载标准值取表中数值的 1.15 倍。

专用人行桥梁，人群荷载标准值取 3.5 kN/m²。

2. 材料强度的标准值和设计值

材料强度标准值依据概率分布的某一分位值确定。例如，混凝土的立方体抗压强度标准值取 95% 的保证率，这相当于平均值减去 1.645 倍标准差；钢筋强度标准值则取平均值减去 2 倍标准差，其保证率为 97.73%。

对于承载能力极限状态，其公式中的材料强度均为设计值，强度设计值＝强度标准值/分项系数，见表 2.2-8 和表 2.2-9。依据《桥规》，混凝土材料取分项系数为 1.45；各类热轧钢筋与预应力螺纹钢筋取分项系数为 1.2，钢绞线、钢丝则取分项系数为 1.47。

表 2.2-8 混凝土强度标准值、设计值

强度种类		符号	C25	C30	C35	C40	C45	C50	C55	C60	C65	C70	C75	C80
强度标准值	轴心抗压	f_{ck}	16.7	20.1	23.4	26.8	29.6	32.4	35.5	38.5	41.5	44.5	47.4	50.2
	轴心抗拉	f_{tk}	1.78	2.01	2.20	2.40	2.51	2.65	2.74	2.85	2.93	3.00	3.05	3.10
强度设计值	轴心抗压	f_{cd}	11.5	13.8	16.1	18.4	20.5	22.4	24.4	26.5	28.5	30.5	32.4	34.6
	轴心抗拉	f_{td}	1.23	1.39	1.52	1.65	1.74	1.83	1.89	1.96	2.02	2.07	2.10	2.14

表 2.2-9 钢筋强度标准值、设计值

钢筋种类	公称直径/mm	符号	强度标准值 f_{sk}/MPa	抗拉强度设计值 f_{sd}/MPa	抗压强度设计值 f'_{sd}/MPa
HPB300	6~22	Φ	300	250	250
HRB400	6~50	Φ	400	330	330
HRBF400		Φ^F			
RRB400	6~50	Φ^R	500	415	400
HRB500		Φ			

（五）应用实例

【例 2.2-1】 某钢筋混凝简支梁桥，安全等级为一级，已经求得某片主梁在跨中截面的弯矩标准值如下：

全部结构自重引起的弯矩 M_{Gk} = 43 000 kN·m；

汽车车道荷载（已计入冲击系数 μ = 0.2） M_{Q1k} = 14 700 kN·m；

人群荷载引起的弯矩 M_{Q2k} = 1 300 kN·m。

要求计算：（1）对该梁进行配筋设计时所采用的弯矩设计值 $\gamma_0 S_d$。

（2）频遇组合、准永久组合时跨中截面的弯矩设计值。

作用效应组合
计算习题

【解】 （1）基本组合时，跨中截面的弯矩设计值为：

$$\gamma_0 S_d = \gamma_0 (\sum_{i=1}^{m} \gamma_{Gi} S_{Gik} + \gamma_{Q1} \gamma_L S_{Q1k} + \varphi_c \sum_{j=2}^{n} \gamma_{L,j} \gamma_{Qj} S_{Qjk})$$
$$= 1.1 \times (1.2 \times 43\,000 + 1.4 \times 14\,700 + 0.75 \times 1.4 \times 1\,300)$$
$$= 80\,900 \text{ kN·m}$$

（2）频遇组合时，跨中截面的弯矩设计值为：

$$S_{sd} = \sum_{i=1}^{m} S_{Gik} + \varphi_{f1} S_{Q1k} + \sum_{j=2}^{n} \varphi_{qj} S_{Qjk}$$
$$= 43\,000 + 0.7 \times (14\,700/1.2) + 0.4 \times 1\,300$$
$$= 52\,095 \text{ kN·m}$$

准永久组合时，跨中截面的弯矩设计值为：

$$S_{qd} = \sum_{i=1}^{m} S_{Gik} + \sum_{j=1}^{n} \varphi_{qj} S_{Qjk}$$
$$= 43\,000 + 0.4 \times (14\,700/1.2) + 0.4 \times 1\,300$$
$$= 48\,420 \text{ kN·m}$$

四、课外加油站

混凝土的耐久性

五、思想政治素质养成

（1）混凝土结构设计中工程结构设计往往要求在设计寿命内，在正常使用和维护条件下，满足构件强度、刚度、稳定性等一系列预定功能，从而保证安全可靠、经济合理，这就需要工程技术人员严格遵守相应的标准规范进行设计计算。在教学过程中，通过讲解混凝土结构设计规范和标准，培养学生行业标准意识、规范意识，从而使学生具有严谨务实的工作态度。

（2）混凝土结构应满足安全性、适用性和耐久性三方面的要求。依据国家标准《混凝土结构耐久性设计规范》（GB/T 50476—2008），术语"结构耐久性"的定义是：在设计确定的环境作用和维修、使用条件下，结构构件在设计使用年限内保持其适用性和安全性的能力。

在设计混凝土结构时，除了进行承载力计算、变形和裂缝验算外，还必须进行耐久性设计。如果结构因耐久性不足而失效，或为了继续正常使用而进行相当规模的大修，势必要付出高昂的代价。

混凝土耐久性是指结构在规定的使用年限内，在各种环境条件作用下，不需要额外的费用加固处理而保持其安全性、工作性的能力。它的耐久性与建筑工程的使用寿命息息相关，是影响结构安全性最重要的因素之一。通过混凝土腐蚀案例，强化学生的工程安全意识。

混凝土结构的耐久性

六、任务分配和任务工作单

学生任务分配表

班级：　　　　　　组号：　　　　　　组长：　　　　　　指导老师：

组员	任务分工	组员	任务分工

任务工作单1

姓名：	学号：	日期：

（1）按承载能力极限状态设计时，采用哪几种作用效应组合？

（2）按正常使用极限状态设计时，采用哪几种作用效应组合？

（3）影响混凝土耐久性的因素有哪些？简要描述耐久性设计原则。

任务工作单 2

姓名：	学号：	日期：

某三级公路上的钢筋混凝土简支梁桥,跨径为 16 m,已经求得某片主梁在跨中截面的弯矩标准值如下：
全部结构自重引起的弯矩 $M_{Gk} = 800$ kN·m；
汽车车道荷载（已计入冲击系数 $\mu = 0.2$）$M_{Q1k} = 600$ kN·m；
人群荷载引起的弯矩 $M_{Q2k} = 100$ kN·m；
风荷载引起的弯矩 $M_{Q3k} = 80$ kN·m。
要求计算：（1）对该梁进行配筋设计时所采用的弯矩设计值 $\gamma_0 S_d$。
（2）频遇组合、准永久组合时跨中截面的弯矩设计值。

七、评价反馈

评价反馈表

姓名：		组号：		组长：		指导老师：		
评价指标	评价内容	分值	个人自评（20%）	组内互评（20%）	组间互评（20%）	教师评价（40%）	综合评价
信息检索能力	能有效利用网络、图书资源查找有用的相关信息等，能将查到的信息有效地利用到学习中	10分					
课堂感知力	是否熟悉结构设计流程，认同工作价值？在学习中是否能获得满足感？课堂氛围如何？	10分					
参与度、交流沟通	是否积极主动与教师、同学交流，相互尊重、理解？与教师、同学之间是否能够保持多向、丰富、适宜的信息交流？	10分					
	能处理好合作学习和独立思考的关系，做到有效学习；能提出有意义的问题或能发表个人见解	10分					
知识、能力获得情况	掌握承载能力极限状态计算原则	10分					
	掌握正常使用极限状态计算原则	10分					
	能根据不同情况进行荷载与材料强度取值	10分					
	能进行承载能力极限状态计算	10分					
	能进行正常使用极限状态计算	10分					
思维态度	是否能发现问题、提出问题、分析问题、解决问题、创新问题？	5分					
自评反思	按时按质完成任务；较好地掌握了知识点；具有较强的信息分析能力和理解能力；具有较为全面严谨的思维能力，并能条理清楚明晰地表达成文	5分					
反思改进							

项目三 受压构件正截面承载力计算

桥梁结构的桥墩、桩基础，均是以承受轴向压力为主的构件，属于受压构件。

对于单一且由匀质材料构成的受压构件来说，当轴向压力的作用线与构件截面形心的轴线重合时，其受力形式为轴心受压；反之，当轴向压力的作用线与构件截面形心的轴线不重合时，其受力形式为偏心受压。

任务一 轴心受压普通箍筋柱计算

一、学习目标

1. 知识目标

（1）掌握普通箍筋柱的构造要求。
（2）了解普通箍筋柱的破坏形态。
（3）掌握普通箍筋柱的设计思路、原理及步骤。

2. 能力目标

（1）能进行普通箍筋柱的简单设计计算。
（2）会复核普通箍筋柱承载力。

3. 思政目标

（1）培养学生严谨的科学态度。
（2）培养学生遵守规范的职业素养和安全生产的意识。

二、任务重、难点

1. 重　点

（1）普通箍筋柱的构造要求。
（2）普通箍筋柱的承载力计算。
（3）普通箍筋柱的承载力复核。

2. 难　点

（1）普通箍筋柱的承载力计算。
（2）普通箍筋柱的承载力复核。

三、知识链接

工程中，人们通常把钢筋混凝土轴心受压构件（柱）按照其箍筋的作用及配置方式不同分为两种（图 2.3-1）：配有纵向钢筋和普通箍筋的柱，简称为普通箍筋柱；配有纵筋和螺旋式（或焊接环式）箍筋的柱，简称为螺旋箍筋柱。

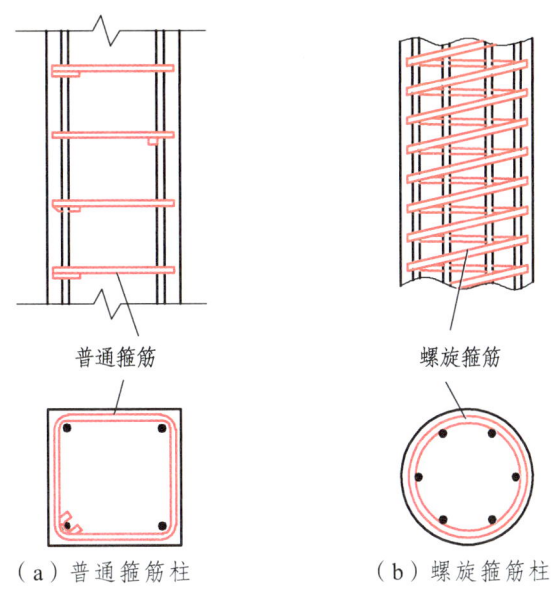

（a）普通箍筋柱　　（b）螺旋箍筋柱

图 2.3-1　钢筋混凝土轴心受压构件

（一）构造要求

1. 截面形式及尺寸

考虑到现场施工中模板制作的便捷性，普通箍筋柱的截面形式一般为方形或矩形。方形截面尺寸不宜小于 250 mm × 250 mm。矩形截面轴心受压构件，为了避免其长细比过大，承载力降低过多，常取 $l_0/b \leqslant 30$，$l_0/h \leqslant 25$（此处，l_0 为柱的计算长度，b 为矩形截面短边边长，h 为长边边长）。此外，为了施工支模方便，柱的截面尺寸宜整数化：尺寸在 800 mm 及以下的，宜取 50 mm 的倍数（如 800 mm、750 mm、700 mm、650 mm、600 mm、550 mm……）；在 800 mm 以上的，可取 100 mm 的倍数（如 900 mm、1 000 mm、1 100 mm、1 200 mm……）。

2. 材料要求

混凝土的强度等级对受压构件的承载能力影响比较大。为了减小构件的截面尺寸、节省钢材，宜采用较高强度等级的混凝土。根据工程实际情况，常用的混凝土等级为 C25、C30、C35、C40。

3. 纵　筋

纵筋的作用是提高柱的承载力，减小构件的截面尺寸，防止因偶然偏心产生的破坏，改善破坏时构件的延性和减小混凝土的徐变变形。纵向钢筋一般不宜采用高强度钢筋（这是因为在受压构件中，钢筋与混凝土共同受压时，不能充分发挥钢筋的高强度作用）。

轴心受压构件全部纵筋的配筋率不应小于 0.5%，当混凝土强度等级为 C50 及以上时不应小于 0.6%；同时，一侧钢筋的配筋率不应小于 0.2%。纵向受力钢筋应沿截面的四周均匀布置，钢筋根数不得少于 4 根，如图 2.3-2 所示。钢筋直径不应小于 12 mm，通常在 16～32 mm

范围内选用。为了减少钢筋在施工时可能产生的纵向弯曲，应尽量采用较粗的钢筋。从经济、施工以及受力性能等方面来考虑，全部纵筋配筋率不宜超过 5%。

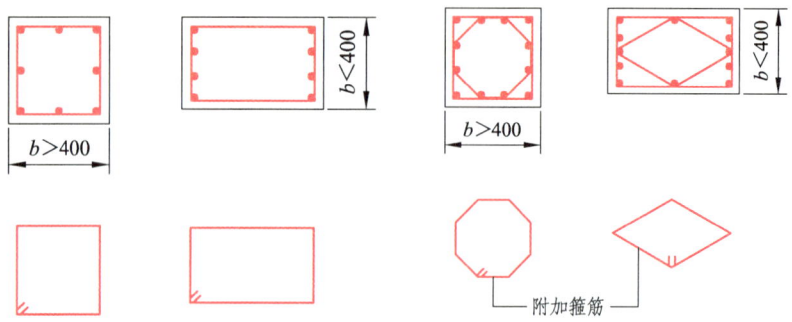

图 2.3-2　方形、矩形截面钢筋布置

由《规范》查得，柱内纵筋的混凝土保护层厚度对Ⅰ类环境取 20 mm。相邻纵筋间的净距不应小于 50 mm。在水平位置上浇筑的预制柱，其纵筋最小净距可以适当减小，但不应小于 30 mm 和 1.5 倍钢筋的最大直径。纵向受力钢筋彼此间的中距不应大于 350 mm。

纵筋的连接接头宜设在受力较小处。钢筋的接头可以采用机械连接接头，也可采用焊接接头和搭接接头。对于直径大于 28 mm 的受拉钢筋和直径大于 32 mm 的受压钢筋，不宜采用绑扎接头。

4. 箍　筋

箍筋能与纵筋形成骨架，并防止纵筋受力后外凸。

箍筋直径不小于纵筋直径的 1/4，且不应小于 8 mm。当纵筋配筋率超过 3%时，箍筋直径不应小于 8 mm，其间距不应大于纵筋直径的 15 倍或构件短边尺寸（圆形截面采用 0.8 倍直径），且不应大于 400 mm。在纵筋搭接长度范围内，箍筋间距不应大于纵筋直径的 10 倍，且不应大于 200 mm。

对于配置了螺旋式或焊接式箍筋的轴心受压柱，螺旋箍筋的直径应不小于纵筋直径的 1/4，且不应小于 8 mm。螺旋箍筋的间距应不大于核心混凝土直径的 1/5，也不大于 80 mm，且不应小于 40 mm，以利于混凝土浇筑。

当构件截面各边纵筋多于 3 根时，应设置复合箍筋，如图 2.3-3（a）所示；当截面短边不大于 400 mm，且纵筋不多于 4 根时，可不设置复合箍筋，如图 2.3-3（b）所示。

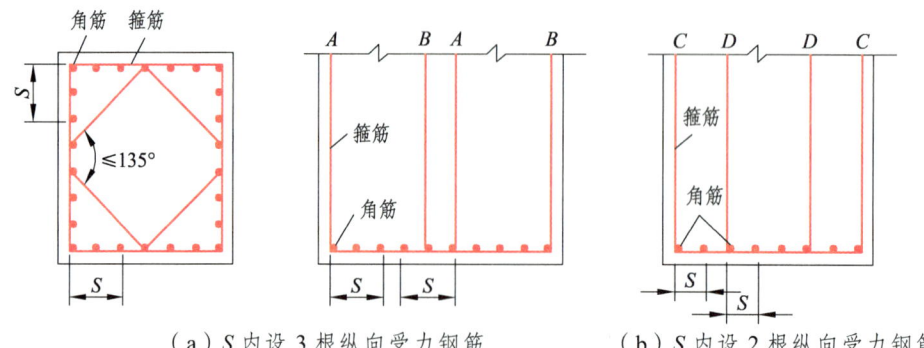

（a）S 内设 3 根纵向受力钢筋　　　（b）S 内设 2 根纵向受力钢筋

（A、B、C、D 为箍筋编号，箍筋 A、B 与 C、D 两组设置方式可根据实际情况选用）

图 2.3-3　柱内复合箍筋布置

（二）普通箍筋柱的正截面受压承载力计算

1. 受力分析和破坏形态

配有纵筋和普通箍筋的短柱，在轴心荷载作用下，其整个截面的应变基本上是均匀分布的。当荷载较小时，混凝土和钢筋都处于弹性阶段，柱压缩变形的增加与荷载的增加成正比，纵筋和混凝土压应力的增加也与荷载的增加成正比。当荷载较大时，由于混凝土塑性变形的发展，压缩变形增加的速度快于荷载增长速度（纵筋配筋率越小，此现象越明显）。同时，在相同荷载增量下，钢筋的压应力比混凝土的压应力增加得快。随着荷载的继续增加，柱中开始出现微细裂缝，在临近破坏荷载时，柱四周出现明显的纵向裂缝。箍筋间的纵筋被压屈从而向外凸出，混凝土被压碎，柱即破坏，如图 2.3-4（a）所示。

轴心受压构件的构造要求及破坏形态

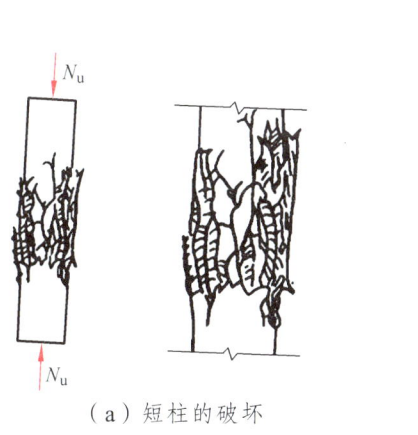

（a）短柱的破坏　　（b）长柱的破坏

图 2.3-4　两种柱的破坏

试验表明：素混凝土棱柱体构件达到最大压应力值时的压应变值约为 0.001 5～0.002，而钢筋混凝土短柱达到应力峰值时的压应变一般在 0.002 5～0.003。其主要原因是纵向钢筋起到了调整混凝土应力的作用，使混凝土的塑性性质得到了较好的发挥，改善了受压破坏的脆性性质。在破坏时，一般是纵筋先达到屈服强度，此时可继续增加一些荷载；最后混凝土达到极限压应变值，构件破坏。当纵向钢筋的屈服强度较高时，可能会出现钢筋没有达到屈服强度而混凝土达到了极限压应变值的情况。

上述是短柱的受力分析和破坏形态。对于长细比较大的柱，试验表明：由各种偶然因素造成的初始偏心距的影响是不可忽略的。加载后，初始偏心距导致产生附加弯矩和相应的侧向挠度，而侧向挠度又增大了荷载的偏心距；随着荷载的增加，附加弯矩和侧向挠度将不断增大。这样相互影响的结果，使长柱在轴力和弯矩的共同作用下发生破坏。破坏时，首先在凹侧出现纵向裂缝，随后混凝土被压碎，纵筋被压屈向外凸出；凸侧混凝土出现垂直于纵轴方向的横向裂缝，侧向挠度急剧增大，柱破坏，如图 2.3-4（b）所示。因此，长柱的破坏荷载低于其他条件相同的短柱破坏荷载，长细比越大，承载能力降低越多。对于长细比很大的细长柱，还可能发生失稳破坏现象。此外，在长期荷载作用下，由于混凝土的徐变，侧向挠度将增大更多，从而使长柱的承载力降低得更多，长期荷载在全部荷载中所占的比例越大，其承载力降低得越多。

《规范》采用稳定系数（即长、短柱的承载力之比）来表示长柱承载力的降低程度。相关研究表明：稳定系数 φ 的大小主要与构件的长细比有关。而长细比是指构件的计算长度 l_0 与其截面的回转半径 i 之比，对于矩形截面为 l_0/b（其中，b 为截面的短边尺寸）。

长细比越大，φ 值越小。当 $l_0/b<8$ 时，柱的承载力没有降低，φ 值可取为 1。对于具有相同 l_0/b 值的柱，由于混凝土强度等级和钢筋的种类以及配筋率的不同，φ 值的大小还略有变化。具体取值见表 2.3-1。

表 2.3-1 钢筋混凝土轴心受压构件的稳定系数

$\dfrac{l_0}{b}$	$\dfrac{l_0}{d}$	$\dfrac{l_0}{i}$	φ	$\dfrac{l_0}{b}$	$\dfrac{l_0}{d}$	$\dfrac{l_0}{i}$	φ
≤8	≤7	≤28	≤1.0	30	26	104	0.52
10	8.5	35	0.98	32	28	111	0.48
12	10.5	42	0.95	34	29.5	118	0.44
14	12	48	0.92	36	31	125	0.40
16	14	55	0.87	38	33	132	0.36
18	15.5	62	0.81	40	34.5	139	0.32
20	17	69	0.75	42	36.5	146	0.29
22	19	76	0.70	44	38	153	0.26
24	21	83	0.65	46	40	160	0.23
26	22.5	90	0.60	48	41.5	167	0.21
28	24	97	0.56	50	43	174	0.19

注：表中 l_0 为构件计算长度；b 为矩形截面的短边尺寸；d 为圆形截面的直径；i 为截面最小回转半径。

构件计算长度与构件两端支承情况有关。当构件两端铰支时，取 $l_0=l$（l 是构件实际长度）；当两端固定时，取 $l_0=0.5l$；当一端固定，一端铰支时，取 $l_0=0.7l$；当一端固定，一端自由时取 $l_0=2l$。

2. 普通箍筋柱承载力计算公式

根据以上分析，配有纵向钢筋和普通箍筋的轴心受压短柱在破坏时，其横截面的计算应力图形如图 2.3-5 所示。在考虑长柱承载力的降低和可靠度的调整因素后，规范给出了轴心受压构件承载力计算公式如下：

$$\gamma_0 N_d \leqslant 0.9\varphi(f_{cd}A + f'_{sd}A'_s) \quad (2.3\text{-}1)$$

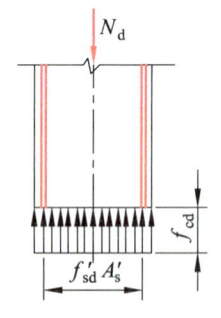

式中：N_d——轴向力设计值；

0.9——可靠度调整系数；

φ——钢筋混凝土轴心受压构件的稳定系数，见表 2.3-1；

A——构件毛截面面积，当纵向钢筋配筋率大于 3% 时，式中 A 应改为 $(A-A'_s)$；

A'_s——全部纵向钢筋的截面面积。

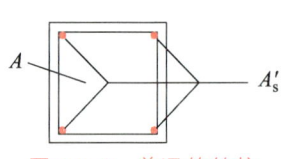

图 2.3-5 普通箍筋柱

3. 设计方法

（1）截面设计计算。

① 情况1：截面尺寸已知。

可根据已知尺寸先求得其长细比 l_0/b，然后根据长细比的具体值查表2.3-1得到相应的稳定系数 φ，接着由式（2.3-1）可导出所需钢筋总的截面面积：

$$A'_s \geqslant \frac{\gamma_0 N_d - 0.9\varphi f_{cd} A}{0.9\varphi f'_{sd}} \tag{2.3-2}$$

普通箍筋柱正截面承载力计算

最后，结合计算结果查表2.3-2选择钢筋直径和根数，并布置钢筋。

表 2.3-2　钢筋的公称直径、公称截面面积及理论重量

公称直径/mm	不同根数钢筋的公称截面面积/mm²									螺纹钢筋外径/mm	质量/(kg/m)
	1	2	3	4	5	6	7	8	9		
6	28.3	57	85	113	142	170	198	226	255	—	0.222
8	50.3	101	151	201	252	302	352	402	453	—	0.395
10	78.5	157	236	314	393	471	550	628	707	11.6	0.617
12	113.1	226	339	452	565	678	791	904	1 017	13.9	0.888
14	153.9	308	461	615	769	923	1 077	1 231	1 385	16.2	1.21
16	201.1	402	603	804	1 005	1 206	1 407	1 608	1 809	18.4	1.58
18	254.5	509	763	1 017	1 272	1 527	1 781	2 036	2 290	20.5	2.00
20	314.2	628	942	1 256	1 570	1 884	2 199	2 513	2 827	22.7	2.47
22	380.1	760	1 140	1 520	1 900	2 281	2 661	3 041	3 421	25.1	2.98
25	490.9	982	1 473	1 964	2 454	2 945	3 436	3 927	4 418	28.4	3.85
28	615.8	1 232	1 847	2 463	3 079	3 695	4 310	4 926	5 542	31.6	4.83
32	804.2	1 609	2 413	3 217	4 021	4 826	5 630	6 434	7 238	35.8	6.31
36	1 017.9	2 036	3 054	4 072	5 089	6 107	7 125	8 143	9 161	40.2	7.99
40	1 256.6	2 513	3 770	5 027	6 283	7 540	8 796	10 053	11 310	44.5	9.87

② 情况2：截面尺寸未知。

在规范规定的柱的合理配筋率范围（$\rho = 0.8\% \sim 1.5\%$）内，随意选取一个 ρ 值，并暂时假设 $\varphi = 1$。又知 $A'_s = \rho A$，将选取的 ρ 值代入此关系式，结果再代入式（2.3-1），即 $\gamma_0 N_d \leqslant 0.9\varphi(f_{cd} A + f'_{sd} \rho A)$，此时，式中仅有一个未知量 A，则：

$$A \geqslant \frac{\gamma_0 N_d}{0.9\varphi(f_{cd} + \rho f'_{sd})} \tag{2.3-3}$$

根据求出的 A 值，结合构造要求选取截面尺寸，截面边长应取 50 mm 的倍数。

最后，以确定出的截面尺寸为已知条件按情况①步骤进行设计计算。

(2)承载力复核。

根据设计结果,求出长细比l_0/b,查表2.3-1得稳定系数φ值,将所有数据代入式(2.3-1),求得受压构件截面承载力:

$$N_{u0} = 0.9\varphi(f_{cd}A + f'_{sd}A'_s) \quad (2.3-4)$$

若$N_{u0} \geqslant \gamma_0 N_d$,说明设计的构件截面承载力满足要求。

(三)应用实例

【例2.3-1】 某钢筋混凝土柱,柱高$l = 9$ m,一端固定一端铰支。轴向力设计值$N_d = 1\,540$ kN,混凝土强度等级为C30,纵筋采用HRB400级,箍筋采用HPB300级。环境类别为Ⅰ类,安全等级为一级。

要求:试设计该柱截面并判断其是否安全。

【解】 (1)设计截面。

(截面尺寸未知,按第2种情况设计。)

混凝土抗压强度设计值$f_{cd} = 13.8$ MPa,钢筋抗压强度设计值$f'_{sd} = 330$ MPa,轴心压力计算值$\gamma_0 N_d = 1.1 \times 1\,540 = 1\,694$ kN。

普通箍筋柱正截面承载力计算习题

取$\rho = 1.0\%$,则$A'_s = 0.01A$,$\varphi = 1$,$l_0 = 0.7l = 0.7 \times 9 = 6.3$ m,代入式(2.3-3),得:

$$A \geqslant \frac{\gamma_0 N_d}{0.9\varphi(f_{cd} + \rho f'_{sd})} = \frac{1.1 \times 1\,540 \times 10^3}{0.9 \times 1 \times (13.8 + 0.01 \times 330)} = 110\,071 \text{ mm}^2$$

方形截面,则边长$b = \sqrt{A} = \sqrt{110\,071} = 332$ mm,取整$b = h = 350$ mm。

长细比$\dfrac{l_0}{b} = \dfrac{6.3 \times 10^3}{350} = 18$,查表2.3-1得稳定系数$\varphi = 0.81$,代入式(2.3-2),得所需纵向钢筋截面面积:

$$A'_s \geqslant \frac{\gamma_0 N_d - 0.9\varphi f_{cd}A}{0.9\varphi f'_{sd}}$$

$$= \frac{1.1 \times 1\,540 \times 10^3 - 0.9 \times 0.81 \times 13.8 \times 350^2}{0.9 \times 0.81 \times 330} = 1\,919 \text{ mm}^2$$

查表2.3-2选用纵向钢筋为4⌀25,$A'_s = 1\,964$ mm²,则截面配筋率$\rho = \dfrac{A'_s}{A} = \dfrac{1\,964}{350^2} = 1.6\%$,即$\rho_{min} = 0.5\% < \rho < \rho_{max} = 5\%$。

截面一侧的纵筋配筋率

$$\rho = \frac{1\,964/2}{350^2} = 0.801\% > 0.2\%$$

采用封闭式箍筋,截面选用⌀8,满足直径大于$\dfrac{d}{4} = \dfrac{25}{4} = 6.25$ mm,且不小于8 mm的要求。根据构造要求,箍筋间距$S = 15d = 15 \times 25 = 375$ mm,$S \leqslant b = 350$ mm,$S \leqslant 400$ mm,则箍筋间距取$S = 350$ mm。

钢筋布置如图 2.3-6 所示，则布置在短边方向上的纵筋净距为：$S_n = 350 - 2 \times 20 - 2 \times 8 - 2 \times 28.4 = 237.2 \text{ mm}$，即 $50 \text{ mm} < S_n < 350 \text{ mm}$，满足规范要求。

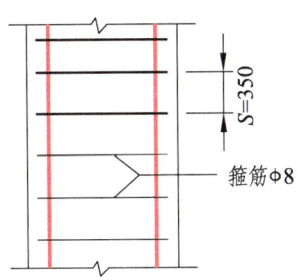
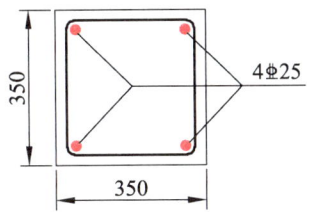

图 2.3-6　例 2.3-1 钢筋布置图

（2）截面复核。

长细比 $\dfrac{l_0}{b} = \dfrac{6.3 \times 10^3}{350} = 18$，查表 2.3-1 得稳定系数 $\varphi = 0.81$，代入式（2.3-4）得：

$$N_{u0} = 0.9\varphi(f_{cd}A + f'_{sd}A'_s) = 0.9 \times 0.81 \times (13.8 \times 350^2 + 330 \times 1\,964) = 1\,704.85 \text{ kN}$$
$$> \gamma_0 N_d = 1.1 \times 1\,540 = 1\,694 \text{ kN}$$

因此，该柱的截面承载力满足要求。

四、课外加油站

柱的箍筋构造与计算

五、思想政治素质养成

（1）轴心受压构件的设计计算方法是工程师们经过长期的实验和验证总结出来的成果，不管是构件的受力分析还是构造要求都是经长期生产实践检验过的。每一条规定、每一个步骤都会直接影响到设计结果，更进一步影响结构安全。教学过程中应着重引导学生按照规范及设计要求进行设计计算，时刻保持科学的设计理念和严谨的设计态度，时刻把结构安全性、可靠性、适用性牢记在心，贯穿在设计的每一步中，树立工程人应有的责任心和担当。

（2）本课程因为"内容多、公式多、符号多、规定多"的四多特点，学生容易在学习中产生畏难情绪，及时帮助学生解决碰到的问题，培养严于律己、知难而进的意志和毅力。

六、任务分配和任务工作单

学生任务分配表

班级：　　　　　　组号：　　　　　　组长：　　　　　　指导老师：

组员	任务分工	组员	任务分工

任务工作单 1

姓名：	学号：	日期：

（1）总结普通箍筋柱对混凝土和钢筋选用的具体要求。

（2）理解并根据受力原理写出普通箍筋柱承载力的计算公式。

任务工作单 2

姓名:	学号:	日期:

绘制普通箍筋柱设计流程图。

任务工作单 3

姓名：	学号：	日期：

某钢筋混凝土轴心受压柱,截面尺寸 $b \times h = 250 \text{ mm} \times 250 \text{ mm}$,计算长度为 5 m;轴向压力组合设计值 $N_d = 1\,200 \text{ kN}$,混凝土强度等级为 C30,纵筋采用 HRB400 级,箍筋采用 HPB300 级。环境类别为 I 类,安全等级为二级。

要求:对该柱进行纵向受力钢筋和箍筋的布置。(提示:截面尺寸已知,按第 1 种情况设计。)

七、评价反馈

评价反馈表

姓名：		组号：		组长：				指导老师：	
评价指标		评价内容	分值	个人自评（20%）	组内互评（20%）	组间互评（20%）	教师评价（40%）	综合评价	
信息检索能力		能有效利用网络、图书资源查找有用的相关信息等，能将查到的信息有效地利用到学习中	10分						
课堂感知力		是否熟悉结构设计流程，认同工作价值？在学习中是否能获得满足感？课堂氛围如何？	10分						
参与度、交流沟通		是否积极主动与教师、同学交流，相互尊重、理解？与教师、同学之间是否能够保持多向、丰富、适宜的信息交流？	10分						
		能处理好合作学习和独立思考的关系，做到有效学习；能提出有意义的问题或能发表个人见解	10分						
知识、能力获得情况		知道普通箍筋柱的常用截面形式	5分						
		掌握普通箍筋柱中混凝土的等级要求	5分						
		掌握普通箍筋柱中钢筋取用的具体要求	10分						
		理解并能根据受力原理写出普通箍筋柱承载力的计算公式	10分						
		能进行普通箍筋柱的计算	20分						
思维态度		是否能发现问题、提出问题、分析问题、解决问题、创新问题？	5分						
自评反思		按时按质完成任务；较好地掌握了知识点；具有较强的信息分析能力和理解能力；具有较为全面严谨的思维能力，并能条理清楚明晰地表达成文	5分						
反思改进									

任务二　轴心受压螺旋箍筋柱计算

一、学习目标

1. 知识目标

（1）掌握螺旋箍筋柱的构造要求。
（2）了解螺旋箍筋柱的破坏形态。
（3）掌握螺旋箍筋柱的设计思路、原理及步骤。

2. 能力目标

（1）能进行螺旋箍筋柱的简单设计计算。
（2）会复核螺旋箍筋柱的承载力。

3. 思政目标

（1）培养学生遵守标准的意识。
（2）培养学生严谨务实的工作态度。

二、任务重、难点

1. 重　点

（1）螺旋箍筋柱的构造要求。
（2）螺旋箍筋柱的承载力计算。
（3）螺旋箍筋柱的承载力复核。

2. 难　点

（1）螺旋箍筋柱的承载力计算。
（2）螺旋箍筋柱的承载力复核。

三、知识链接

当柱受到很大的轴心压力，而其截面尺寸又因建筑上或使用上的要求受到限制时，若将其设计成普通箍筋柱，即使提高了混凝土强度等级并增加了纵筋配筋量也不足以承受该轴心压力，就可以考虑采用螺旋筋或焊接环筋来提高承载力。这种柱的截面形状一般为圆形或多边形，图 2.3-7 所示为螺旋箍筋柱和焊接环箍筋柱的具体构造式。

（一）构造要求

1. 截面形式

螺旋箍筋柱的截面形式一般为圆形或正八边形（图 2.3-7）。

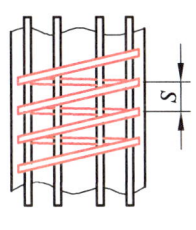 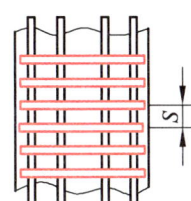

（a）螺旋箍筋柱　　　　　　（b）焊接环箍筋柱

图 2.3-7　螺旋箍筋柱和焊接环箍筋柱

2. 纵　筋

螺旋箍筋柱内的纵向钢筋沿箍筋内侧圆周均匀分布，其截面总面积应不小于箍筋内侧所箍核心混凝土截面面积 A_{cor} 的 0.5%，构件核心混凝土截面面积不应小于整个截面面积的 2/3。纵筋应伸入与其所在受压构件连接的上下构件内，伸入长度应不小于受压构件的直径且不小于纵筋的锚固长度。

3. 螺旋箍筋

螺旋箍筋的直径应不小于纵向受力钢筋直径的 1/4，且不小于 8 mm。为保证螺旋箍筋能起到限制核心混凝土横向变形的作用，必须对箍筋的间距加以限制。《桥规》规定，螺旋箍筋的间距应不大于核心混凝土直径的 1/5，也不应大于 80 mm，且不应小于 40 mm，以利于混凝土浇筑。

为了计算方便，螺旋箍筋的数量一般以换算截面面积 A_{so} 表示。所谓螺旋箍筋换算截面面积，就是将螺旋箍筋按照体积相等原则，换算成纵向钢筋的截面面积，即一圈螺旋箍筋的体积除以螺旋箍筋的间距：

$$A_{so} = \frac{\pi d_{cor} A_{so1}}{s} \tag{2.3-5}$$

式中：A_{so}——间接钢筋的换算截面面积；

d_{cor}——构件核心截面的直径；

A_{so1}——单根间接钢筋的截面面积；

s——沿构件轴线方向间接钢筋的螺距或间距。

为了能更好地发挥螺旋箍筋的作用，《桥规》规定，螺旋箍筋换算截面面积 A_{so} 应不小于全部纵向钢筋截面面积的 25%。配筋率 $\rho = \dfrac{A_{so}}{A_{cor}}$ 一般不小于 0.8%~1.0%，同时也不宜大于 2.5%~3.0%（A_{cor} 为螺旋箍筋内侧核心混凝土的截面面积）。

（二）螺旋箍筋柱的破坏形态

螺旋箍筋柱的配箍率较高，而且不会像普通箍筋那样容易"崩出"，因而能够约束核心混凝土在纵向受压时产生的横向变形，从而提高了混凝土抗压强度（核心截面混凝土的实际抗压强度因螺旋箍筋的"套箍作用"而高于标准的混凝土轴心抗压强度）和变形能力。同时，螺旋箍筋中也产生了拉应力。当外力逐渐加大，螺旋箍筋的应力达到抗拉屈服强度时，就不能再有效地约束混凝土的横向变形，此时混凝土的抗压强度就不能再提高，构件即破坏。

螺旋箍筋外侧包裹的混凝土保护层在螺旋箍筋受到较大拉应力时会开裂，因此，在计算柱的破坏时不考虑此部分混凝土的受力，而只考虑螺旋箍筋内侧被箍住的核心混凝土受力。

螺旋箍筋对柱的承载力影响程度与螺旋箍筋换算截面面积的大小有关。试验研究和理论分析表明，螺旋箍筋所提高的承载力为同体积纵向受力钢筋承载力的 2～2.5 倍，一般以 $kf_{sd}A_{so}$ 表示。

在此要特别指出，上述破坏情况是针对长细比较小的螺旋箍筋柱而言的。对于长细比较大的螺旋箍筋柱，可能发生的是失稳破坏［图 2.3-4（b）］。失稳构件破坏时，核心混凝土的横向变形并不大，螺旋箍筋的约束作用也不能有效发挥，甚至起不到任何作用。因为，柱中的螺旋箍筋只能提高核心混凝土的抗压强度，而不能增加柱的稳定性。因此，《桥规》规定：构件长细比 $l_0/i > 48$（相当于 $l_0/d > 12$）时，不考虑螺旋箍筋对核心混凝土的约束作用，按普通箍筋柱计算其承载力。也就是说，只有将 $l_0/i \leq 48$（相当于 $l_0/d \leq 12$）的构件设计成螺旋箍筋柱才有意义。

（三）螺旋箍筋柱的计算

1. 螺旋箍筋柱承载力计算公式

经过前述分析易得出，螺旋箍筋柱的正截面抗压承载力主要由 3 部分组成：① 核心混凝土提供的承载力，即 $f_{cd}A_{cor}$；② 纵向受力钢筋提供的承载力，即 $f'_{sd}A'_s$；③ 螺旋箍筋增强的承载力，即 $kf_{sd}A_{so}$。因此，《桥规》给出了螺旋箍筋柱的承载力计算公式：

$$\gamma_0 N_d \leq 0.9(f_{cd}A_{cor} + f'_{sd}A'_s + kf_{sd}A_{so}) \quad (2.3\text{-}6)$$

式中：A_{cor}——构件核心截面面积；

A_{so}——间接钢筋的换算截面面积；

f_{sd}——螺旋箍筋的抗拉强度设计值；

k——间接钢筋影响系数，当混凝土强度等级在 C50 及以下时取 $k = 2.0$，当混凝土强度等级在 C50～C80 时取 $k = 2.0～1.7$ 并按直线内插法确定。

为了保证在正常承载能力状态下，螺旋箍筋外部的保护层混凝土不脱落，螺旋箍筋柱的承载力按式（2.3-6）计算出的结果不应比按式（2.3-1）算得的结果大 50%，即应满足：

$$0.9(f_{cd}A_{cor} + f'_{sd}A'_s + kf_{sd}A_{so}) \leq 1.5 \times 0.9\varphi(f_{cd}A + f'_{sd}A'_s) \quad (2.3\text{-}7)$$

另外，凡属下列情况之一者，不考虑间接钢筋对承载力的影响，而直接按式（2.3-1）计算构件的承载力：

（1）当 $l_0/i > 48$（相当于 $l_0/d > 12$）时（此时长细比较大，可能会因为纵向钢筋弯曲导致螺旋筋起不到作用）。

（2）当按式（2.3-6）算得的承载力小于按式（2.3-1）算得的承载力时。

（3）当间接钢筋换算截面面积 A_{so} 小于纵筋全部截面面积的 25% 时（可以认为间接钢筋配置得太少，"套箍作用"的效果不明显）。

2．设计方法

（1）截面设计计算。

① 情况1：截面尺寸未知。

先将纵向钢筋截面面积 A_s' 和螺旋箍筋换算截面面积 A_{so} 分别用它们与核心混凝土面积 A_{cor} 的关系来表示，即由 $\rho = A_s'/A_{cor}$ 和 $\rho_{so} = A_{so}/A_{cor}$，得 $A_s' = \rho A_{cor}$，$A_{so} = \rho_{so} A_{cor}$，则式（2.3-6）可变为：

螺旋箍筋柱正截面承载力计算

$$\gamma_0 N_d \leqslant 0.9(f_{cd} A_{cor} + f_{sd}' \rho A_{cor} + k f_{sd} \rho_{so} A_{cor})$$

整理，得：

$$A_{cor} \geqslant \frac{\gamma_0 N_d}{0.9(f_{cd} + \rho f_{sd}' + k \rho_{so} f_{sd})} \tag{2.3-8}$$

此时，在经济配筋范围内（$\rho = 0.01 \sim 0.03$，$\rho_{so} = 0.01 \sim 0.025$）分别选取 ρ 和 ρ_{so} 值，并代入式（2.3-8）求得核心混凝土截面面积 A_{cor}，从而得核心混凝土直径

$$d_{cor} = \sqrt{\frac{4 A_{cor}}{\pi}} = 1.128 \sqrt{A_{cor}} \tag{2.3-9}$$

则构件的直径为 $d = d_{cor} + 2c$（c 为外侧混凝土保护层厚度），并按规范要求取整。

根据上述确定好的截面尺寸，求实际的核心混凝土截面面积 $A_{cor} = \dfrac{\pi d_{cor}^2}{4}$ 和相应的纵向钢筋的截面面积 $A_s' = \rho A_{cor}$，将两值代入式（2.3-6）求得螺旋箍筋的换算截面面积

$$A_{so} \geqslant \frac{\dfrac{\gamma_0 N_d}{0.9} - (f_{cd} A_{cor} + f_{sd}' A_s')}{k f_{sd}}$$

根据规范要求在合理范围内选择箍筋直径，并求得单根箍筋截面面积 A_{so1}，代入式（2.3-5），得箍筋间距 $s \leqslant \dfrac{\pi d_{cor} A_{so1}}{A_{so}}$，结合构造要求确定箍筋间距。

② 情况2：截面尺寸已知。

直接将已知量值代入式（2.3-6）求螺旋箍筋的换算截面面积，接着按照情况1的后续步骤选取箍筋直径，并进一步确定箍筋间距。

（2）承载力复核。

根据设计结果求出长细比，并验证 $l_0/i \leqslant 48$（$l_0/d \leqslant 12$），$A_{so} \geqslant 0.25 A_s'$。在满足的情况下将各个量值代入式（2.3-6）计算承载力，再代入式（2.3-7）验证公式是否成立。公式成立表示混凝土保护层不会脱落。

（四）应用实例

【例 2.3-2】 某现浇钢筋混凝土柱，柱高 $l = 5$ m，一端固定一端铰支。轴向力设计值 $N_d = 3\,500$ kN，混凝土强度等级为C30，纵筋采用HRB400级，箍筋采用HPB300级。环境类别为Ⅰ类，安全等级为一级。

试按螺旋箍筋柱进行设计并复核。

螺旋箍筋柱正截面承载力计算习题

【解】 混凝土抗压强度设计值 $f_{cd}=13.8$ MPa，钢筋抗拉、抗压强度设计值 $f_{sd}=f'_{sd}=330$ MPa，轴心压力计算值 $\gamma_0 N_d = 1.1\times 3\,500 = 3\,850$ kN。

（1）设计截面。

取 $\rho=0.015$，$\rho_{so}=0.015$，代入式（2.3-8），即核心混凝土截面面积

$$A_{cor} \geqslant \frac{\gamma_0 N_d}{0.9(f_{cd}+\rho f'_{sd}+k\rho_{so}f_{sd})}$$

$$=\frac{1.1\times 3\,500\times 10^3}{0.9\times(13.8+0.015\times 330+2\times 0.015\times 330)}=149\,312 \text{ mm}^2$$

核心混凝土直径

$$d_{cor}=\sqrt{\frac{4A_{cor}}{\pi}}=1.128\sqrt{A_{cor}}=1.128\times\sqrt{149\,312}=436 \text{ mm}$$

箍筋外侧混凝土保护层厚度取 20 mm，箍筋直径预估为 10 mm，则构件直径为

$$d=d_{cor}+2\times 30=436+60=496 \text{ mm}$$

取整 $d=500$ mm。

则柱的实际截面面积

$$A=\frac{\pi d^2}{4}=\frac{3.14\times 500^2}{4}=196\,250 \text{ mm}^2$$

实际核心混凝土直径

$$d_{cor}=d-2c=500-2\times 30=440 \text{ mm}$$

实际核心混凝土截面面积

$$A_{cor}=\frac{\pi d_{cor}^2}{4}=\frac{3.14\times 440^2}{4}=151\,976 \text{ mm}^2 > \frac{2}{3}A=\frac{2}{3}\times 196\,250=130\,833 \text{ mm}^2$$

柱的计算长度 $l_0=0.7l=0.7\times 5=3.5$ m，长细比 $\lambda=\dfrac{l_0}{2r}=\dfrac{l_0}{d}=\dfrac{3.5\times 10^3}{500}=7<12$，故可按螺旋箍筋柱设计。则

$$A'_s=\rho A_{cor}=0.015\times 151\,976=2\,280 \text{ mm}^2$$

选用 8⌀20 的钢筋，$A'_s=2\,513$ mm^2。

将 A_{cor} 和 A'_s 值代入式（2.3-6）求得螺旋箍筋的换算截面面积

$$A_{so}\geqslant \frac{\dfrac{\gamma_0 N_d}{0.9}-(f_{cd}A_{cor}+f'_{sd}A'_s)}{kf_{sd}}$$

$$=\frac{\dfrac{1.1\times 3\,500\times 10^3}{0.9}-(13.8\times 151\,976+330\times 2\,513)}{2\times 330}$$

$$=2\,047 \text{ (mm}^2)>0.25A'_s=0.25\times 2\,513=628 \text{ mm}^2$$

选用 φ12 的箍筋，单肢箍筋截面面积为 $A_{so1} = 113.1 \text{ mm}^2$，则螺旋箍筋的间距

$$s \leqslant \frac{\pi d_{cor} A_{so1}}{A_{so}} = \frac{3.14 \times 440 \times 78.5}{2\ 047} = 53 \text{ mm}$$

又由构造要求，螺旋箍筋间距 $s \leqslant d_{cor}/5 = 440/5 = 88 \text{ mm}$ 且 $s \leqslant 80 \text{ mm}$，则取 $s = 50 \text{ mm}$，截面布置如图 2.3-8 所示。

（2）复核。

结合构造要求，检查图 2.3-8，钢筋均符合构造要求。实际设计截面的核心混凝土面积 $A_{cor} = 151\ 976 \text{ mm}^2$，纵筋截面面积 $A'_s = 2\ 513 \text{ mm}^2$，则

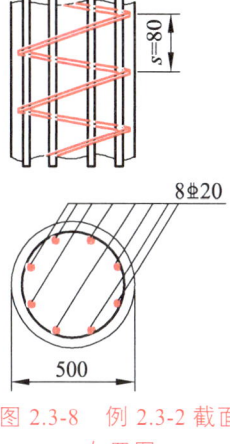

图 2.3-8　例 2.3-2 截面布置图

$$\rho = A'_s / A_{cor} = 2\ 513/151\ 976 = 1.65\% > 0.5\%$$

$$A_{so} = \frac{\pi d_{cor} A_{so1}}{s} = \frac{3.14 \times 440 \times 78.5}{50} = 2\ 169 \text{ mm}^2$$

检查混凝土保护层是否会脱落：

$$0.9(f_{cd} A_{cor} + f'_{sd} A'_s + k f_{sd} A_{so}) = 0.9 \times (13.8 \times 151\ 976 + 330 \times 2\ 513 + 2 \times 330 \times 2\ 169)$$
$$= 4\ 358.10 \text{ kN}$$
$$\leqslant 1.5 \times 0.9 \varphi (f_{cd} A + f'_{sd} A'_s) = 1.5 \times 0.9 \times 1 \times$$
$$(13.8 \times 196\ 250 + 330 \times 2\ 513)$$
$$= 4\ 775.68 \text{ kN}$$

故混凝土保护层不会脱落。

四、课外加油站

桩内螺旋箍筋计算

五、思想政治素质养成

螺旋箍筋柱在桥梁工程及其他结构中均被广泛应用，它是结构中传递和承受荷载的重要构件之一，其安全性和稳定性会直接影响整个结构的安全和稳定。要使柱具有基本的安全性和稳定性，首先在第一步设计时就要严格遵守规范要求，一丝不苟地按照规范步骤进行设计计算。教学过程中也要时刻贯彻规范及标准，培养学生行业标准意识、规范意识，从而使学生具有严谨务实的工作态度。

六、任务分配和任务工作单

学生任务分配表

班级：　　　　　　组号：　　　　　　组长：　　　　　　指导老师：

组员	任务分工	组员	任务分工

任务工作单 1

姓名：	学号：	日期：

（1）总结螺旋箍筋柱的构造要求。

（2）理解并根据受力原理写出螺旋箍筋柱承载力的计算公式。

任务工作单 2

姓名：	学号：	日期：

绘制螺旋箍筋柱设计流程图。

任务工作单 3

姓名:	学号:	日期:

某现浇圆形截面钢筋混凝土轴心受压柱,直径 $d=500$ mm,柱高 10 m,两端铰接;轴向压力组合设计值 $N_d=4\ 800$ kN,混凝土强度等级为 C30,纵筋采用 HRB400 级,箍筋采用 HPB300 级,环境类别为 I 类,安全等级为二级。

要求:对该柱进行纵向受力钢筋和箍筋的布置。

七、评价反馈

评价反馈表

姓名:		组号:		组长:			指导老师:		
评价指标	评价内容	分值	个人自评（20%）	组内互评（20%）	组间互评（20%）	教师评价（40%）	综合评价		
信息检索能力	能有效利用网络、图书资源查找有用的相关信息等，能将查到的信息有效地利用到学习中	10分							
课堂感知力	是否熟悉结构设计流程，认同工作价值？在学习中是否能获得满足感？课堂氛围如何？	10分							
参与度、交流沟通	是否积极主动与教师、同学交流，相互尊重、理解？与教师、同学之间是否能够保持多向、丰富、适宜的信息交流？	10分							
	能处理好合作学习和独立思考的关系，做到有效学习；能提出有意义的问题或能发表个人见解	10分							
知识、能力获得情况	能全面说明螺旋箍筋柱的构造要求	5分							
	能充分理解螺旋箍筋柱和普通箍筋柱的构造和受力方式的区别	5分							
	能根据受力分析理解写出螺旋箍筋柱的基本计算公式	10分							
	能进行螺旋箍筋柱的设计计算	20分							
	能进行螺旋箍筋柱的截面复核	10分							
思维态度	是否能发现问题、提出问题、分析问题、解决问题、创新问题？	5分							
自评反思	按时按质完成任务；较好地掌握了知识点；具有较强的信息分析能力和理解能力；具有较为全面严谨的思维能力，并能条理清楚明晰地表达成文	5分							
反思改进									

任务三 偏心受压构件承载力计算

一、学习目标

1. 知识目标

(1) 掌握矩形截面偏心受压构件构造要求。
(2) 掌握大、小偏心破坏的判别方法。
(3) 掌握矩形截面偏心受压构件的设计思路、原理及步骤。

2. 能力目标

(1) 会判别大、小偏心破坏。
(2) 能进行矩形截面偏心受压构件的设计和复核。

3. 思政目标

(1) 培养学生透过现象看本质的科学思维方法。
(2) 培养学生求真务实的工作态度。

偏心受压构件的
受力性能和
破坏形态

二、任务重、难点

1. 重　点

(1) 矩形截面偏心受压构件构造要求。
(2) 大、小偏心破坏的判别方法。
(3) 矩形截面偏心受压构件的设计和复核。

2. 难　点

矩形截面偏心受压构件的设计和复核。

三、知识链接

(一) 构造要求

矩形截面偏心受压构件的构造要求与普通箍筋柱的构造要求基本相同。

1. 截面尺寸

偏心受压构件通常采用矩形截面,长边布置在弯矩作用方向,最小尺寸不宜小于 300 mm,边长采用 50 mm 的倍数。长短边的比值为 1.5～3.0,当截面尺寸较大时,采用工字形和箱形截面。

2. 纵向钢筋及箍筋

偏心受压构件的纵向钢筋,分别集中布置在弯矩作用方向截面的两侧面,布置在受压较大边的钢筋用 A'_s 表示,布置在受拉较小边的用 A_s 表示。全部纵向钢筋的配筋率 $\left(\rho = \dfrac{A_s + A'_s}{bh}\right.$

应不小于 0.5%，当混凝土强度等级为 C50 及以上时，不应小于 0.6%；同时，每侧纵向钢筋配筋率 $\left(\rho=\dfrac{A_s}{bh}\right.$ 或 $\left.\rho=\dfrac{A_s'}{bh}\right)$ 不应小于 0.2%。在桥梁结构中，常由于荷载作用位置的变化，在截面中产生数值接近而方向相反的弯矩，这时纵向受力钢筋大多采用对称布置方案。纵向受力钢筋的常用配筋率（全部钢筋截面面积与构件截面面积之比），对大偏心受压构件宜为 1%～3%，对小偏心受压构件宜为 0.5%～2%。

当截面长边 $h \geqslant 600$ mm 时，应在长边 h 方向设置直径为 10～16 mm 的纵向构造钢筋，必要时，相应地设置附加或复合箍筋，以保持钢筋骨架刚度。

（二）偏心受压构件的破坏形态及纵向弯曲

1. 纵向弯曲

受压构件在偏心压力 N 作用下，将产生纵向弯曲，由于纵向弯曲的影响，各截面所受的弯矩由 Ne_0 增大到了 $N(e_0+f)$，这种现象称作二阶效应，其中 Ne_0 称为一阶弯矩，Nf 称为二阶弯矩，如图 2.3-9 所示。

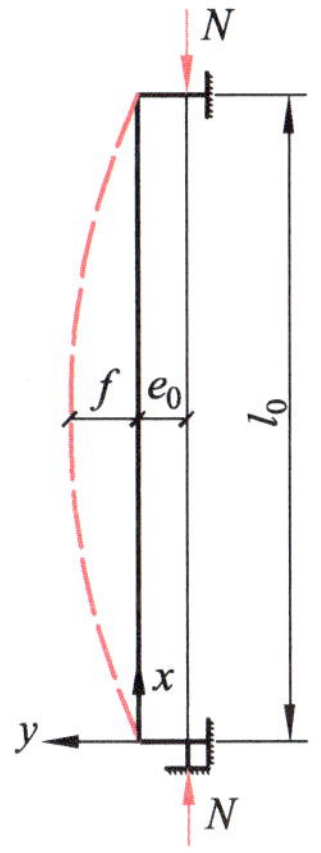

图 2.3-9 纵向弯曲

考虑二阶效应后，柱任意截面的弯矩

$$M = N(e_0 + y) = Ne_0 \frac{e_0 + y}{e_0} \qquad (2.3\text{-}10)$$

令 $\eta = \dfrac{e_0 + y}{e_0} = 1 + \dfrac{y}{e_0}$，则上式记作

$$M = N\eta e_0 \qquad (2.3\text{-}11)$$

η 称作偏心距增大系数。《桥规》中取值如下：

$$\eta = 1 + \frac{1}{1\,300 e_0/h_0}\left(\frac{l_0}{h}\right)^2 \xi_1 \xi_2 \qquad (2.3\text{-}12)$$

$$\xi_1 = 0.2 + 2.7 \frac{e_0}{h_0} \leqslant 1 \qquad (2.3\text{-}13)$$

$$\xi_2 = 1.15 - 0.01 \frac{l_0}{h} \leqslant 1 \qquad (2.3\text{-}14)$$

式中：l_0——构件的计算长度；

e_0——轴向力对截面重心轴的偏心距，不小于 20 mm 和偏压方向截面最大尺寸的 1/30 两者的较大者；

h_0——截面的有效高度，对圆形截面取 $h_0 = r + r_s$，r 为圆形截面半径，r_s 为纵向普通钢筋重心所在圆周的半径；

h——截面高度，对圆形截面取 $h = 2r$；

ξ_1——荷载偏心率对截面曲率的影响系数；

ξ_2——构件长细比对截面曲率的影响系数。

钢筋混凝土偏心受压柱根据长细比可分为短柱、长柱和细长柱。

图 2.3-10 表示当钢筋混凝土偏心受压柱仅长细比不同,其余条件(包括截面尺寸、配筋、材料强度、支承情况和轴向力偏心距等)均相同时,从加荷开始直至破坏的轴向力和弯矩关系曲线,图中,ABCD 是发生材料破坏时的曲线,称为 N_u-M_u 曲线。

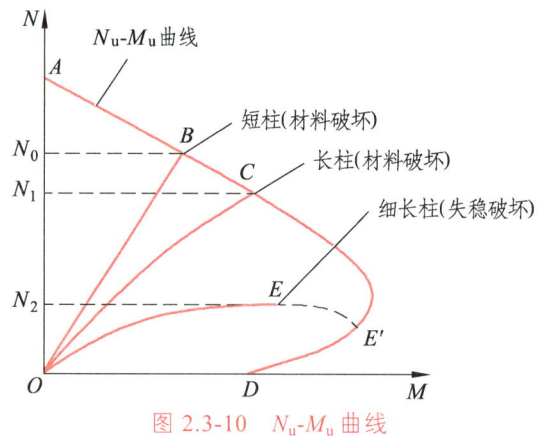

图 2.3-10 N_u-M_u 曲线

(1)短柱。

长细比 $l_0/h \leqslant (l_0/i \leqslant 17.5)$ 时,二阶弯矩不超过一阶弯矩的 5%,可不考虑其影响,这种柱称为短柱。图 2.3-10 中直线 OB 为短柱的 N-M 曲线。由图可知,短柱破坏时发生材料破坏。

(2)长柱。

对于矩形截面柱,$5 < l_0/h \leqslant 30$ 时为长柱,计算正截面受压承载力时应考虑二阶弯矩的影响。图 2.3-10 中直线 OC 为长柱的 N-M 曲线。由图可知,长柱破坏时也发生材料破坏。

(3)细长柱。

对于矩形截面柱,$l_0/h > 30$ 时为细长柱。图 2.3-10 中直线 OE 为细长柱的 N-M 曲线。由图可知,当细长柱达到最大承载力时,其控制截面上钢筋和混凝土的应力均未达到极限强度,这种破坏属于失稳破坏。实际工程中应避免采用细长柱。

《桥规》规定,细长比 $l_0/i > 17.5$(相当于矩形截面 $l_0/h > 5$ 或圆形截面 $l_0/d > 4.4$)的构件,应考虑构件在弯矩作用平面内挠曲对轴向力偏心距的影响,即按照式(2.3-12)计算 η,并在计算中用 ηe_0 代替 e_0。

2. 短柱的破坏形态

试验研究表明:钢筋混凝土偏心受压构件随着偏心距的大小以及纵向配筋情况的不同,主要有以下两种破坏形态。

(1)受拉破坏。

当相对偏心距(e_0/h)较大,且受拉钢筋(远离偏心力一侧钢筋)配置不太多时,构件发生受拉破坏。这种破坏的特点是:受拉区横向裂缝出现较早,随着荷载的增加,裂缝不断扩展,并逐渐形成一条明显的主裂缝,这时,构件的挠曲明显增加,受压区混凝土出现纵向裂缝,随即混凝土局部被压碎,导致构件的破坏。这种破坏与双筋梁的适筋破坏相似:受拉钢筋的应力先达到屈服强度,最终混凝土达到极限压应变而被压碎,构件宣告破坏。这种破坏有明显的预兆,裂缝显著扩展,属于塑性破坏。由于这种破坏发生时通常偏心距较大,习惯上称作"大偏心受压破坏"。

（2）受压破坏。

这种破坏的本质是混凝土首先被压坏，根据偏心距的大小以及纵向配筋情况的不同，可能有以下几种情况（图2.3-11）：

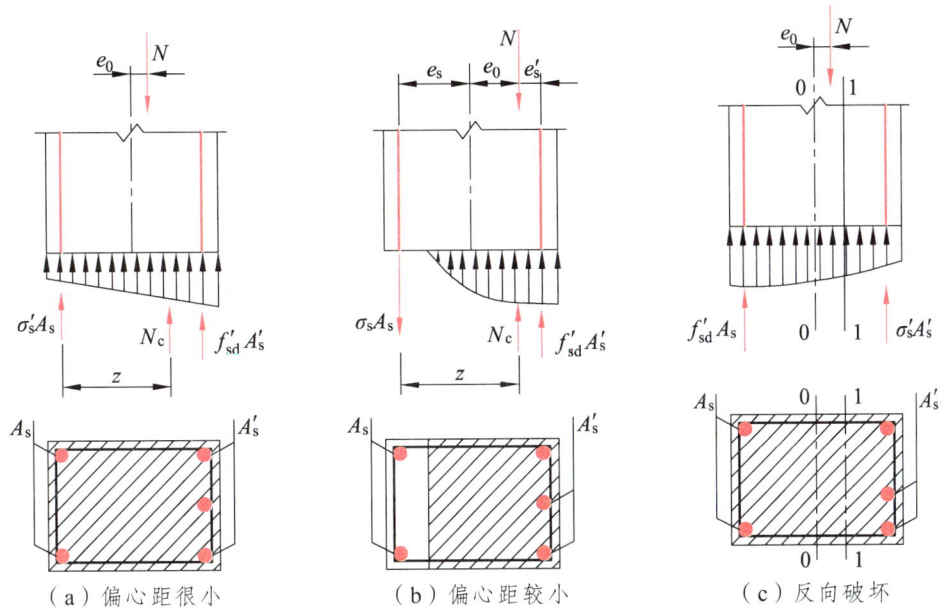

（a）偏心距很小　　　　　（b）偏心距较小　　　　　（c）反向破坏

图 2.3-11　小偏心受压短柱截面受力的几种情况

① 当相对偏心距较小时，构件截面将全部受压。破坏时，靠近压力 N 一侧混凝土应变达到极限压应变，钢筋 A'_s 达到屈服，而远离 N 一侧钢筋 A_s 未达到屈限，如图 2.3-11（a）所示。

② 当偏心距较大，但配置 A_s 很多时，截面大部分受压而小部分受拉，钢筋中应力很小，在混凝土被压坏之前不屈服，如图 2.3-11（b）所示。

③ 当相对偏心距很小，且靠近 N 一侧 A'_s 配置较多而 A_s 太少时，离 N 较远一侧混凝土也可能被压坏而发生破坏。由于这种现象似乎有些违背常理，所以称作"反向破坏"。如图 2.3-11（c）所示，由于 A_s 相对 A'_s 太少，截面的重心轴并不是矩形截面的形心轴 0—0 轴，而是 1—1 轴，这样，A'_s 一侧将承担更大的压应力，破坏时，A'_s 的应力将达到抗压屈服强度。

由于受压破坏大部分出现于偏心距较小的情况，故习惯上称作"小偏心受压破坏"。

理论上，大、小偏心受压破坏必然存在一个分界，即受拉钢筋应力达到屈服强度的同时，受压区混凝土边缘纤维的应变也恰好达到混凝土的极限压应变，这种破坏称作"界限破坏"。

可用受压区界限高度 x_b 或相对界限受压区高度 ξ_b 来判别两种不同偏心受压状态：

若 $x \leq \xi_b h_0$，属于大偏心受压构件；

若 $x > \xi_b h_0$，属于小偏心受压构件。

相对界限受压区高度 ξ_b 参见表 2.4-3。

（三）矩形截面偏心受压构件正截面承载力计算

1. 基本假定

（1）构件应变分布符合平截面假定。

矩形截面偏心受压构件正截面承载力计算

（2）不考虑受拉区混凝土参加工作，拉力全部由钢筋承担。

（3）在极限状态下，受压区混凝土应力达到混凝土抗压强度设计值f_{cd}，并取矩形应力图计算，矩形应力图的高度取$x = \beta x_0$，x_0为截面应变图中应变零点至受压较大截面边缘的距离，β为矩形应力图高度系数。受压较大边钢筋的应力取钢筋抗压强度设计值f'_{sd}。

（4）受拉边（或受压较小边）钢筋的应力，由该位置处的应变确定，即钢筋应力按照下式计算：

$$\sigma_{si} = \varepsilon_{cu} E_s \left(\frac{\beta}{x/h_0} - 1 \right) \quad （2.3\text{-}15）$$

$$-f'_{sd} \leqslant \sigma_{si} \leqslant f_{sd} \quad （2.3\text{-}16）$$

式中：σ_{si}——第i层纵向钢筋的应力，按公式计算为正值表示拉应力，负值表示压应力；

ε_{cu}——混凝土极限压应变，混凝土强度等级在C50及以下时取$\varepsilon_{cu} = 0.0033$，C80时取$\varepsilon_{cu} = 0.003$，中间强度等级用线性内插法求得；

E_s——钢筋的弹性模量；

β——截面受压区矩形应力图高度与实际受压区高度的比值，混凝土强度等级C50及以下时取$\beta = 0.8$，C80时取$\beta = 0.74$，中间强度等级用线性内插法求得；

x——截面受压区高度；

h_{0i}——第i层纵向钢筋截面面积重心至受压较大边边缘的距离。

当$x \leqslant \xi_b h_0$时，所得结果大于等于f_{sd}，取$\sigma_s = f_{sd}$，为大偏心受压情况；当$x > \xi_b h_0$时，构件属于小偏心受压，计算所得的应力需满足$\sigma_{si} \geqslant -f'_{sd}$。

2. 平衡方程

如图2.3-12所示，由于A_s可能屈服也可能不屈服，故将其在截面破坏时的应力记作σ_s，以拉为正。这样，无论是大偏心构件还是小偏心构件，均可以利用图2.3-12建立平衡方程。

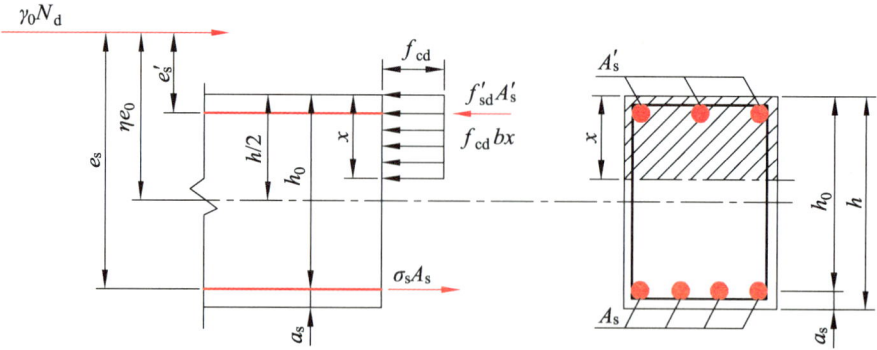

图2.3-12　矩形截面偏心受压构件正截面承载力计算简图

由轴向力平衡条件，即$\sum N = 0$，得：

$$\gamma_0 N_d \leqslant f_{cd} bx + f'_{sd} A'_s - \sigma_s A_s \quad （2.3\text{-}17）$$

对A_s合力点取矩，得：

$$\gamma_0 N_d e_s \leqslant f_{cd} bx \left(h_0 - \frac{x}{2} \right) + f'_{sd} A'_s (h_0 - a'_s) \quad （2.3\text{-}18）$$

对 A'_s 合力点取矩，得：

$$\gamma_0 N_d e'_s \leq -f_{cd}bx\left(\frac{x}{2}-a'_s\right)+\sigma_s A_s(h_0-a'_s) \quad (2.3\text{-}19)$$

对 $\gamma_0 N_d$ 合力点取矩，得：

$$f_{cd}bx\left(e_s-h_0+\frac{x}{2}\right)=\sigma_s A_s e_s - f'_{sd}A'_s e'_s \quad (2.3\text{-}20)$$

式中：e_0——轴向力作用点至截面形心轴的距离，$e_0=\dfrac{M_d}{N_d}$；

σ_s——受拉边（或受压较小边）钢筋的应力，按照前述的基本假定（4）取值；

e_s——轴向力作用点至受拉边（或受压较小边）钢筋合力作用点的距离，$e_s=\eta e_0+\dfrac{h}{2}-a_s$；

e'_s——轴向力作用点至受压边钢筋合力作用点的距离，$e'_s=\eta e_0-\dfrac{h}{2}+a'_s$；

η——偏心距增大系数。

为了方便使用，将大、小偏心受压分别示于图 2.3-13（a）与图 2.3-13（b）中，并分别建立平衡方程如下。

大偏心受压构件的平衡方程：

$$\gamma_0 N_d \leq f_{cd}bx + f'_{sd}A'_s - f_{sd}A_s \quad (2.3\text{-}21)$$

$$\gamma_0 N_d e_s \leq f_{cd}bx\left(h_0-\frac{x}{2}\right)+f'_{sd}A'_s(h_0-a'_s) \quad (2.3\text{-}22)$$

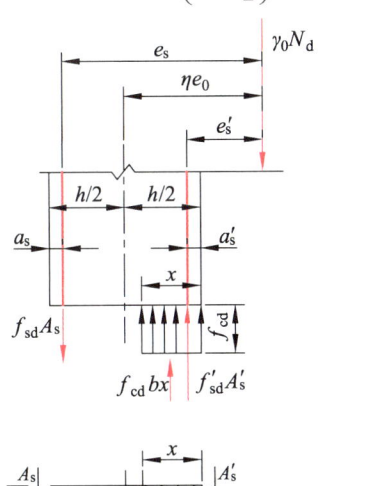
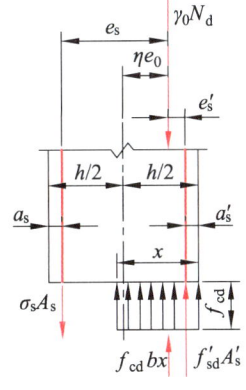
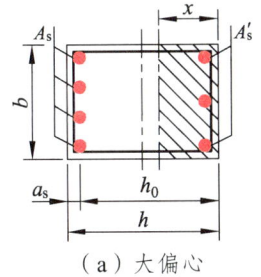
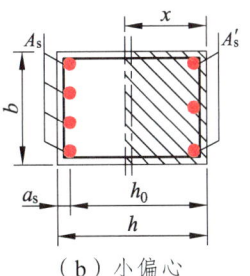

（a）大偏心　　　　　　　　　　（b）小偏心

图 2.3-13　矩形截面偏心受压构件承载力计算简图

适用条件：

$$x \leqslant \xi_b h_0 \quad (2.3\text{-}23)$$

$$x \geqslant 2a_s' \quad (2.3\text{-}24)$$

小偏心受压构件的平衡方程：

$$\gamma_0 N_d \leqslant f_{cd}bx + f_{sd}'A_s' - \sigma_s A_s \quad (2.3\text{-}25)$$

$$\gamma_0 N_d e_s \leqslant f_{cd}bx\left(h_0 - \frac{x}{2}\right) + f_{sd}'A_s'(h_0 - a_s') \quad (2.3\text{-}26)$$

$$\sigma_s = \varepsilon_{cu} E_s \left(\frac{\beta}{x/h_0} - 1\right), \quad -f_{sd}' \leqslant \sigma_{si} \leqslant f_{sd} \quad (2.3\text{-}27)$$

适用条件：

$$x > \xi_b h_0 \quad (2.3\text{-}28)$$

为了准确应用以上公式，需要注意以下几点：

（1）无论是大偏心受压还是小偏心受压，以上建立的弯矩平衡方程均是对 A_s 合力点取矩得到的。

（2）条件 $x \geqslant 2a_s'$ 是为了保证构件破坏时 A_s' 达到屈服。

（3）对于小偏心受压构件，为了防止"反向破坏"，应保证 A_s 的配置量不能太小。

（4）习惯上，对于大偏心受压，将轴向力作用点的位置画在 A_s' 合力点以右，对于小偏心受压，则画在 A_s' 合力点以左，以直观体现偏心的大与小。

3. 设计方法

（1）截面设计计算。

在桥涵结构中，常常存在方向相反的弯矩，当弯矩绝对值不大时，为使构造简单、施工方便，宜采用对称的配筋方法。本书正文中仅对矩形截面对称配筋截面设计方法作详细讲解，非对称配筋情况，参见本任务课外加油站。

已知：截面尺寸（或者根据经验和设计资料确定）、构件的安全等级、轴向力设计值 N_d、弯矩设计值 M_d、材料的强度等级、构件的计算长度 l_0。

求：钢筋的截面面积 A_s（$A_s' = A_s$）。

步骤：

① 计算偏心距增大系数。

② 判别大、小偏心受压构件。

首先假设为大偏心受压，对于对称配筋有 $A_s' = A_s$，$\sigma_{si} = f_{sd} = f_{sd}'$，于是由式（2.3-17）可得到：

$$x = \frac{N}{f_{cd}b} \quad (2.3\text{-}29)$$

$x \leqslant \xi_b h_0$ 时，按大偏心受压构件设计；$x > \xi_b h_0$ 时，按小偏心受压构件设计。

③ $x \leqslant \xi_b h_0$ 时的计算。

当 $2a_s' \leqslant x \leqslant \xi_b h_0$ 时，直接利用式（2.3-18）便可以得到：

$$A_s = A_s' = \frac{Ne_s - f_{cd}bx(h_0 - 0.5x)}{f_{sd}'(h_0 - a_s')} \quad (2.3\text{-}30)$$

式中：$e_s = \eta e_0 + h/2 - a_s$。

当 $x < 2a_s'$ 时，取 $x = 2a_s'$，对 A_s' 合力点取矩得：

$$A_s = A_s' = \frac{N(\eta e_0 - 0.5h_0 + a_s')}{f_{sd}'(h_0 - a_s')} \quad (2.3\text{-}31)$$

④ $x > \xi_b h_0$ 时的计算。

对于对称配筋的小偏心受压构件，由于 $A_s' = A_s$，即使是在全截面受压的情况下，也不会出现远离偏心压力作用点一侧混凝土先破坏的情况。

《桥规》建议矩形截面对称配筋的小偏心受压构件截面相对受压区高度 ξ 按照式（2.3-32）计算。

$$\xi = \frac{N - f_{cd}bh_0\xi_b}{\dfrac{Ne_s - 0.43f_{cd}bh_0^2}{(\beta - \xi_b)(h_0 - a_s')} + f_{cd}bh_0} + \xi_b \quad (2.3\text{-}32)$$

代入基本方程，则有：

$$A_s = A_s' = \frac{Ne_s - f_{cd}bh_0^2\xi(1 - 0.5\xi)}{f_{sd}'(h_0 - a_s')} \quad (2.3\text{-}33)$$

（2）截面复核。

截面复核需要考虑弯矩作用平面的承载力和垂直于弯矩作用平面的承载力，且应取两者的较小者作为偏心受压构件的承载力。

垂直于弯矩作用平面的承载力计算，可按轴心受压构件进行。下面介绍弯矩作用平面的承载力计算过程。

已知：截面尺寸 $b \times h$、钢筋截面面积 A_s' 和 A_s、构件的长细比 l_0/b、材料的强度等级、轴向力设计值 N_d、弯矩设计值 M_d。

求：构件的承载力 N_u。

步骤：

① 检查配筋率、混凝土保护层厚度、钢筋净间距是否满足构造要求。

② 计算承载力 N_u。

假设为大偏心受压，将 $\sigma_s = f_{sd}$ 代入式（2.3-20）可得 x。

$x \leqslant \xi_b h_0$ 时，截面为大偏心受压。此时，若 $2a_s' \leqslant x \leqslant \xi_b h_0$，按式（2.3-17）可得 $N_u = f_{cd}bx$；若 $x < 2a_s'$，则令式（2.3-19）中 $x = 2a_s'$，可得 $N_u = f_{sd}A_s(h_0 - a_s')/e_s'$。

$x > \xi_b h_0$ 时，截面为小偏心受压。联立式（2.3-15）和式（2.3-20）得到关于 x 的一元三次方程：

$$Ax^3 + Bx^2 + Cx + D = 0 \quad (2.3\text{-}34)$$

$$A = 0.5f_{cd}b \qquad (2.3\text{-}35a)$$

$$B = f_{cd}b(e_s - h_0) \qquad (2.3\text{-}35b)$$

$$C = \varepsilon_{cu}E_sA_se_s + f'_{sd}A'_se'_s \qquad (2.3\text{-}34c)$$

$$D = -\beta\varepsilon_{cu}E_sA_se_sh_0 \qquad (2.3\text{-}34d)$$

此时，若 $\xi_b h_0 < x < h$，截面为部分受压部分受拉情况。先将 x 代入式（2.3-15）求出 σ_s，再将 σ_s 和 x 代入式（2.3-17），便可求出 N_u。若 $x > h$，则为全截面受压情况，仍先将 x 代入式（2.3-15）求出 σ_s，取 $x = h$ 代入式（2.3-17），求得 N_u。

（四）应用实例

【例 2.3-3】 一矩形截面偏心受压构件，计算长度 $l_0 = 4$ m，截面尺寸 $b \times h = 300$ mm $\times 400$ mm，承受轴向压力设计值 $N_d = 373$ kN，弯矩计算值 $M_d = 152$ kN·m，拟采用 C30 级混凝土，HRB400 级钢筋，结构重要性系数 $\gamma_0 = 1.0$，Ⅰ类环境条件，设计使用年限为 50 年。

要求：试按对称配筋，并进行承载力复核。

【解】 查表得相关参数，$f_{cd} = 13.8$ MPa、$f_{sd} = f'_{sd} = 330$ MPa、$E_s = 2 \times 10^5$ MPa、$\xi_b = 0.53$。

矩形截面偏心受压构件正截面承载力计算习题

（1）截面设计。

① 计算偏心距增大系数。

因 $l_0/h = 4\,000/400 = 10 > 5$，故应考虑偏心距增大系数 η 的影响。

假设 $a_s = a'_s = 45$ mm，则 $h_0 = h - a_s = 400 - 45 = 355$ mm。

$$e_0 = \frac{M}{N} = \frac{\gamma_0 M_d}{\gamma_0 N_d} = \frac{152 \times 10^6}{373 \times 10^3} = 408 \text{ mm} > \max(20 \text{ mm}, \frac{h}{30} = \frac{400}{30} = 13.3 \text{ mm})$$

$$\xi_1 = 0.2 + 2.7\frac{e_0}{h_0} = 0.2 + 2.7 \times \frac{408}{355} = 3.3 > 1，取 \xi_1 = 1。$$

$$\xi_2 = 1.15 - 0.01\frac{l_0}{h} = 1.15 - 0.01 \times \frac{4\,000}{400} = 1.05 > 1，取 \xi_2 = 1。$$

则偏心距增大系数为：

$$\eta = 1 + \frac{1}{1\,300 e_0/h_0}\left(\frac{l_0}{h}\right)^2 \xi_1\xi_2 = 1 + \frac{1}{1\,300 \times 408/355}\left(\frac{4\,000}{400}\right)^2 \times 1 \times 1 = 1.07$$

② 判别大、小偏心受压。

假设为大偏心受压，则 $\sigma_s = f_{sd} = 330$ MPa，

$$x = \frac{N_d}{f_{cd}b} = \frac{373\,000}{13.8 \times 300} = 90 \text{ mm} \begin{cases} < \xi_b h_0 = 0.53 \times 355 = 188 \text{ mm} \\ = 2a'_s = 2 \times 45 \text{ mm} = 90 \text{ mm} \end{cases}$$

可以按大偏心受压构件进行设计。

$$\eta e_0 = 1.07 \times 408 = 437 \text{ mm}$$

$$e_s = \eta e_0 + \frac{h}{2} - a_s = 437 + \frac{400}{2} - 45 = 592 \text{ mm}$$

$$e_s' = \eta e_0 - \frac{h}{2} + a_s' = 437 - \frac{400}{2} + 45 = 282 \text{ mm}$$

③ 计算纵向钢筋截面面积。

$$A_s = A_s' = \frac{Ne_s - f_{cd}bx(h_0 - 0.5x)}{f_{sd}'(h_0 - a_s')}$$
$$= \frac{373\ 000 \times 592 - 13.8 \times 300 \times 90 \times (355 - 0.5 \times 90)}{330 \times (355 - 45)}$$
$$= 1\ 029 \text{ mm}^2 > \rho_{\min}bh = 0.002 \times 300 \times 400 = 240 \text{ mm}^2$$

每侧选择钢筋为 3Φ22，外径为 25.1 mm，提供的面积 $A_s = A_s' = 1\ 140 \text{ mm}^2$。$\rho = \rho' = 0.95\% > 0.2\%$，$\rho + \rho' = 1.9\% > 0.5\%$，配筋率满足要求。

采用直径为 8 mm 的 HPB300 双肢箍筋，箍筋间距 $s = 200$ mm，小于 $15d = 15 \times 22 = 330$ mm 且小于 $b = 300$ mm 和 400 mm 的要求。最小 $a_s = 20 + 8 + 25.1/2 = 40.55$ mm，实际取 $a_s = 45$ mm。受拉钢筋的净间距 $s_n = (300 - 2 \times 45 - 2 \times 25.1)/2 = 79.9$ mm，大于 50 mm、小于 350 mm，满足构造要求。

纵筋的布置如图 2.3-14 所示。

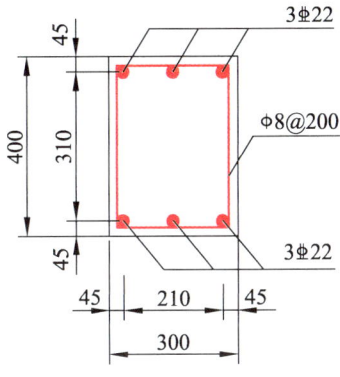

图 2.3-14　例 2.3-3 截面配筋图

（2）截面复核。
由截面设计可知，配筋率、混凝土保护层厚度、钢筋净间距等构造要求均满足规范要求。
① 直于弯矩作用平面。
长细比 $l_0/b = 4\ 000/300 = 13 > 8$，查表 2.3-1 可得 $\varphi = 0.935$。由式（2.3-1）得：

$$N_u = 0.9\varphi(f_{cd}A + f_{sd}'A_s')$$
$$= 0.9 \times 0.935 \times [13.8 \times 300 \times 400 + 330 \times (1\ 140 + 1\ 140)]$$
$$= 2\ 027 \text{ kN} > N = 373 \text{ kN}$$

承载力满足要求。

② 由图 2.3-14 可知，实际的 $a_s = a_s' = 45$ mm，有效高度 $h_0 = h - a_s = 400 - 45 = 355$ mm，与截面设计中假设的值一致，由前面的计算可知：$\eta e_0 = 437$ mm，$e_s = 592$ mm，$e_s' = 282$ mm。
假定为大偏心受压，即有 $\sigma_s = f_{sd}$，由式（2.3-20）可得：

$$f_{cd}bx\left(e_s - h_0 + \frac{x}{2}\right) = f_{sd}A_s e_s - f'_{sd}A'_s e'_s$$

$$13.8 \times 300x\left(592 - 355 + \frac{x}{2}\right) = 330 \times 1\,140 \times 592 - 330 \times 1\,140 \times 282$$

整理得：

$$x^2 + 474x - 56\,339 = 0$$

解得：

$$x = 98 \text{ mm} \begin{cases} < \xi_b h_0 = 188 \text{ mm} \\ > 2a'_s = 90 \text{ mm} \end{cases}$$

计算表明确为大偏心受压，其承载力为：

$$N_u = f_{cd}bx = 13.8 \times 300 \times 98 = 406 \text{ kN} > N = 373 \text{ kN}$$

满足正截面承载力的要求。

四、课外加油站

偏心受压构件不对称配筋与对称配筋各自的优缺点

五、思想政治素质养成

大小偏心受压构件从表面上看可简单依据受区高度来判别，但其本质区别是破坏的起因是受拉钢筋屈服（大偏心受压破坏）还是截面受压区边缘混凝土被压碎（小偏心受压破坏）。

关于大小偏心受压构件的判别，许多学者都做过论证，同学们可有效利用网络、图书资源查找有用的相关信息，加深理解。在学习的过程中，一定要透过现象看本质，养成求真务实的工作态度。

六、任务分配和任务工作单

学生任务分配表

班级：　　　　　组号：　　　　　组长：　　　　　指导老师：

组员	任务分工	组员	任务分工

任务工作单1

姓名：	学号：	日期：

（1）总结大、小偏心受压破坏的特征，并描述如何判别大、小偏心受压破坏。

（2）理解并根据受力原理写出矩形截面偏心受压构件正截面承载力的计算公式。

任务工作单 2

姓名：	学号：	日期：

绘制对称配筋偏心受压柱设计流程图。

任务工作单 3

姓名：	学号：	日期：

一矩形截面偏心受压构件，计算长度 $l_0 = 4$ m，截面尺寸 $b \times h = 300$ mm $\times 500$ mm，承受轴向力计算值 $N_d = 375$ kN，弯矩计算值 $M = 150$ kN·m，拟采用 C30 级混凝土，HRB400 级钢筋，对称配筋，Ⅰ类环境条件，设计使用年限为 100 年。试进行配筋计算并进行承载力复核。

七、评价反馈

评价反馈表

姓名：		组号：		组长：		指导老师：		
评价指标	评价内容	分值	个人自评（20%）	组内互评（20%）	组间互评（20%）	教师评价（40%）	综合评价	
信息检索能力	能有效利用网络、图书资源查找有用的相关信息等，能将查到的信息有效地利用到学习中	10分						
课堂感知力	是否熟悉结构设计流程，认同工作价值？在学习中是否能获得满足感？课堂氛围如何？	10分						
参与度、交流沟通	是否积极主动与教师、同学交流，相互尊重、理解？与教师、同学之间是否能够保持多向、丰富、适宜的信息交流？	10分						
	能处理好合作学习和独立思考的关系，做到有效学习；能提出有意义的问题或能发表个人见解	10分						
知识、能力获得情况	掌握矩形截面偏心受压构件构造要求	5分						
	掌握大、小偏心破坏的判别方法	5分						
	掌握矩形截面偏心受压构件的设计思路、原理及步骤	10分						
	会判别大、小偏心破坏	10分						
	能进行矩形截面偏心受压构件的设计和复核	20分						
思维态度	是否能发现问题、提出问题、分析问题、解决问题、创新问题？	5分						
自评反思	按时按质完成任务；较好地掌握了知识点；具有较强的信息分析能力和理解能力；具有较为全面严谨的思维能力，并能条理清楚明晰地表达成文	5分						
反思改进								

项目四　受弯构件正截面承载力计算

桥梁结构中的梁体和桥面板，均属于钢筋混凝土受弯构件。

在受弯构件设计计算中，通常将与构件的计算轴线相垂直的截面称为正截面。前面项目中已介绍过，结构和构件要满足承载能力极限状态和正常使用极限状态的要求。梁、板的正截面受弯承载力计算就是要满足承载能力极限状态的要求，即要求满足：

$$M \leqslant M_u \tag{2.4-1}$$

式中：M 代表受弯构件正截面的弯矩设计值，它是结构上受到的作用所产生的内力设计值，即式 $\gamma_0 S_d \leqslant R_d$ 中的 $\gamma_0 S_d$，在受弯构件正截面受弯承载力计算中，M 通常是已知的。M_u 代表受弯构件正截面受弯承载力的设计值，它是正截面上材料所产生的抵抗力，即式 $\gamma_0 S_d \leqslant R_d$ 中的 R_d，这里的下角标 u 表示极限值（ultimate value）。通俗地讲，结构自身产生的能够承受外在作用的能力要大于外部施加给它的作用，那么这个结构从受力上讲才是满足设计要求的。

关于钢筋混凝土受弯构件的正截面受弯承载力 M_u 的计算及其应用将是本项目我们要学习的中心问题。作为预备知识，我们先从梁、板的构造特点及破坏形态说起。

任务一　受弯构件的构造特点及破坏形态认知

一、学习目标

1. 知识目标

（1）了解梁、板的截面尺寸要求。

（2）掌握梁体中各类钢筋的作用。

（3）了解正截面受弯的三种破坏形态。

（4）掌握适筋梁正截面受弯各阶段的主要特点。

2. 能力目标

（1）能准确理解正截面受弯的三种破坏形态。

（2）能准确描述适筋梁正截面受弯的阶段划分及各阶段的主要特点。

（3）具有识读钢筋混凝土受弯构件施工图的能力。

3. 思政目标

（1）培养学生严谨的设计理念。

（2）培养学生安全意识及责任感。

二、任务重、难点

1. 重　点

（1）梁、板的构造要求。
（2）正截面受弯的三种破坏形态。
（3）适筋梁正截面受弯各阶段的主要特点。

2. 难　点

（1）正截面受弯的三种破坏形态。
（2）适筋梁正截面受弯的阶段划分及各阶段的主要特点。

三、知识链接

（一）构造要求

受弯构件的
构造要求

1. 截面形状

梁、板常用截面形状有矩形、T形、工形、空心板、槽形等，如图2.4-1所示。

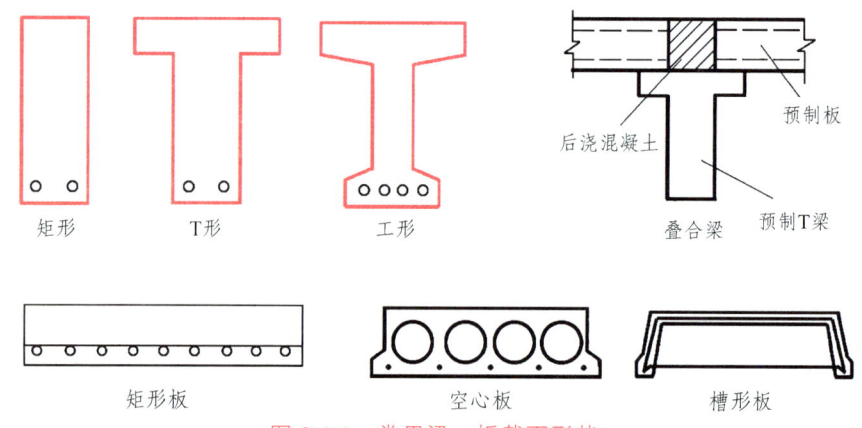

图 2.4-1　常用梁、板截面形状

2. 钢筋混凝土板的构造特点

（1）钢筋混凝土板的尺寸。

钢筋混凝土板根据其截面形式一般分为空心板和实心板两大类。跨径较小时通常采用矩形实心板；跨径较大时，为了节省材料同时减轻自重常用空心板。

板的厚度因其所在位置和作用的不同而有所区别。空心板桥的顶板和底板厚度，均不应小于80 mm。人行道板的厚度，就地浇筑的混凝土板不应小于80 mm，预制混凝土板不应小于60 mm。现浇板的宽度一般较大，设计时可取单位宽度（$b = 1\,000$ mm）进行计算。

（2）钢筋混凝土板的钢筋。

板内钢筋一般有纵向受拉钢筋与分布钢筋两种。

① 纵向受拉钢筋。

行车道板内的主钢筋直径不应小于10 mm。人行道板内的主钢筋直径不应小于8 mm。在简支板跨中和连续板支点处，板内主钢筋间距不应大于200 mm。各主钢筋间横向净距和层与层之间的竖向净距:当钢筋为3层及以下时,不应小于30 mm,并小于钢筋直径;当钢筋为3层以上时,不应小于40 mm,并不小于钢筋直径的1.25倍。行车道板内的主钢筋,可在沿板高中心纵轴线的1/4~1/6计算跨径处,按30°~45°弯起。通过支点的不弯起的主钢筋,每米板宽内不应少于3根,且其总截面面积不应少于主钢筋截面面积的1/4。

② 分布钢筋。

行车道板内应设置垂直于主钢筋的分布钢筋。分布钢筋设在主钢筋的内侧,如图 2.4-2 所示。其直径不应小于 8 mm,间距不应大于 200 mm,截面面积不宜小于板的截面面积的 0.1%。在主钢筋的弯折处,应布置分布钢筋。人行道板内分布钢筋直径不应小于 6 mm,其间距不应大于 200 mm。

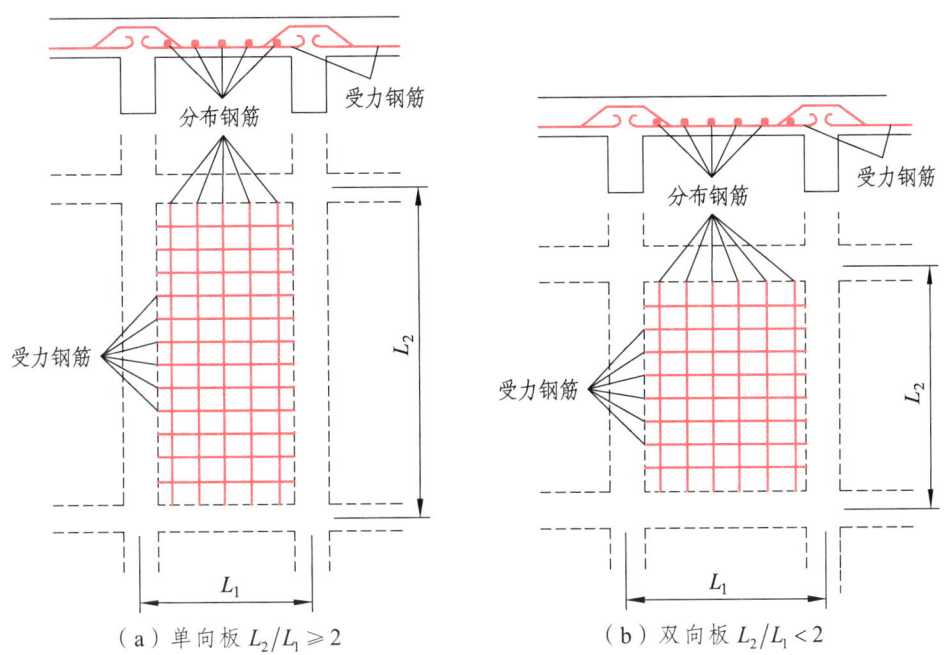

图 2.4-2 板的配筋

对于四面支撑的桥面板,根据其长短边的比值(L_2/L_1)可分为单向板和双向板两种情况:当 $L_2/L_1 \geq 2$ 时,板内弯矩主要沿其短边方向分配,长边方向受力很小,此时板的受力情况相当于以短边为跨径的两边支承板,因此称为单向板,其主钢筋沿短边布置,而长边方向只布置分布钢筋;当 $L_2/L_1 < 2$ 时,板的两个方向同时承受弯矩,故称为双向板,两个方向均需布置受力钢筋。

布置四周支撑双向板的钢筋时,可将板沿纵向和横向分别划分为3部分:靠边部分的宽度均为板的短边宽度的 1/4;中间部分的钢筋应按计算数量设置,靠边部分的钢筋按中间部分的半数布置,钢筋间距不应大于 250 mm,且不应大于板厚的 2 倍。

3. 钢筋混凝土梁的构造特点

(1)钢筋混凝土梁的截面尺寸。

跨径较小的钢筋混凝土梁一般选用矩形截面,当跨径较大时,为了节约成本并减轻结构自重,常采用I形、T形及箱形截面。

梁的截面尺寸既要考虑模板尺寸，也要使构件的截面尺寸统一，方便施工。矩形截面的宽度或T形截面的肋板宽度 b 为 100 mm、120 mm、150 mm、（180 mm）、200 mm、（220 mm）、250 mm 和 300 mm，300 mm 以下的级差为 50 mm（括号中的数值仅用于木模）。梁的高度 h 采用 250 mm、300 mm……750 mm、800 mm、900 mm、1 000 mm 等尺寸（800 m 以下的级差为 50 mm，以上的为 100 mm）。

T形、I形截面梁或箱形截面梁的腹板宽度不应小于 160 mm；其上下承托之间的腹板高度，当腹板内设有竖向预应力钢筋时，不应大于腹板宽度的 20 倍，当腹板内不设竖向预应力钢筋时，不应大于腹板宽度的 15 倍。当腹板宽度有变化时，其过渡段长度不宜小于 12 倍腹板宽度差。箱形截面梁顶、底板的中部厚度，不应小于板净跨径的 1/30，且不应小于 200 mm。在纵桥向设有承托的连续梁，其承托竖向与纵向之比不宜大于 1/6。

预制T形截面梁或箱形截面梁翼缘悬臂端的厚度不应小于 100 mm；当预制T形截面梁之间采用横向整体现浇连接时或箱形截面梁设有桥面横向预应力钢筋时，其悬臂端厚度不应小于 140 mm。T形和I形截面梁，在与腹板相连处的翼缘厚度，不应小于梁高的 1/10，当该处设有承托时，翼缘厚度可计入承托加厚部分厚度；当承托底坡的 $\tan\alpha > 1/3$ 时，取 1/3。

（2）钢筋混凝土梁的钢筋。

钢筋混凝土梁内的钢筋按照其作用和布置位置的不同可分为：主钢筋（纵向受力钢筋）、斜筋（弯起钢筋）、箍筋、架立钢筋及构造钢筋，见图 2.4-3。

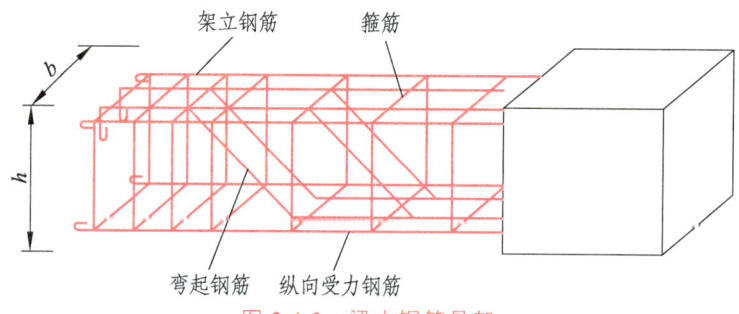

图 2.4-3　梁内钢筋骨架

① 主钢筋。

主钢筋（纵向受力钢筋）根据其所在位置的不同又分为纵向受拉钢筋和纵向受压钢筋。

a. 纵向受拉钢筋。

在受弯构件中，纵向受拉钢筋布置在受拉区且平行于梁的轴线。受拉钢筋的主要作用是抵抗拉力（因混凝土抗拉强度相对于钢筋来说太小，受拉区混凝土受拉后很快就开裂并退出工作）并与受压区混凝土压应力的合力一起形成截面抵抗力偶矩，以抵抗弯矩荷载。

b. 纵向受压钢筋。

当受压区混凝土的强度不足而截面尺寸又不能增大时，通常需要在受压区布置纵向受压钢筋，帮助受压区混凝土共同抵抗压力。

纵向受力钢筋的直径在建筑结构中一般为 10~28 mm，在桥梁结构中一般为 10~32 mm。常用的纵向受力钢筋直径为 12 mm、14 mm、16 mm、18 mm、22 mm、25 mm。纵筋可以用不同直径（就同一侧而言，比如纵向受拉钢筋），但钢筋直径不宜多于两种，且直径相差不小于 2 mm，以便施工中肉眼识别。主筋布置原则为：由下到上，由粗到细，左右对称，以便于浇筑混凝土。

矩形截面纵向受力钢筋不应少于 2 根，布置在截面的角部，以便与其他钢筋一起形成钢筋骨架。为保证钢筋与混凝土之间有较好的黏结力，保证钢筋在混凝土中的可靠锚固，并避免因钢筋布置过密而影响混凝土浇筑，梁内纵向受力钢筋的净距及钢筋的最小保护层厚度应满足图 2.4-4 的要求。

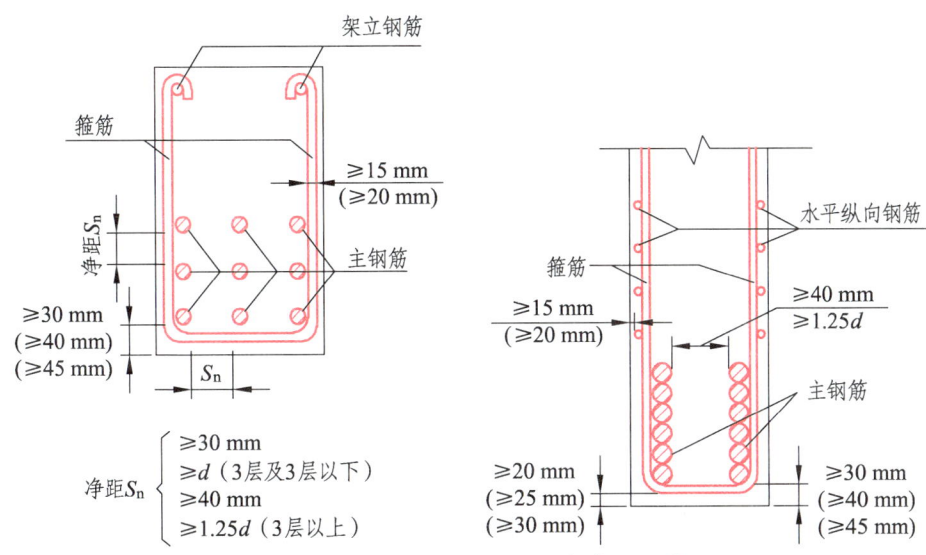

图 2.4-4　钢筋净距及混凝土保护层厚度

T 形或箱形截面梁的顶板内承受局部荷载的受拉钢筋，直径不应小于 10 mm。在简支梁和连续梁支点处，梁内主钢筋间距不应大于 200 mm，其最小净距和层间距：当钢筋为 3 层及以下时，不应小于 30 mm，并小于钢筋直径；当钢筋为 3 层以上时，不应小于 40 mm，并不小于钢筋直径的 1.25 倍（若为束筋，此处直径采用等代直径）。

T 形、I 形截面梁或箱形截面梁的腹板两侧，应设置直径为 6~8 mm 的纵向钢筋，每腹板内钢筋截面面积宜为 $(0.001~0.002)bh$，其中 b 为腹板宽度，h 为梁的高度；其间距在受拉区不应大于腹板宽度，且不应大于 200 mm，在受压区不应大于 300 mm。在支点附近剪力较大区段和预应力混凝土梁锚固区段，腹板两侧纵向钢筋截面面积应予增加，纵向钢筋间距宜为 100~150 mm。

钢筋混凝土梁端支点处，应至少有两根且不少于总数 1/5 的下层受拉主钢筋通过。两外侧钢筋，应延伸出端支点以外，并弯成直角，顺梁高延伸至顶部，与顶层纵向架立钢筋相连。两侧之间的其他未弯起钢筋，伸出支点截面以外的长度不应小于 10 倍钢筋直径（环氧树脂涂层钢筋为 12.5 倍钢筋直径）；HPB300 钢筋应带半圆钩。

② 斜筋（弯起钢筋）。
钢筋混凝土梁中的斜筋是为了抵抗斜截面部分剪力。一般斜筋可由受拉主筋弯起而成，故也称为弯起钢筋。若主筋弯起后还不能满足斜截面抗剪的要求，还需设置一部分单独的斜钢筋。为了方便计算，斜筋的弯起角宜取 45°。

③ 箍筋。
箍筋用来固定梁中主钢筋的位置，并与梁中各钢筋构成钢筋骨架；同时，箍筋还连接受拉主钢筋和受压区混凝土使两者形成一个整体共同工作。

钢筋混凝土梁中应设置直径不小于 8 mm 且不小于 1/4 主钢筋直径的箍筋,其配筋率 ρ_{sv},HPB300 钢筋不应小于 0.14%,HRB400 钢筋不应小于 0.11%。

当梁中配有按受力计算需要的纵向受压钢筋时或在连续梁、悬臂梁近中间支点位于负弯矩区的梁段,应采用闭合式箍筋。同时,同排内任一纵向受压钢筋,与箍筋折角处的纵向钢筋的间距不应大于 150 mm 或 15 倍箍筋直径两者中的较大者(图 2.4-3),否则,应设复合箍筋、系筋。相邻箍筋的弯钩接头,沿纵向其位置应交替布置。

箍筋间距不应大于梁高的 1/2 且不大于 400 mm;当所箍钢筋为按受力需要的纵向受压钢筋时,不应大于所箍钢筋直径的 15 倍,且不应大于 400 mm。在钢筋绑扎搭接接头范围内的箍筋间距,当绑扎搭接钢筋受拉时不应大于主钢筋直径的 5 倍,且不大于 100 mm;当搭接钢筋受压时不应大于主钢筋直径的 10 倍,且不大于 200 mm。在支座中心向跨径方向长度不小于一倍梁高范围内,箍筋间距不宜大于 100 mm。近梁端第一根箍筋应设置在距端面一个混凝土保护层距离处。梁与梁或梁与柱的交接范围内,靠近交接面的箍筋,其与交接面的距离不宜大于 50 mm。

④ 架立钢筋。

架立钢筋设在梁的受压区边缘两侧,用以固定箍筋并形成钢筋骨架。它是因构造需要而配置的钢筋。

对于单筋矩形截面梁,当梁的跨度小于 4 m 时,架立钢筋的直径不宜小于 8 mm;当梁的跨度等于 4~6 m 时,不宜小于 10 mm;当梁的跨度大于 6 m 时,不宜小于 12 mm。

⑤ 构造钢筋。

箱形截面梁的底板上、下层应分别设置平行于桥跨和垂直于桥跨的构造钢筋。钢筋截面面积为:对于钢筋混凝土桥,不应小于配置钢筋的底板截面面积的 0.4%;对于预应力混凝土桥,不应小于配置钢筋的底板截面面积的 0.3%。当底板厚度有变化时可分段设置。钢筋直径不宜小于 10 mm,其间距不宜大于 300 mm。

钢筋混凝土 T 形截面梁或箱形截面梁的受力主钢筋,超出翼缘有效宽度时,超出分布范围的宽度,可设置不小于超出部分截面面积 0.4%的构造钢筋。

4. 混凝土保护层厚度

纵向受力钢筋的外表面到截面边缘的垂直距离,称为混凝土保护层厚度,用 c 表示。普通钢筋保护层厚度取钢筋外缘至混凝土表面的距离,不应小于钢筋公称直径;当钢筋为束筋时,保护层厚度不应小于束筋的等代直径。最外侧钢筋的混凝土保护层厚度应不小于表 2.4-1 的规定值。

表 2.4-1 混凝土保护层厚度 c_{min} 单位:mm

构件类别	梁、板、塔、拱圈、涵洞上部		墩台身、涵洞下部		承台、基础	
设计使用年限	100 年	50 年、30 年	100 年	50 年、30 年	100 年	50 年、30 年
Ⅰ 类-一般环境	20	20	25	20	40	40
Ⅱ 类-冻融环境	30	25	35	30	45	40
Ⅲ 类-近海或海洋氯化物环境	35	30	45	40	65	60

续表

构件类别	梁、板、塔、拱圈、涵洞上部		墩台身、涵洞下部		承台、基础	
设计使用年限	100年	50年、30年	100年	50年、30年	100年	50年、30年
Ⅳ类-除冰盐等其他氯化物环境	30	25	35	30	45	40
Ⅴ类-盐结晶环境	30	25	40	35	45	40
Ⅵ类-化学腐蚀环境	35	30	40	35	60	55
Ⅶ类-磨蚀环境	35	30	45	40	65	60

注：① 表中数值是针对各类环境类别的最低作用等级、各类环境下要求的最低混凝土强度等级及钢筋和混凝土无特殊防腐措施规定的。
② 对工厂预制的混凝土构件，其保护层最小厚度可将表中相应数值减小 5 mm，但不得小于 20 mm。
③ 表中承台和基础的保护层最小厚度，是针对基坑底无垫层或侧面无模板的情况规定的；对于有垫层或有模板的情况，保护层最小厚度可将表中相应数值减少 20 mm，但不得小于 30 mm。

混凝土保护层有 3 个作用：保护纵向钢筋不被锈蚀；在火灾等情况下，使钢筋的温度上升较慢；使纵向钢筋与混凝土有较好的黏结。

（二）受弯构件的破坏

1. 纵向受拉钢筋的配筋百分率

如图 2.4-5 所示，设梁正截面上所有纵向受拉钢筋的合力作用点至截面受拉区边缘的竖向距离为 a_s，则合力作用点至截面受压区边缘的竖向距离 $h_0 = h - a_s$。这里 h 表示截面高度，h_0 为截面的有效高度。在截面设计计算中，对正截面受弯承载力起作用的是 h_0，而不是 h，所以称 bh_0 为截面的有效面积（b 是截面宽度）。

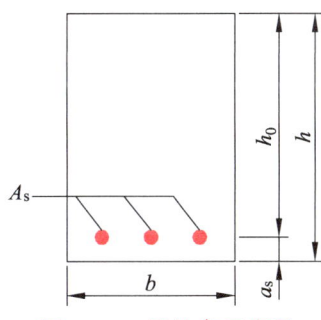

图 2.4-5　配筋率示意图

纵向受拉钢筋的总截面面积用 A_s 表示，单位为 mm^2。纵向受拉钢筋总截面面积 A_s 与正截面的有效面积 bh_0 的比值，称为纵向受拉钢筋的配筋百分率（简称配筋率），用 ρ 表示，用百分数来计量，即：

$$\rho = \frac{A_s}{bh_0}(\%) \qquad (2.4\text{-}2)$$

纵向受拉钢筋的配筋百分率 ρ 在一定程度上标志了正截面上纵向受拉钢筋与混凝土之间的面积比率，它是对梁的受力性能有很大影响的一个重要指标。

配筋率在不同的情况下还有不同的表示：$\rho_{\min}$ 为纵向受拉钢筋的最小配筋率；$\rho_{\max}$ 为纵向受拉钢筋的界限配筋率。

2. 正截面受弯的三种破坏形态

通过对外观尺寸相同，配置相同直径、不同根数纵筋的矩形截面梁进行抗弯试验。试验结果表明：由于纵向受拉钢筋配筋百分率 ρ 的不同，受弯构件正截面受弯破坏形态也有所不同。有适筋破坏、超筋破坏和少筋破坏这 3 种形态，与这 3 种破坏形态相对应的梁分别称之为适筋梁、超筋梁和少筋梁，如图 2.4-6 所示。

钢筋混凝土受弯构件正截面的破坏形态

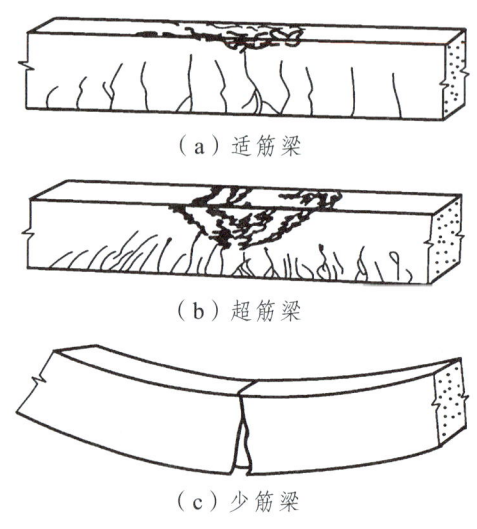

（a）适筋梁

（b）超筋梁

（c）少筋梁

图 2.4-6　梁的 3 种破坏形态

（1）适筋破坏形态。

当梁内纵向钢筋配置适量（即 $\rho_{\min} \leq \rho \leq \rho_{\max}$）时，梁体的破坏为适筋破坏形态。其特点是纵向受拉钢筋先屈服，受压区混凝土随后压碎，钢筋抗拉强度和混凝土的抗压强度均得到了充分的发挥。

适筋梁的破坏特点是破坏始自受拉区钢筋的屈服。在钢筋应力达到屈服强度之初，受压区边缘纤维的应变尚小于受弯时混凝土极限压应变。在梁完全破坏以前，由于钢筋要经历较大的塑性变形，随之引起裂缝急剧开展和梁挠度的激增，它将给人以明显的破坏预兆，如图 2.4-6（a）所示，属于延性破坏类型。

（2）超筋破坏形态。

当梁内纵向钢筋配置过多（$\rho > \rho_{\max}$）时，梁体的破坏为超筋破坏形态。其特点是受压区混凝土先被压碎，纵向受拉钢筋未达到屈服。在受压区边缘纤维应变达到混凝土受弯极限压应变值时，钢筋应力还小于屈服强度，但此时梁已经破坏。试验表明：钢筋在梁破坏前仍处于弹性工作阶段，裂缝开展不宽，延伸不高，梁的挠度也不大。

总之，超筋破坏是在没有明显预兆的情况下因受压区混凝土被压碎而突然破坏，因此属于脆性破坏类型。

超筋梁中虽然配置了过多的受拉钢筋，但由于梁破坏时受拉钢筋所受的应力低于其屈服强度，因而其作用不能得到充分发挥，这样就造成了钢材的浪费，不仅不经济，而且梁在破坏前没有预兆，故设计中不允许采用超筋梁。

（3）少筋破坏形态。

当梁内纵向钢筋配置过少（$\rho < \rho_{\min}$）时，梁体的破坏为少筋破坏形态。其特点是受拉区混凝土一裂就坏。在这种特定配筋情况下，梁一旦开裂钢筋应力立即达到其屈服强度。有时可能会迅速经历整个流幅而进入强化阶段。在个别情况下，钢筋甚至可能直接被拉断。

少筋梁破坏时，裂缝往往只有一条，不仅开展宽度很大，且沿梁高延伸较高。受压区混凝土虽暂未被压碎，但因此时裂缝宽度大于等于 1.5 mm，已标志着梁的"破坏"。从单纯满足承载力需要出发，少筋梁的截面尺寸过大而不经济；同时它的承载力取决于混凝土的抗拉强度，属于脆性破坏类型，故在桥梁工程中不允许采用。

由上述分析可知，适筋梁既充分发挥了钢筋和混凝土各自的强度，又属于延性破坏，是 3 种梁中最理想的设计。

3. 适筋梁正截面受弯的三个受力阶段

由前述可知，纵向受拉钢筋配筋率比较适当的正截面称为适筋截面，具有适筋截面的梁叫适筋梁。下面将通过一适筋梁的受弯试验来分析适筋梁各受力阶段的应力和变形。

图 2.4-7 所示为一混凝土设计强度等级为 C25 的钢筋混凝土简支梁。为消除剪力对正截面受弯的影响，采用两点对称加载方式，使两个对称集中力之间的截面，在忽略自重的情况下，只受纯弯矩而无剪力，该区段称为纯弯区段。在长度为 $l_0/3$ 的纯弯区段内布置仪表，以观察加载后梁的受力全过程。

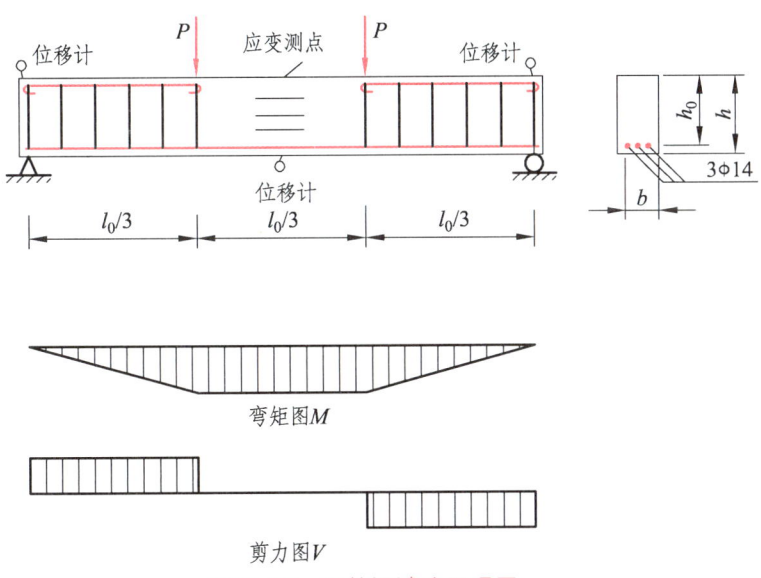

图 2.4-7 适筋梁试验原理图

通过试验结果分析，得出适筋梁从开始加载到完全破坏，其应力变化经历了 3 个阶段，如图 2.4-8 所示。

（1）第Ⅰ阶段：混凝土开裂前的未裂阶段。

刚开始加载时，由于梁受到的弯矩很小，沿梁高量测到的梁截面上

适筋梁正截面受弯破坏的三个阶段

各个纤维应变也小，且应变沿梁的截面高度为直线变化，即符合平截面假定，如图 2.4-8 所示。此时梁的工作情况与匀质弹性体梁相似，混凝土基本上处于弹性工作阶段，应力与应变成正比，受压区和受拉区混凝土应力分布图形为三角形。

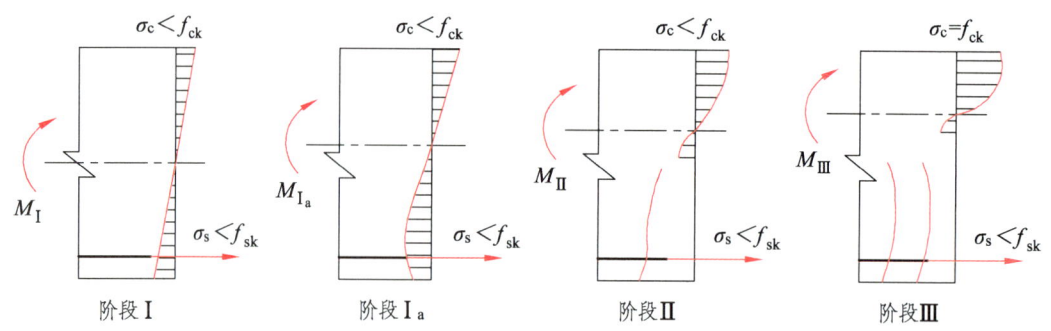

图 2.4-8　适筋梁各受力阶段截面应力分布情况

弯矩再增大，应变也随之加大，但其变化仍符合平截面假定，由于混凝土抗拉能力远较抗压能力弱，故在受拉区边缘处混凝土首先表现出应变较应力增长速度为快的塑性特征。受拉区应力图形开始偏离直线而逐步变弯。弯矩继续增大，受拉区应力图形中曲线部分的范围不断沿梁高向上发展。

当弯矩增加到开裂弯矩试验值时，受拉区边缘纤维的应变值即将达到混凝土受弯时的极限拉应变试验值，截面处于即将开裂状态，称为第Ⅰ阶段末，用Ⅰ$_a$表示，如图 2.4-8 所示。由于受拉区混凝土塑性的发展，Ⅰ$_a$阶段时中性轴的位置比第Ⅰ阶段初期略有上升。第Ⅰ阶段的特点是：混凝土没有开裂；受压区混凝土的应力图形是直线；受拉区混凝土的应力图形在第Ⅰ阶段前期是直线，后期是曲线；弯矩与截面曲率基本上是直线关系。

Ⅰ$_a$阶段可以作为受弯构件抗裂强度的计算依据。

（2）第Ⅱ阶段：混凝土开裂后至钢筋屈服前的裂缝阶段。

在纯弯段抗拉能力最薄弱的某一截面处，当受拉区边缘纤维的拉应变值达到混凝土极限拉应变试验值时，将出现第一条裂缝。一旦开裂，梁即由第Ⅰ阶段转入第Ⅱ阶段工作。

在裂缝截面处，混凝土一开裂，就把原先由它承担的那一部分拉力转给钢筋，钢筋应力突然增大许多，故裂缝出现时梁的挠度和截面曲率都突然增大，同时裂缝具有一定的宽度，并将沿梁高延伸到一定的高度。裂缝截面处的中性轴位置也将随之上移，在中性轴以下裂缝尚未延伸到的部位，混凝土虽然仍可承受一小部分拉力，但受拉区的拉力主要已由钢筋承担。

随着弯矩继续增大，受压区混凝土压应变与受拉钢筋的拉应变的实测值都不断增长，当应变的量测标距较大，跨越几条裂缝时，测得的应变沿截面高度的变化规律仍能符合平截面假定。

弯矩再增大，截面曲率加大，主裂缝开展越来越宽。由于受压区混凝土应变不断增大，受压区混凝土应变增长速度比应力增长速度快，塑性性质表现得越来越明显，受压区应力图形呈曲线变化。当弯矩继续增大到受拉钢筋应力即将达到屈服强度时，称为第Ⅱ阶段末，用Ⅱ$_a$表示。

第Ⅱ阶段是截面混凝土裂缝发生、开展的阶段，在此阶段中梁是带裂缝工作的。其受力特点是：在裂缝截面处，受拉区的大部分混凝土退出工作，拉力主要由纵向受拉钢筋承担，但钢筋没有屈服；受压区混凝土已有塑性变形，但不充分，压应力图形为只有上升段的曲线；弯矩与截面曲率是曲线关系，截面曲率与挠度的增长加快。

阶段Ⅱ相当于梁使用时的应力状态，可作为使用阶段验算变形和裂缝开展宽度的依据。

（3）第Ⅲ阶段：钢筋开始屈服至截面破坏的破坏阶段。

纵向受力钢筋屈服后，梁就进入第Ⅲ阶段工作。

钢筋屈服，截面曲率和梁的挠度也突然增大，裂缝宽度随之扩展并沿梁高向上延伸，中性轴继续上移，受压区高度进一步减小。可见，这时受压区混凝土边缘纤维应变也迅速增长，塑性特征将表现得更为充分，受压区压应力图形更趋丰满。

弯矩再增大直至极限弯矩试验值时，称为第Ⅲ阶段末，用Ⅲ$_a$表示。此时，边缘纤维压应变达到（或接近）混凝土受弯时的极限压应变试验值，标志着截面已开始破坏。其后，在实验室条件下的一般试验梁虽仍可继续变形，但所承受的弯矩将有所降低。最后在破坏区段上受压区混凝土被压碎甚至剥落，裂缝宽度已很大而告完全破坏。

在第Ⅲ阶段整个过程中，钢筋所承受的总拉力大致保持不变，但由于中性轴逐步上移，内力臂略有增加，故截面极限弯矩略大于屈服弯矩。可见第Ⅲ阶段是截面的破坏阶段，破坏始于纵向受拉钢筋屈服，终结于受压区混凝土压碎。其特点是：纵向受拉钢筋屈服，拉力保持为常值；裂缝截面处，受拉区大部分混凝土已退出工作，受压区混凝土压应力曲线图形比较丰满，有上升段曲线，也有下降段曲线；弯矩还略有增加；受压区边缘混凝土压应变达到其极限压应变试验值时，混凝土被压碎，截面破坏；弯矩-曲率关系为接近水平的曲线。

第Ⅲ阶段末（Ⅲ$_a$）可作为正截面受弯承载力计算的依据。

四、课外加油站

少筋梁、超筋梁破坏试验

五、思想政治素质养成

（1）梁和板是钢筋混凝土结构中最常见、最基本的受弯构件，两者的设计方法也是本门课中的重中之重。因此了解规范中的构造要求，并能充分理解才能为后续梁、板的设计计算做好知识准备。授课过程中结合工程实例使学生深刻理解规范的必要性和重要性，有助于树立学生良好的责任意识和安全意识。

（2）适筋梁、超筋梁和少筋梁是根据梁体中配筋率的高低来定义的，通过分析讲解3种破坏形态的过程及特点，对比适筋梁比其他两种破坏形态的突出所在，引导学生在设计过程中遵循合理利用材料又注重安全的良好设计思路。

六、任务分配和任务工作单

学生任务分配表

班级：　　　　　组号：　　　　　组长：　　　　　指导老师：

组员	任务分工	组员	任务分工

任务工作单 1

姓名：	学号：	日期：

（1）总结并描述板和梁的常见截面形式。

（2）描述板、梁内钢筋构造要求。

任务工作单 2

| 姓名： | 学号： | 日期： |

（1）简要描述适筋梁 3 个破坏阶段的特点。

（2）说明适筋梁、超筋梁、少筋梁各自的破坏特点。

七、评价反馈

评价反馈表

姓名：		组号：		组长：		指导老师：		
评价指标	评价内容	分值	个人自评（20%）	组内互评（20%）	组间互评（20%）	教师评价（40%）	综合评价
信息检索能力	能有效利用网络、图书资源查找有用的相关信息等，能将查到的信息有效地利用到学习中	10分					
课堂感知力	是否熟悉结构设计流程，认同工作价值？在学习中是否能获得满足感？课堂氛围如何？	10分					
参与度、交流沟通	是否积极主动与教师、同学交流，相互尊重、理解？与教师、同学之间是否能够保持多向、丰富、适宜的信息交流？	10分					
	能处理好合作学习和独立思考的关系，做到有效学习；能提出有意义的问题或能发表个人见解	10分					
知识、能力获得情况	能准确说出梁板的常用截面形式	5分					
	能准确描述梁、板内钢筋的组成及各类钢筋的构造要求	10分					
	能准确描述梁3种破坏形态的区别和特点	15分					
	能准确定义配筋率并会计算	5分					
	能简要描述适筋梁3个破坏阶段的特点	15分					
思维态度	是否能发现问题、提出问题、分析问题、解决问题、创新问题？	5分					
自评反思	按时按质完成任务；较好地掌握了知识点；具有较强的信息分析能力和理解能力；具有较为全面严谨的思维能力，并能条理清楚明晰地表达成文	5分					
反思改进							

任务二 单筋矩形截面受弯构件计算

一、学习目标

1. 知识目标

（1）掌握单筋矩形截面设计计算。
（2）掌握单筋矩形截面的承载力复核。

2. 能力目标

能进行单筋矩形截面的计算和截面复核。

3. 思政目标

（1）培养遵守规范的严谨工作精神。
（2）培养安全意识。

二、任务重、难点

1. 重　点

（1）单筋矩形截面的设计计算。
（2）单筋矩形截面的截面复核。

2. 难　点

单筋矩形截面的设计计算。

三、知识链接

（一）正截面受弯承载力计算原理

1. 正截面承载力计算的基本假定

受弯构件正截面
承载力计算原理

（1）构件弯曲后，其截面仍保持平面（平截面假定）。
（2）截面受拉混凝土的抗拉强度不予考虑，即计算时受拉区只计入受拉钢筋的作用力。
（3）钢筋与混凝土之间无黏结滑移破坏，即钢筋应变与其所在位置混凝土的应变一致。

2. 受压区混凝土等效矩形应力图

当截面承载力达到极限弯矩 M_u 时，受压区混凝土压应力分布与应力-应变曲线形状相似，其合力 C 的大小和其作用位置仅与混凝土应力-应变曲线形状及受压区高度 x_c 有关，而在极限弯矩的计算中也仅需知道合力 C 的大小和作用位置就足够了。因此，在实用中为了计算方便，可取等效矩形应力图形来代换受压区混凝土实际应力图，如图 2.4-9 所示。两个图形等效的条件是：

（1）实际应力图的面积应等于矩形应力图的面积，即混凝土压应力合力 C 的大小不变。
（2）等效矩形应力图的形心位置应与理论应力图的总形心位置相同，即压应力合力的位置不变，应力方向不变，即两图形中受压区合力 C 的作用点不变。

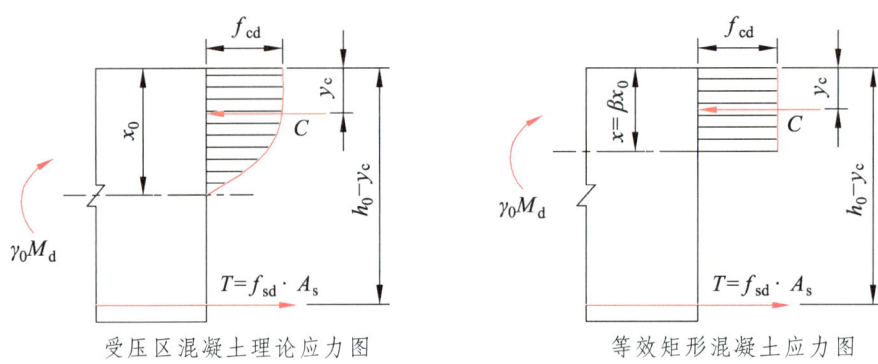

图 2.4-9 受压区等效矩形应力图

《桥规》推荐采用的受压区混凝土等效矩形应力图宽度（即应力值的大小）为混凝土抗压强度设计值 f_{cd}，矩形应力图的高度（即受压区高度）为：

$$x = \beta x_0 \tag{2.4-3}$$

式中：x_0——曲线形（实际）应力图混凝土受压区高度；

β——矩形应力图高度系数，具体取值见表 2.4-2。

表 2.4-2　混凝土受压区等效矩形应力图系数 β

混凝土强度等级	C50 及以下	C55	C60	C65	C70	C75	C80
β	0.80	0.79	0.78	0.77	0.76	0.75	0.74

（二）单筋矩形截面受弯构件正截面受弯承载力计算

1. 基本计算公式及适用条件

（1）基本计算公式。

单筋矩形截面受弯构件的正截面受弯承载力计算简图如图 2.4-10 所示。

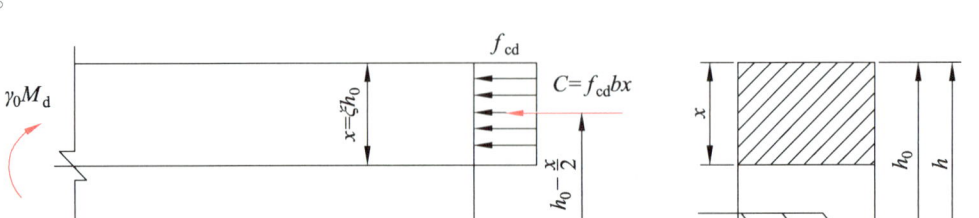

图 2.4-10　单筋矩形截面受弯构件正截面受弯承载力计算简图

由截面上水平方向内力之和为零的平衡条件，得：

$$f_{cd}bx = f_{sd}A_s \tag{2.4-4}$$

由截面上各内力对混凝土合力作用点产生的力矩大于等于梁承受的弯矩设计值的平衡条件，得：

$$\gamma_0 M_d \leq M_u = f_{sd} A_s \left(h_0 - \frac{x}{2} \right) \quad (2.4\text{-}5)$$

由截面上各内力对钢筋合力作用点产生的力矩大于等于梁承受的弯矩设计值的平衡条件，得：

$$\gamma_0 M_d \leq M_u = f_{cd} b x \left(h_0 - \frac{x}{2} \right) \quad (2.4\text{-}6)$$

式中：f_{cd}——混凝土轴心抗压强度设计值；

　　　b——截面宽度；

　　　x——按等效矩形应力图计算的受压区高度；

　　　f_{sd}——纵向受拉钢筋抗拉强度设计值；

　　　A_s——纵向受拉钢筋的截面面积；

　　　γ_0——结构重要性系数；

　　　M_d——计算截面上的弯矩组合设计值；

　　　h_0——截面有效高度。

（2）适用条件。

上述基本公式是针对适筋梁受力分析得出的，因此截面配筋率必满足 $\rho_{min} \leq \rho \leq \rho_{max}$。

① $\rho \leq \rho_{max}$。此公式明确了适筋梁和超筋梁的界限。对比适筋梁和超筋梁的破坏可以看出，两者的差异在于：前者破坏始自受拉钢筋；后者则始自受压区混凝土。那么，就会有一个界限配筋率 ρ_{max}，即在钢筋应力达到屈服强度的同时受压区边缘纤维应变也恰好达到混凝土受弯时的极限压应变值。这种破坏形态就称为"界限破坏"，即适筋梁与超筋梁的界限。鉴于安全和经济的原因，在实际工程中不允许采用超筋梁，那么这个特定的配筋率 ρ_{max} 实质上就是适筋梁的最大配筋率。最大配筋率的限制一般是通过混凝土受压区高度来加以控制的。由图 2.4-11 可知，限制配筋率 $\rho \leq \rho_{max}$，可以转化成限制应变图变形零点至截面受压区边缘的距离（即混凝土受压区等效矩形应力图的高度），也就是当截面实际受压区高度 $x \leq \xi_b h_0$ 时，为适筋梁截面；$x > \xi_b h_0$ 时，为超筋梁截面。因此，一般用 $\xi_b = \dfrac{x_b}{h_0}$ 来作为界限破坏条件。

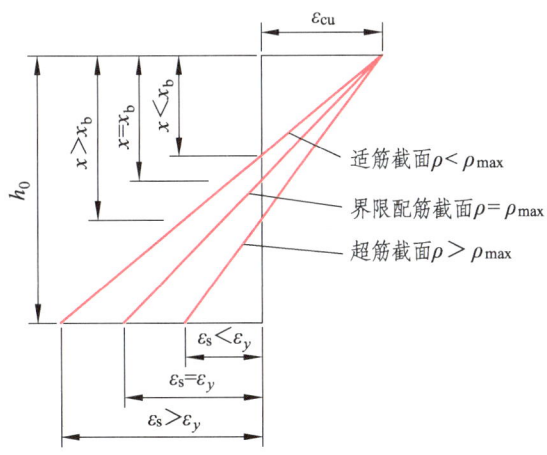

图 2.4-11　适筋梁、超筋梁、界限配筋梁破坏时的正截面平均应变图

设界限破坏时中性轴高度为 x_b，则若要钢筋混凝土梁不超筋，就需满足

$$x \leqslant x_b = \xi_b h_0 \quad \text{或} \quad \xi < \xi_b$$

式中：x_b——纵向受拉钢筋和受压区混凝土同时达到各自强度设计值时的受压区矩形应力图高度；

ξ——混凝土受压区高度系数，$\xi = \dfrac{x}{h_0}$；

ξ_b——相对界限受压区高度系数，$\xi_b = \dfrac{x_b}{h_0}$，按表 2.4-3 取值。

表 2.4-3　相对界限受压区高度系数 ξ_b

钢筋种类	混凝土强度等级			
	C50 及以下	C55、C60	C65、C70	C75、C80
HPB300	0.58	0.56	0.54	—
HRB400、HRBF400、RRB400	0.53	0.51	0.49	—
HRB500	0.49	0.47	0.46	—
钢绞线、钢丝	0.40	0.38	0.36	0.35
预应力螺纹钢筋	0.40	0.38	0.36	—

注：截面受拉区内配置不同种类钢筋的受弯构件，其 ξ_b 值应选用相应于各种钢筋的较小者。

② $\rho \geqslant \rho_{\min}$。少筋破坏的特点是：一裂即坏，所以从理论上讲，纵向受拉钢筋的最小配筋率 $\rho_{\min}$ 应该是按 III_a 阶段计算的钢筋混凝土受弯构件正截面受弯承载力与按 I_a 阶段计算的素混凝土受弯构件正截面受弯承载力两者相等。但是，考虑到混凝土抗拉强度的离散性及收缩等因素的影响，实用上，最小配筋率 $\rho_{\min}$ 是根据经验得出的，$\rho_{\min} = 45 \dfrac{f_{td}}{f_{sd}} \%$。为了防止梁"一裂即坏"，适筋梁的配筋率应大于 $\rho_{\min}$。因此，《桥规》规定：$\rho \geqslant \rho_{\min} = 45 \dfrac{f_{td}}{f_{sd}} \%$ 且不小于 0.2%。

2. 截面承载力计算方法

单筋矩形截面受弯构件的正截面受弯承载力计算包括截面设计和截面复核两类问题。

（1）截面设计。

① 情况 1：截面尺寸已知。

已知：弯矩设计值 M_d，结构重要性系数 γ_0，截面尺寸 b、h，钢筋与混凝土的强度等级。

求：截面配筋 A_s。

计算步骤：

a. 根据钢筋及混凝土强度等级查表得钢筋抗拉强度设计值 f_{sd} 及混凝土抗压强度设计值 f_{cd}。

b. 假设钢筋截面重心到截面受拉边缘距离 a_s，求解 $h_0 = h - a_s$。

对于钢筋混凝土单筋矩形梁，当布置一排主钢筋时，可假设 $a_s = 40 \sim 50$ mm，布置两排时，$a_s \approx 65$ mm；对于钢筋混凝土板，则可假设 $a_s = 35 \sim 40$ mm。

c. 由式（2.4-6）求得截面受压区高度

$$x \geq h_0 - \sqrt{h_0^2 - \frac{2\gamma_0 M_d}{f_{cd}b}} \qquad (2.4\text{-}7)$$

求得的 x 应满足条件 $x \leq \xi_b h_0$（保证此梁不是超筋梁）。若 $x > \xi_b h_0$，就需要增大截面尺寸，从头重新开始设计计算。

d. 将求得的满足条件的 x 值代入式（2.4-4）求所需钢筋的截面面积：

$$A_s \geq \frac{f_{cd}bx}{f_{sd}}$$

e. 根据求得的 A_s 值并考虑构造要求查表 2.3-2 选取钢筋直径和根数（确定的钢筋实际总面积应大于等于上一步的计算值），并布置钢筋。

f. 校核修正假定的 a_s 并验算配筋率 ρ。

表 2.4-4　钢筋间距一定时板每米宽度内钢筋截面面积

钢筋间距/mm	钢筋直径/mm										
	6	7	8	10	12	14	16	18	20	22	24
70	404	550	718	1 122	1 616	2 199	2 873	3 636	4 487	5 430	6 463
75	377	513	670	1 047	1 508	2 052	2 681	3 393	4 188	5 081	6 032
80	353	481	628	982	1 414	1 924	2 314	3 181	3 926	4 751	5 655
85	333	453	591	924	1 331	1 811	2 366	2 994	3 695	4 472	5 322
90	314	428	559	873	1 257	1 711	2 234	2 828	3 490	4 223	5 027
95	298	405	529	827	1 190	1 620	2 117	2 679	3 306	4 000	4 762
100	283	385	503	785	1 131	1 539	2 011	2 545	3 141	3 801	4 524
105	269	367	479	748	1 077	1 466	1 915	2 424	2 991	3 620	4 309
110	257	350	457	714	1 028	1 399	1 828	2 314	2 855	3 455	4 113
115	246	335	437	683	984	1 339	1 749	2 213	2 731	3 305	3 934
120	236	321	419	654	942	1 283	1 676	2 121	2 617	3 167	3 770
125	226	308	402	628	905	1 232	1 609	2 036	2 513	3 041	3 619
130	217	296	387	604	870	1 184	1 547	1 958	2 416	2 924	3 480
135	209	285	372	582	838	1 140	1 490	1 885	2 327	2 816	3 351
140	202	275	359	561	808	1 100	1 436	1 818	2 244	2 715	3 231
145	195	265	347	542	780	1 062	1 387	1 755	2 166	2 621	3 129
150	189	257	335	524	754	1 026	1 341	1 697	2 084	2 534	3 016
155	182	248	324	507	730	993	1 219	1 542	1 904	2 304	2 741
160	177	241	314	491	707	962	1 257	1 590	1 964	2 376	2 828
165	171	233	305	476	685	933	1 219	1 542	1 904	2 304	2 741

钢筋间距/mm	钢筋直径/mm										
	6	7	8	10	12	14	16	18	20	22	24
170	166	226	296	462	665	905	1 183	1 497	1 848	2 236	2 661
175	162	220	287	449	646	876	1 149	1 454	1 795	2 172	2 585
180	157	214	279	436	628	855	1 117	1 414	1 746	2 112	2 513
185	153	208	272	425	611	832	1 087	1 376	1 694	2 035	2 445
190	149	203	265	413	595	810	1 058	1 339	1 654	3 001	2 381
195	145	197	258	403	580	789	1 031	1 305	1 611	1 949	2 320
200	141	192	251	393	565	769	1 005	1 272	1 572	1 901	2 262

根据选取的钢筋及其布置计算实际的 a_s 值,若与前面假设值接近则继续下一步,否则重新选择钢筋直径和根数直至实际的 a_s 与假设值接近,若仍不能达到要求则需重新假设 a_s 再从头设计计算。

验算 $\rho = \dfrac{A_s}{bh_0} \geqslant \rho_{\min} = 45\dfrac{f_{td}}{f_{sd}}\%$ 且不小于 0.2%。若 $\rho < \rho_{\min}$,则取 $\rho = \rho_{\min}$,再按 $A_s = \rho b h_0$ 重新计算钢筋面积并配筋。

② 情况 2:截面尺寸未知。

已知:弯矩设计值 M_d,结构重要性系数 γ_0,环境等级,钢筋与混凝土的强度等级。求:截面尺寸 b、h 并配筋 A_s。

计算步骤:

a. 根据钢筋及混凝土强度等级查表得钢筋抗拉强度设计值 f_{sd} 及混凝土抗压强度设计值 f_{cd}。

b. 在经济配筋率(矩形梁 $\rho = 0.006 \sim 0.015$,板 $\rho = 0.003 \sim 0.008$)内选定一个 ρ 值,或直接选取一个 ξ 值[一般可取 $(0.3 \sim 0.7)\xi_b$],并根据受弯构件适应情况选定梁宽 b。

c. 公式(2.4-4)两边同时除以 bh_0,可得 $\xi = \rho\dfrac{f_{sd}}{f_{cd}}$,求出 ξ。

d. 若 $\xi \leqslant \xi_b$,则取 $x = \xi h_0$,并代入式(2.4-6),导得 $h_0 = \sqrt{\dfrac{\gamma_0 M_d}{\xi(1-0.5\xi)f_{cd}b}}$,代入具体数值求出 h_0,进而得 $h = h_0 + a_s$,并按构造要求使尺寸模数化。

e. 接着按第 1 种情况的步骤,即可求出受拉钢筋面积。

(2)截面复核。

已知:弯矩设计值 M_d,结构重要性系数 γ_0,截面尺寸 b、h,材料强度 f_{cd}、f_{sd}、f_{td},钢筋截面面积 A_s 及 a_s。求:截面承载力 M_u。

计算步骤:

① 检查钢筋布置是否符合规范要求。

② 计算配筋率并应满足 $\rho = \dfrac{A_s}{bh_0} \geqslant \rho_{\min}$。若 $\rho < \rho_{\min}$ 则为少筋构件,在工程中禁止使用。

③ 计算受压区高度系数（$\xi = \rho \dfrac{f_{sd}}{f_{cd}}$），若 $\xi \leqslant \xi_b$，则 $M_u = f_{cd}bh_0^2\xi(1-0.5\xi)$。或计算受压区高度 $x = \dfrac{f_{sd}A_s}{f_{cd}b}$，若 $x \leqslant \xi_b h_0$，则 $M_u = f_{cd}bx\left(h_0 - \dfrac{x}{2}\right)$；若 $\xi > \xi_b$，则为超筋截面，取 $\xi = \xi_b$，截面承载力为 $M_u = f_{cd}bh_0^2\xi_b(1-0.5\xi_b)$。

④ 校核 M_u 是否大于等于 $\gamma_0 M_d$。

若 $M_u \geqslant \gamma_0 M_d$，则说明截面受弯承载力满足要求；若 $M_u < \gamma_0 M_d$，则说明截面承载力不满足要求，可通过提高混凝土等级、修改截面尺寸或改为双筋截面等措施重新设计，直到 $M_u \geqslant \gamma_0 M_d$。

（三）应用实例

【例 2.4-1】 已知矩形梁截面尺寸 $b \times h = 250 \text{ mm} \times 500 \text{ mm}$，环境类别为Ⅰ类，安全等级为一级，弯矩设计值为 $M_d = 150 \text{ kN·m}$，混凝土强度等级为 C30，钢筋采用 HRB400 级钢筋。试配置受拉钢筋并复核其截面承载力。

【解】 查表得：$\gamma_0 = 1.1$，$f_{cd} = 13.8 \text{ N/mm}^2$，$f_{sd} = 330 \text{ N/mm}^2$，$f_{td} = 1.39 \text{ N/mm}^2$，$\xi_b = 0.53$。

（1）截面设计计算。

假设 $a_s = 40 \text{ mm}$，则 $h_0 = h - a_s = 500 - 40 = 460 \text{ mm}$。

由公式 $\gamma_0 M_d \leqslant f_{cd}bx\left(h_0 - \dfrac{x}{2}\right)$，得

$$x = h_0 - \sqrt{h_0^2 - \dfrac{2\gamma_0 M_d}{f_{cd}b}} = 460 - \sqrt{460^2 - \dfrac{2 \times 1.1 \times 150 \times 10^6}{13.8 \times 250}}$$
$$= 119.49 \text{ mm} < \xi_b h_0 = 0.53 \times 460 = 243.8 \text{ mm}$$

单筋矩形截面受弯构件正截面承载力计算习题

受拉钢筋截面面积：

$$A_s \geqslant \dfrac{f_{cd}bx}{f_{sd}} = \dfrac{13.8 \times 250 \times 119.49}{330} = 1\,249 \text{ mm}^2$$

查表 2.3-2，选用 4⌀20 钢筋，$A_s = 1\,256 \text{ mm}^2$。

（2）截面复核。

按照构造要求布置钢筋，布一排钢筋所需要的最小截面宽度为：

$$b_{min} = 2 \times 20 + 4 \times 22.7 + 3 \times 30$$
$$= 220.8 \text{ mm} < 250 \text{ mm}$$

钢筋可按一排布置（图 2.4-12），$a_s = 30 + \dfrac{22.7}{2} = 41.35 \text{ mm}$，满足保护层厚度要求。

梁的实际有效高度

$$h_0 = h - a_s = 500 - 41.35 = 458.65 \text{ mm}$$

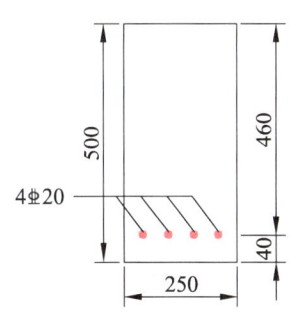

图 2.4-12 例 2.4-1 钢筋布置图

实际配筋率

$$\rho = \frac{A_s}{bh_0} = \frac{1\,256}{250 \times 458.65} = 1.10\% > 0.2\%$$

且

$$\rho > \rho_{\min} = 45\frac{f_{td}}{f_{sd}}\% = 45 \times \frac{1.39}{330}\% = 0.19\%$$

符合要求。

实际受压区高度

$$x = \frac{f_{sd}A_s}{f_{cd}b} = \frac{330 \times 1\,256}{13.8 \times 250} = 120.14 \text{ mm} < \xi_b h_0 = 0.53 \times 458.65 = 243.08 \text{ mm}$$

因此，不会发生超筋破坏。

抗弯承载力

$$M_u = f_{cd}bx\left(h_0 - \frac{x}{2}\right) = 13.8 \times 250 \times 120.14 \times \left(458.65 - \frac{120.14}{2}\right) = 165.2 \text{ kN·m}$$

$$> \gamma_0 M_d = 1.1 \times 150 = 165 \text{ kN·m}$$

因此，该梁截面承载力满足要求。

【例 2.4-2】 某钢筋混凝土单筋矩形截面梁，截面尺寸未知，环境类别为Ⅰ类，安全等级为一级，弯矩设计值 $M_d = 120$ kN·m，混凝土强度等级为 C30，钢筋采用 HRB400 级。试设计截面并配筋。

【解】 查表得：$\gamma_0 = 1.1$，$f_{cd} = 13.8$ N/mm²，$f_{sd} = 330$ N/mm²，$f_{td} = 1.39$ N/mm²，$\xi_b = 0.53$。

假设 $\rho = 0.01$，$b = 200$ mm，则

$$\xi = \rho\frac{f_{sd}}{f_{cd}} = 0.01 \times \frac{330}{13.8} = 0.239$$

计算截面有效高度：

$$h_0 = \sqrt{\frac{\gamma_0 M_d}{\xi(1-0.5\xi)f_{cd}b}} = \sqrt{\frac{1.1 \times 120 \times 10^6}{0.239 \times (1-0.5 \times 0.239) \times 13.8 \times 200}} = 477 \text{ mm}$$

$$h = h_0 + a_s = 477 + 40 = 517 \text{ mm}$$

截面高度尺寸模数化，取梁高为 550 mm，$\frac{h}{b} = \frac{550}{200} = 2.75$，比例合理。

假设 $a_s = 40$ mm，则

$$h_0 = h - a_s = 550 - 40 = 510 \text{ mm}$$

由公式 $\gamma_0 M_d \leqslant f_{cd}bx\left(h_0 - \frac{x}{2}\right)$ 得

$$x = h_0 - \sqrt{h_0^2 - \frac{2\gamma_0 M_d}{f_{cd}b}} = 510 - \sqrt{510^2 - \frac{2 \times 1.1 \times 120 \times 10^6}{13.8 \times 200}} = 104.48 \text{ mm}$$

$$< \xi_b h_0 = 0.53 \times 510 = 270.3 \text{ mm}$$

受拉钢筋截面面积

$$A_s \geqslant \frac{f_{cd}bx}{f_{sd}} = \frac{13.8 \times 200 \times 104.48}{330} = 874 \text{ mm}^2$$

查表 2.3-2，选用 3Φ20 钢筋，$A_s = 942 \text{ mm}^2$。

按照构造要求布置钢筋，布一排钢筋所需要的最小截面宽度为：

$$b_{min} = 2 \times 20 + 3 \times 22.7 + 2 \times 30 = 188.1 \text{ mm} < 200 \text{ mm}$$

钢筋可按一排布置（图 2.4-13），$a_s = 30 + \frac{22.7}{2} = 41.35 \text{ mm}$，满足保护层厚度要求。

梁的实际有效高度

$$h_0 = h - a_s = 550 - 41.35 = 508.65 \text{ mm}$$

实际配筋率

$$\rho = \frac{A_s}{bh_0} = \frac{942}{200 \times 508.65} = 0.926\% > 0.2\%$$

且

$$\rho > \rho_{min} = 45\frac{f_{td}}{f_{sd}}\% = 45 \times \frac{1.39}{330}\% = 0.19\%$$

符合要求。

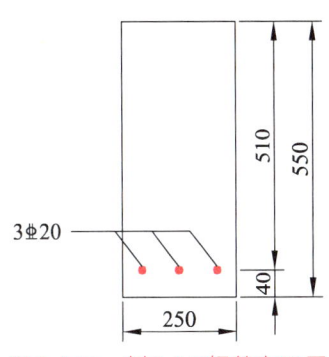

图 2.4-13　例 2.4-2 钢筋布置图

【例 2.4-3】 已知一单跨简支板，计算跨径为 $l = 3$ m，板厚为 80 mm，承受人群荷载 $q_k = 3.5$ kN/m^2，如图 2.4-14 所示。混凝土等级为 C30，受力钢筋采用 HRB400 级钢筋，分布钢筋采用 HPB300 级，环境类别为一类，安全等级为二级（钢筋混凝土重力密度为 25 kN/m^3）。
试：进行截面配筋并验算该板是否安全。

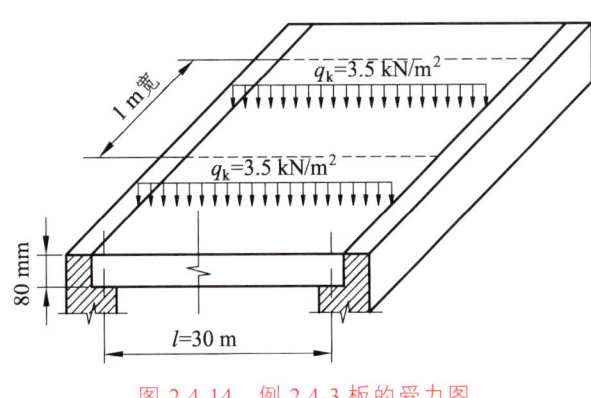

图 2.4-14　例 2.4-3 板的受力图

【解】 取板宽 $b = 1\,000$ mm，则
板的自重荷载集度：

$$g = 25 \times (1.0 \times 0.08) = 2 \text{ kN/m}$$

自重在跨中形成的最大弯矩：

$$M_{Gk} = \frac{1}{8}gl^2 = \frac{1}{8} \times 2 \times 3^2 = 2\ 250\ \text{N} \cdot \text{m}$$

人群荷载集度为：

$$g = 3.5 \times 1.0 = 3.5\ \text{kN/m}$$

人群荷载在跨中形成的最大弯矩：

$$M_{Qk} = \frac{1}{8}gl^2 = \frac{1}{8} \times 3.5 \times 3^2 = 3\ 937.5\ \text{N} \cdot \text{m}$$

查表得，永久荷载分项系数 $\gamma_G = 1.2$，可变荷载分项系数 $\gamma_Q = 1.4$，则跨中弯矩组合设计值：

$$M_d = 1.2 M_{Gk} + 1.4 M_{Qk} = 1.2 \times 2\ 250 + 1.4 \times 3\ 937.5 = 8\ 212.5\ \text{N} \cdot \text{m}$$

查表得，$\gamma_0 = 1.0$，$f_{cd} = 13.8\ \text{N/mm}^2$，$f_{sd} = 330\ \text{N/mm}^2$，$f_{td} = 1.39\ \text{N/mm}^2$，$\xi_b = 0.53$。假设 $a_s = 25\ \text{mm}$，则

$$h_0 = h - a_s = 80 - 25 = 55\ \text{mm}$$

由公式 $\gamma_0 M_d \leqslant f_{cd} bx \left(h_0 - \dfrac{x}{2} \right)$ 得

$$x = h_0 - \sqrt{h_0^2 - \frac{2\gamma_0 M_d}{f_{cd} b}} = 55 - \sqrt{55^2 - \frac{2 \times 1.0 \times 8\ 212.5 \times 10^3}{13.8 \times 1\ 000}} = 12.17\ \text{mm}$$

$$< \xi_b h_0 = 0.53 \times 55 = 29.15\ \text{mm}$$

受拉钢筋截面面积

$$A_s \geqslant \frac{f_{cd} bx}{f_{sd}} = \frac{13.8 \times 1\ 000 \times 12.17}{330} = 509\ \text{mm}^2$$

结合表 2.4-4 选用 C10@150 钢筋，$A_s = 524\ \text{mm}^2$。其排列如图 2.4-15 所示。垂直于受力钢筋在其内侧布置 A6@250 的分布钢筋。

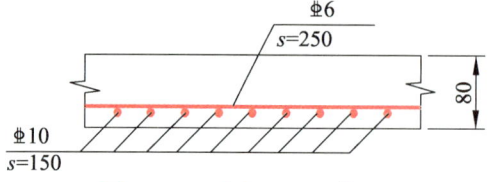

图 2.4-15　例 2.4-3 配筋图

因板所处环境为 I 类环境，因此保护层厚度 $c = 20\ \text{mm}$，实际

$$a_s = 20 + \frac{11.6}{2} = 25.8\ \text{mm}$$

板的实际有效高度

$$h_0 = h - a_s = 80 - 25.8 = 54.2 \text{ mm}$$

截面的配筋率

$$\rho = \frac{A_s}{bh_0} = \frac{524}{1\,000 \times 54.2} = 0.97\% > 0.2\%$$

且

$$\rho > \rho_{\min} = 45\frac{f_{td}}{f_{sd}}\% = 45 \times \frac{1.39}{250} = 0.25\%$$

满足最小配筋率的要求。

实际受压区高度

$$x = \frac{f_{sd}A_s}{f_{cd}b} = \frac{330 \times 524}{13.8 \times 1\,000} = 12.53 \text{ mm} < \xi_b h_0 = 0.53 \times 54.2 = 28.73 \text{ mm}$$

截面所能承受的弯矩为

$$M_u = f_{cd}bx\left(h_0 - \frac{x}{2}\right) = 13.8 \times 1\,000 \times 12.53 \times \left(54.2 - \frac{12.53}{2}\right) = 8\,288.63 \text{ N} \cdot \text{m}$$
$$> \gamma_0 M_d = 1.0 \times 8\,212.5 = 8\,212.5 \text{ N} \cdot \text{m}$$

所以，该构件正截面承载力满足要求。

四、课外加油站

适筋梁正截面受弯三个受力阶段

五、思想政治素质养成

（1）板是结构工程中不可或缺的组成部分，也是结构设计中必须掌握的部分。板的设计计算要从它的构造要求和承载力两方面入手，设计出的板既要满足承载力要求，又要满足规范中对板的构造规定。在讲解板的设计计算过程中时刻提醒学生每一个步骤对应的规范中的相关规定，潜移默化地培养学生的行业标准意识和规范意识，使学生具有严谨务实的工作态度。

（2）单筋矩形截面梁是梁结构中最基本的形式，其他形式梁的设计计算均是在矩形截面基础上演变而来的，因此掌握了单筋矩形截面梁的设计计算才能为后续双筋矩形截面、T形截面乃至箱形截面的设计计算做好充分的知识准备。通过单筋矩形截面设计思路及设计实例的讲解强化学生标准的设计意识。

六、任务分配和任务工作单

学生任务分配表

班级：　　　　　组号：　　　　　组长：　　　　　指导老师：

组员	任务分工	组员	任务分工

任务工作单 1

姓名：	学号：	日期：

（1）准确表述并解释正截面承载力计算的基本假定。

（2）理解并根据受力原理写出单筋矩形截面承载力的计算公式及适用条件。

任务工作单 2

姓名：	学号：	日期：

绘制单筋矩形截面梁设计流程图。

任务工作单 3

姓名：	学号：	日期：

已知矩形梁截面尺寸 $b \times h = 250 \text{ mm} \times 500 \text{ mm}$，环境类别为Ⅰ类，安全等级为二级，弯矩设计值为 $M_d = 120 \text{ kN} \cdot \text{m}$，混凝土强度等级为 C30，钢筋采用 HRB400 级钢筋。试配置受拉钢筋并复核其截面承载力。

七、评价反馈

评价反馈表

姓名：		组号：		组长：			指导老师：		
评价指标	评价内容		分值	个人自评（20%）	组内互评（20%）	组间互评（20%）	教师评价（40%）	综合评价	
信息检索能力	能有效利用网络、图书资源查找有用的相关信息等，能将查到的信息有效地利用到学习中		10分						
课堂感知力	是否熟悉结构设计流程，认同工作价值？在学习中是否能获得满足感？课堂氛围如何？		10分						
参与度、交流沟通	是否积极主动与教师、同学交流，相互尊重、理解？与教师、同学之间是否能够保持多向、丰富、适宜的信息交流？		10分						
	能处理好合作学习和独立思考的关系，做到有效学习；能提出有意义的问题或能发表个人见解		10分						
知识、能力获得情况	理解并掌握正截面承载力计算的基本假设		10分						
	理解受压区混凝土等效应力图的意义		5分						
	能进行单筋矩形截面设计计算		20分						
	能进行单筋矩形截面承载力复核		15分						
思维态度	是否能发现问题、提出问题、分析问题、解决问题、创新问题？		5分						
自评反思	按时按质完成任务；较好地掌握了知识点；具有较强的信息分析能力和理解能力；具有较为全面严谨的思维能力，并能条理清楚明晰地表达成文		5分						
反思改进									

任务三　双筋矩形截面受弯构件计算

一、学习目标

1. 知识目标

（1）掌握双筋矩形截面受弯构件截面设计。
（2）掌握双筋矩形截面受弯构件截面承载力复核。

2. 能力目标

（1）能进行双筋矩形截面受弯构件截面设计。
（2）能进行双筋矩形截面受弯构件截面承载力复核。

3. 思政目标

（1）培养遵守规范的严谨工作精神。
（2）培养安全意识。

二、任务重、难点

1. 重　点

（1）双筋矩形截面的判定。
（2）双筋矩形截面受弯构件截面设计。
（3）双筋矩形截面受弯构件截面承载力复核。

2. 难　点

双筋矩形截面的判定。

三、知识链接

（一）双筋矩形截面概述

单筋矩形截面梁通常是这样配筋的：在正截面的受拉区配置纵向受拉钢筋，在受压区配置纵向架立筋，再用箍筋把它们一起绑扎成钢筋骨架。其中，受压区的纵向架立钢筋虽然受压，但对正截面受弯承载力的贡献很小，所以只在构造上起架立钢筋的作用，计算中不予考虑。若在受压区配置的纵向受压钢筋数量较多，不仅起架立钢筋的作用，而且在正截面受弯承载力的计算中必须考虑其作用，则这样配筋的截面称为双筋截面。然而，在正截面受弯构件中，配置受压钢筋来协助混凝土共同承受压力是不经济的。但纵向受压钢筋对截面延性、抗裂性、变形等均是有利的。因而从承载力计算角度出发，双筋截面只适用于以下情况：

（1）矩形截面承受的弯矩很大，按单筋矩形截面进行设计计算所得的受压区高度 $x > \xi_b h_0$，而梁截面尺寸受到限制不能增大，混凝土强度等级又不能提高时。

（2）在不同荷载组合情况下，梁截面承受了异号弯矩。

(二）基本计算公式及适用条件

1. 基本计算公式

双筋矩形截面受弯构件的正截面受弯承载力计算简图如图 2.4-16 所示。

双筋矩形截面受弯构件
正截面承载力计算

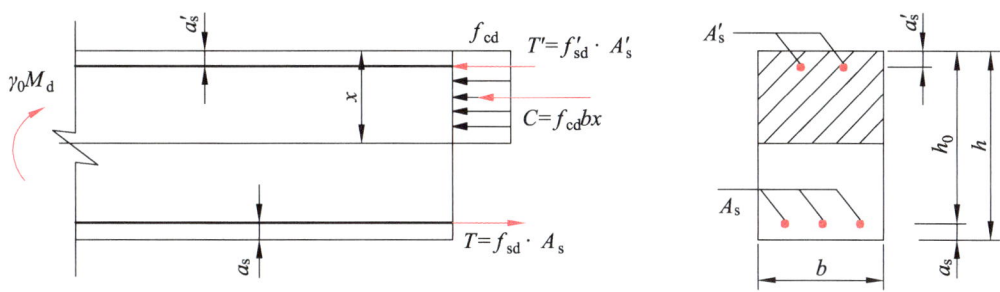

图 2.4-16　双筋矩形截面受弯构件正截面承载力计算简图

由截面上水平方向内力之和为零的平衡条件，得

$$f_{cd}bx + f'_{sd}A'_s = f_{sd}A_s \tag{2.4-8}$$

由截面上各内力对受压钢筋合力作用点产生的力矩大于等于梁承受的弯矩设计值的平衡条件，得

$$\gamma_0 M_d \leq M_u = -f_{cd}bx\left(\frac{x}{2} - a'_s\right) + f_{sd}A_s(h_0 - a'_s) \tag{2.4-9}$$

由截面上各内力对受拉钢筋合力作用点产生的力矩大于等于梁承受的弯矩设计值的平衡条件，得

$$\gamma_0 M_d \leq M_u = f_{cd}bx\left(h_0 - \frac{x}{2}\right) + f'_{sd}A'_s(h_0 - a'_s) \tag{2.4-10}$$

式中：f'_{sd}——纵向普通钢筋抗压强度设计值；

A'_s——受压区纵向钢筋截面面积；

a'_s——受压区钢筋合力作用点至截面受压边缘的距离。

2. 适用条件

（1）$x \leq \xi_b h_0$。此条件表示双筋截面梁不属于超筋破坏范围。

（2）$x \geq 2a'_s$。此条件表示受压区钢筋必须有合理的摆放位置，即受压钢筋合力作用点不低于受压区混凝土应力矩形图形的重心。若 $x < 2a'_s$ 则表明受压钢筋的位置离中性轴太近，受压钢筋的应变就会太小，以致其应力达不到抗压强度设计值，就会造成钢筋的浪费。

此外，在计算中若考虑受压钢筋作用时，应按规范规定将箍筋做成封闭式，并保证其间距不应大于 15d（d 为受压钢筋最小直径）。否则，纵向受压钢筋可能发生纵向弯曲（压屈）而向外凸出，引起保护层剥落甚至使受压混凝土过早发生脆性破坏。

注意：双筋矩形截面的配筋率往往较高，一般均能满足最小配筋率的要求，因此可不再验算最小配筋率。

(三) 计算方法

1. 截面设计

双筋矩形截面梁的截面设计，一般是已知截面尺寸等条件，求受压钢筋和受拉钢筋。有时因构造要求，受压钢筋截面面积已知，只需要求受拉钢筋。

（1）情况 1。

已知：截面尺寸 $b \times h$，混凝土及钢筋强度等级，弯矩设计值 M_d，结构安全等级及环境类别。求：受压钢筋 A_s' 和受拉钢筋 A_s。

计算步骤：

① 假设 a_s 和 a_s'，求得 $h_0 = h - a_s$。

② 验证是否需要采用双筋截面。

验证 $\gamma_0 M_d > f_{cd} b h_0^2 \xi_b (1 - 0.5\xi_b)$ 是否成立。

当 $\gamma_0 M_d > f_{cd} b h_0^2 \xi_b (1 - 0.5\xi_b)$（即受压区高度 x 取其能取的最大高度 $\xi_b h_0$ 时，截面内的抵抗弯矩值仍小于需承载的弯矩设计值）时，需要采用双筋截面（说明单靠受压区混凝土不能满足截面抗压需求）；当 $\gamma_0 M_d \leq f_{cd} b h_0^2 \xi_b (1 - 0.5\xi_b)$ 时，按单筋矩形截面设计即可。

③ 求 A_s'。此时基本公式中共有 3 个未知量——x、A_s 及 A_s'，无法直接由基本公式求得任何一个量值。从不浪费材料的角度出发，使截面内所配的钢筋总截面面积（$A_s + A_s'$）最小，那么在设计时就要落实：截面内的压力尽量由受压区混凝土承担，混凝土承担不完的压力再配以受压钢筋来协助承担，因此取 $x = \xi_b h_0$（受压区高度取其能取的最大值，即让受压区面积尽可能最大）。

由基本公式 $\gamma_0 M_d \leq M_u = f_{cd} b x \left(h_0 - \dfrac{x}{2} \right) + f_{sd}' A_s' (h_0 - a_s')$，得

$$A_s' = \frac{\gamma_0 M_d - f_{cd} b x \left(h_0 - \dfrac{x}{2} \right)}{f_{sd}' (h_0 - a_s')}$$

将 $x = \xi_b h_0$ 代入即可求得受压区最少需要的钢筋总面积 A_s'。

④ 将求得的 A_s' 和 $x = \xi_b h_0$ 值再代入式 $f_{cd} b x + f_{sd}' A_s' = f_{sd} A_s$ 求出受拉区钢筋截面面积

$$A_s = \frac{f_{cd} b x + f_{sd}' A_s'}{f_{sd}}$$

⑤ 根据求出的 A_s' 和 A_s 值，结合表 2.3-2 分别选择受压区和受拉区钢筋合适的直径和根数，并进行截面钢筋布置。

（2）情况 2。

已知：截面尺寸 $b \times h$，混凝土及钢筋强度等级，弯矩设计值 M_d，受压钢筋 A_s'，结构安全等级及环境类别。求：受拉钢筋 A_s。

设计步骤：

① 假设 a_s，求得 $h_0 = h - a_s$。根据实际的 A_s' 确定 $a_s' = c + \dfrac{d}{2}$。

② 将已知各值代入基本公式 $\gamma_0 M_d \leqslant M_u = f_{cd}bx\left(h_0 - \dfrac{x}{2}\right) + f'_{sd}A'_s(h_0 - a'_s)$，求得受压区高度

$$x = h_0 - \sqrt{h_0^2 - \dfrac{2[\gamma_0 M_d - f'_{sd}A'_s(h_0 - a'_s)]}{f_{cd}b}}$$

③ 若求得的 $x < 2a'_s$（说明受压钢筋的合力作用点低于受压区混凝土的合力作用点，受压钢筋抗压强度得不到充分利用），取 $x = 2a'_s$（使受压钢筋的合力作用点至少平齐于受压区混凝土的合力作用点），则由基本公式 $\gamma_0 M_d \leqslant M_u = -f_{cd}bx\left(\dfrac{x}{2} - a'_s\right) + f_{sd}A_s(h_0 - a'_s)$，可得

$$A_s = \dfrac{\gamma_0 M_d}{f_{sd}(h_0 - a'_s)}$$

若求得的 A_s 值比按单筋截面计算求得的 A_s 还要大，则应重新按单筋截面确定受拉钢筋截面面积 A_s，以节约钢材。

④ 若 $2a'_s \leqslant x \leqslant \xi_b h_0$，则直接代入基本公式 $f_{cd}bx + f'_{sd}A'_s = f_{sd}A_s$，求得

$$A_s = \dfrac{f_{cd}bx + f'_{sd}A'_s}{f_{sd}}$$

⑤ 若 $x > \xi_b h_0$，说明受压钢筋截面面积 A'_s 配置过少，应按受压钢筋未知的条件如情况 1 重新设计计算。

⑥ 根据求出的 A'_s 和 A_s 值，结合表 2.4-4 分别选择受压区和受拉区钢筋合适的直径和根数，并进行截面钢筋布置。

2. 截面复核

已知：截面尺寸 $b \times h$，混凝土及钢筋强度等级，受拉钢筋 A_s 及受压钢筋 A'_s，结构安全等级及环境类别。求：正截面受弯承载力 M_u。

复核步骤：

（1）检查钢筋布置是否符合规范规定的构造要求。

（2）计算受压区高度 x。

$$x = \dfrac{f_{sd}A_s - f'_{sd}A'_s}{f_{cd}b}$$

（3）根据所求得的 x 值大小，分 3 种情况复核正截面承载力。

① 当 $2a'_s \leqslant x \leqslant \xi_b h_0$ 时，采用下式复核：

$$\gamma_0 M_d \leqslant M_u = f_{cd}bx\left(h_0 - \dfrac{x}{2}\right) + f'_{sd}A'_s(h_0 - a'_s)$$

② 当 $x < 2a'_s$ 时，取 $x = 2a'_s$，采用下式复核：

$$\gamma_0 M_d \leqslant M_u = f_{sd}A_s(h_0 - a'_s)$$

③ 当 $x > \xi_b h_0$ 时，取 $x = \xi_b h_0$，采用下式复核：

$$\gamma_0 M_d \leqslant M_u = f_{cd}bh_0^2\xi_b(1 - 0.5\xi_b) + f'_{sd}A'_s(h_0 - a'_s)$$

（四）应用实例

【例 2.4-4】 已知钢筋混凝土矩形截面梁的尺寸为 $b \times h = 200 \text{ mm} \times 500 \text{ mm}$，混凝土强度等级为 C35，钢筋采用 HRB400 级，截面弯矩设计值 $M_d = 300 \text{ kN} \cdot \text{m}$，环境类别为 I 类，安全等级为一级。试进行截面配筋并复核截面承载力。

双筋矩形截面受弯构件正截面承载力计算习题

【解】 假设受拉钢筋两排布置，设 $a_s = 65 \text{ mm}$，$a_s' = 30 \text{ mm}$。

查表得 $\gamma_0 = 1.1$，$f_{cd} = 16.1 \text{ N/mm}^2$，$f_{sd} = f_{sd}' = 330 \text{ N/mm}^2$，$\xi_b = 0.53$。则

$$h_0 = h - a_s = 500 - 65 = 435 \text{ (mm)}$$

验证是否需要采用双筋截面：

$$M_u = f_{cd} b h_0^2 \xi_b (1 - 0.5\xi_b) = 16.1 \times 200 \times 435^2 \times 0.53 \times (1 - 0.5 \times 0.53) = 237\ 355 \text{ N} \cdot \text{m}$$
$$= 237.355 \text{ kN} \cdot \text{m} < \gamma_0 M_d = 1.1 \times 300 = 330 \text{ kN} \cdot \text{m}$$

应设计成双筋矩形截面。

取 $x = \xi_b h_0 = 0.53 \times 435 = 230.55 \text{ mm}$，代入公式 $\gamma_0 M_d \leqslant M_u = f_{cd} b x \left(h_0 - \dfrac{x}{2} \right) + f_{sd}' A_s' (h_0 - a_s')$，得

$$A_s' = \frac{\gamma_0 M_d - f_{cd} b x \left(h_0 - \dfrac{x}{2} \right)}{f_{sd}' (h_0 - a_s')} = \frac{1.1 \times 300 \times 10^6 - 16.1 \times 200 \times 230.55 \times (435 - 230.55/2)}{330 \times (435 - 30)}$$
$$= 693 \text{ mm}^2$$

$$A_s = \frac{f_{cd} b x + f_{sd}' A_s'}{f_{sd}} = \frac{16.1 \times 200 \times 230.55 + 330 \times 693}{330} = 2\ 943 \text{ mm}^2$$

查表 2.3-2，受拉钢筋选用 6⏀25 的钢筋，$A_s = 2\ 945 \text{ mm}^2$。受压钢筋选用 3⏀18 的钢筋，$A_s' = 763 \text{ mm}^2$。钢筋布置如图 2.4-17 所示。

受拉钢筋布置成两排，则其钢筋水平净距

$$S_n = \frac{200 - 2 \times 20 - 3 \times 28.4}{2} = 37.4 \text{ mm} > 30 \text{ mm}$$

受压钢筋布置成一排，则其钢筋水平净距

$$S_n = \frac{200 - 2 \times 20 - 3 \times 20.5}{2} = 49.25 \text{ mm} > 30 \text{ mm}$$

$$a_s' = 20 + \frac{20.5}{2} = 30.25 \text{ mm}$$

满足构造要求。

$$a_s = 20 + 28.4 + \frac{30}{2} = 63.4 \text{ mm}$$

满足构造要求。

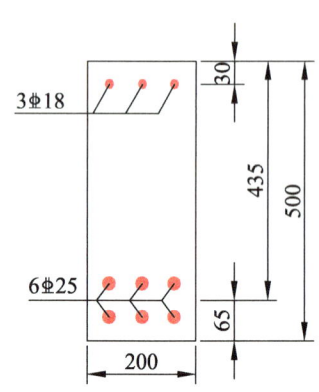

图 2.4-17 例 2.4-4 配筋图

截面复核：
实际截面有效高度

$$h_0 = h - a_s = 500 - 63.4 = 436.6 \text{ mm}$$

则

$$x = \frac{f_{sd}A_s - f'_{sd}A'_s}{f_{cd}b} = \frac{330 \times 2\,945 - 330 \times 763}{16.1 \times 200} = 223.62 \text{ mm}$$

$$2a'_s = 2 \times 30.25 = 60.5 \text{ mm}$$

$$\xi_b h_0 = 0.53 \times 436.6 = 231.40 \text{ mm}$$

$$2a'_s < x < \xi_b h_0$$

则

$$M_u = f_{cd}bx\left(h_0 - \frac{x}{2}\right) + f'_{sd}A'_s(h_0 - a'_s)$$
$$= 16.1 \times 200 \times 223.62 \times (436.6 - 223.62/2) + 330 \times 763 \times (436.6 - 30.25)$$
$$= 336.182 \text{ kN} \cdot \text{m} > \gamma_0 M_d = 1.1 \times 300 = 330 \text{ kN} \cdot \text{m}$$

截面承载力满足要求。

【例 2.4-5】 已知钢筋混凝土矩形截面梁的尺寸为 $b \times h = 200 \text{ mm} \times 500 \text{ mm}$，混凝土强度等级为 C30，钢筋采用 HRB400 级，截面弯矩设计值 $M_d = 280 \text{ kN} \cdot \text{m}$，环境类别为 I 类，安全等级为二级。在受压区已配置 2⌀20 钢筋，$A'_s = 628 \text{ mm}^2$。试配置受拉钢筋 A_s。

【解】 假设 $a_s = 65 \text{ mm}$，$a'_s = 20 + \frac{22.7}{2} = 31.35 \text{ mm}$。

查表得 $\gamma_0 = 1.0$，$f_{cd} = 13.8 \text{ N/mm}^2$，$f_{sd} = f'_{sd} = 330 \text{ N/mm}^2$，$\xi_b = 0.53$。

则 $h_0 = h - a_s = 500 - 65 = 435 \text{ mm}$

由基本公式（2.4-10），得

$$x = h_0 - \sqrt{h_0^2 - \frac{2[\gamma_0 M_d - f'_{sd}A'_s(h_0 - a'_s)]}{f_{cd}b}}$$
$$= 435 - \sqrt{435^2 - \frac{2 \times [1.0 \times 280 \times 10^6 - 330 \times 628 \times (435 - 31.35)]}{13.8 \times 200}} = 218.33 \text{ mm}$$

$$2a'_s = 2 \times 31.35 = 62.7 \text{ mm}$$

$$\xi_b h_0 = 0.53 \times 435 = 230.55 \text{ mm}$$

$$2a'_s < x < \xi_b h_0$$

则

$$A_s = \frac{f_{cd}bx + f'_{sd}A'}{f_{sd}} = \frac{13.8 \times 200 \times 218.33 + 330 \times 628}{330} = 2\,454 \text{ mm}^2$$

受拉钢筋选用4Φ28，$A_s = 2\,463 \text{ mm}^2$。钢筋布置如图2.4-18所示。

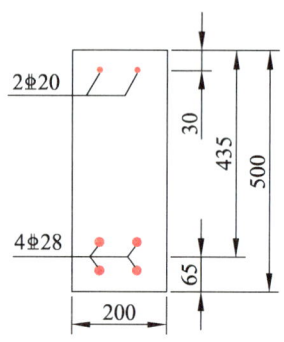

图2.4-18　例2.4-5配筋图

受拉钢筋布置成两排，则其钢筋水平净距

$$S_n = 200 - 2 \times 20 - 2 \times 31.6 = 96.8 \text{ mm} > 30 \text{ mm}$$

四、课外加油站

在不同的荷载组合情况下，什么时候配置双筋梁？

五、思想政治素质养成

双筋矩形截面，在受压区配置受力钢筋是为了帮助混凝土共同抗压，也就是说在设计时，抗压的主要任务还是由混凝土承担，混凝土用尽全力抵抗不了的压力再由受压钢筋来帮忙。在教学过程中，通过讲解这个思路和原理使学生充分理解双筋矩形截面的设计思路，从而培养学生在保证结构安全可靠的前提下节约成本的设计理念。

六、任务分配和任务工作单

学生任务分配表

班级：　　　　　组号：　　　　　组长：　　　　　指导老师：

组员	任务分工	组员	任务分工

任务工作单1

姓名：	学号：	日期：

（1）为什么要在受压区配置受力钢筋？

（2）理解并根据受力原理写出双筋矩形截面承载力的计算公式及适用条件。

任务工作单 2

| 姓名: | 学号: | 日期: |

绘制双筋矩形截面梁设计流程图。

任务工作单 3

姓名：	学号：	日期：

已知矩形梁截面尺寸 $b \times h = 250 \text{ mm} \times 550 \text{ mm}$，环境类别为 I 类，安全等级为一级，弯矩设计值为 $M_d = 450 \text{ kN} \cdot \text{m}$，混凝土强度等级为 C30，钢筋采用 HRB400 级钢筋。试进行截面配筋并复核其截面承载力。

七、评价反馈

评价反馈表

姓名:		组号:		组长:			指导老师:		
评价指标	评价内容			分值	个人自评（20%）	组内互评（20%）	组间互评（20%）	教师评价（40%）	综合评价
信息检索能力	能有效利用网络、图书资源查找有用的相关信息等，能将查到的信息有效地利用到学习中			10分					
课堂感知力	是否熟悉结构设计流程，认同工作价值？在学习中是否能获得满足感？课堂氛围如何？			10分					
参与度、交流沟通	是否积极主动与教师、同学交流，相互尊重、理解？与教师、同学之间是否能够保持多向、丰富、适宜的信息交流？			10分					
	能处理好合作学习和独立思考的关系，做到有效学习；能提出有意义的问题或能发表个人见解			10分					
知识、能力获得情况	能准确描述双筋矩形截面的适用情况			10分					
	能进行两种情况的双筋矩形截面设计计算			25分					
	能进行双筋矩形截面的截面复核			15分					
思维态度	是否能发现问题、提出问题、分析问题、解决问题、创新问题？			5分					
自评反思	按时按质完成任务；较好地掌握了知识点；具有较强的信息分析能力和理解能力；具有较为全面严谨的思维能力，并能条理清楚明晰地表达成文			5分					
反思改进									

任务四　单筋 T 形截面受弯构件计算

一、学习目标

1. 知识目标

（1）掌握两类 T 形梁的判断方法。
（2）掌握 T 形截面梁的设计计算方法。
（3）掌握 T 形截面梁的复核方法。

2. 能力目标

（1）会进行 T 形截面梁的设计计算。
（2）会进行 T 形截面梁的复核。

3. 思政目标

培养学生严谨的设计理念。

二、任务重、难点

1. 重　点

（1）T 形截面梁的设计计算。
（2）T 形截面梁的复核。

2. 难　点

第二类 T 形截面梁的设计计算。

T 形截面受弯构件
正截面承载力计算概述

三、知识链接

（一）T 形截面概述

受弯构件在设计计算时，受拉区混凝土抗拉强度较小（与钢筋相比），其作用可忽略不计，因此可将受拉区混凝土挖去一部分[图 2.4-19（a）]，再将原有的纵向受拉钢筋集中布置在梁肋中，此时，截面的承载力计算值与原有矩形截面完全相同。这样既能节约混凝土又可减轻结构自重。剩下的梁就成为由梁肋（$b \times h$）及挑出翼缘（$b'_f - b$）$\times h'_f$ 两部分所组成的 T 形截面。

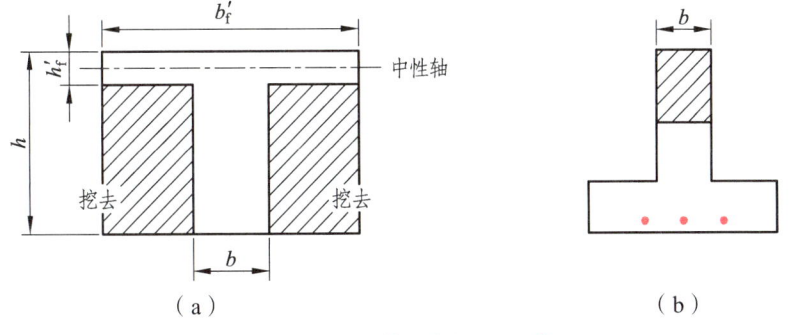

图 2.4-19　T 形截面与倒 T 形截面

在结构设计中，判断一个截面是否属于 T 形截面，不是单看其截面形状，而主要看翼缘是否在受压区。若翼缘在梁的受拉区，即如图 2.4-19（b）所示的倒 T 形截面梁，当受拉区的混凝土开裂后，翼缘对承载力就不再起作用，这种梁并不属于 T 形截面梁。相反，I 形、箱形和空心板等在受弯时，混凝土受压区形状与 T 形截面相似，均可按 T 形截面梁的设计思路设计计算。

（二）T 形截面梁受压翼缘的有效宽度

由试验和理论分析知，T 形截面梁受力后，翼缘上的纵向压应力是不均匀分布的。离梁肋越远压应力越小，故在设计中把翼缘限制在一定范围内，称为翼缘的有效宽度 b'_f，并假定在 b'_f 范围内压应力是均匀分布的（图 2.4-20）。

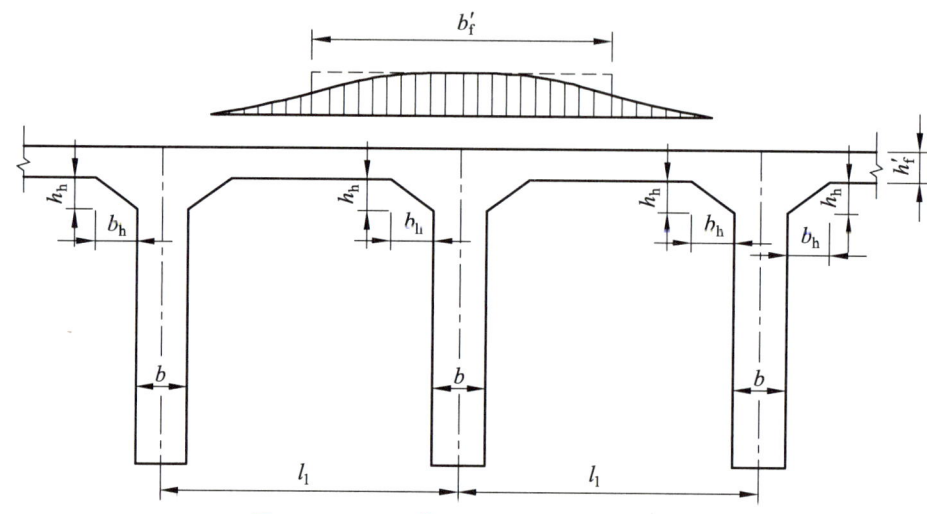

图 2.4-20　T 形截面梁受压翼缘有效宽度

《桥规》规定，T 形和 I 形截面梁受压翼缘的有效宽度 b'_f 应按下列规定采用：

（1）内梁取下列三者中的最小值：

① 对于简支梁，取计算跨径的 1/3。对于连续梁，各中间跨正弯矩区段，取该计算跨径的 0.2 倍；边跨正弯矩区段，取该跨计算跨径的 0.27 倍；各中间支点负弯矩区段，取该支点相邻两计算跨径之和的 0.07 倍。

② 相邻两梁的平均间距。

③ $(b+2b_h+12h'_f)$，此处，b 为梁腹板宽度，b_h 为承托长度，h'_f 为受压区翼缘悬出板的厚度。当 $h_h/b_h<1/3$ 时，式中 b_h 应以 $3h_h$ 代替，此处 h_h 为承托根部厚度。

（2）外梁取相邻内梁翼缘有效宽度的一半，加上腹板宽度的 1/2，再加上外侧悬臂板平均厚度的 6 倍或外侧悬臂板实际宽度两者中的较小者。

（三）类型判定

T 形梁在计算时，按中性轴位置不同，可分为两种类型：

（1）第一种类型：中性轴在翼缘内，即 $x \leq h'_f$。

（2）第二种类型：中性轴在梁肋内，即 $x > h'_f$。

为了鉴别 T 形截面属于哪一种类型，首先分析图 2.4-21 所示 $x=h'_f$ 的特殊情况。由力的平衡条件，可得

$$f_{cd}b'_f h'_f = f_{sd}A_s$$

由力矩平衡条件，可得

$$M_u = f_{cd}b'_f h'_f \left(h_0 - \frac{h'_f}{2}\right)$$

式中：b'_f——T 形截面受弯构件受压区的翼缘宽度；
$\qquad h'_f$——T 形截面受弯构件受压区的翼缘高度。

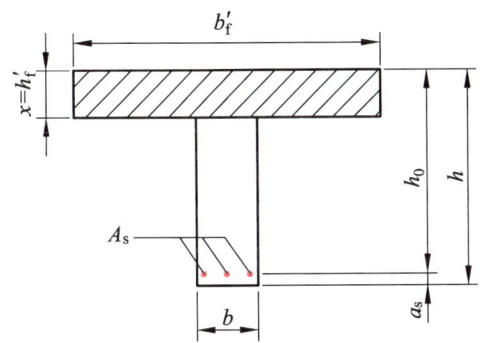 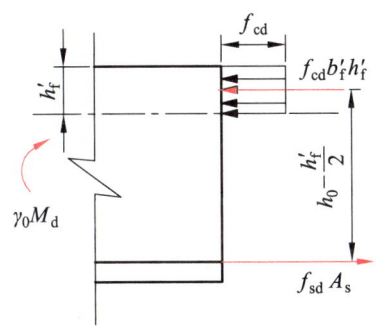

图 2.4-21　$x=h'_f$ 的 T 形截面

此状态即为两类 T 形截面的分界点。因此，截面判定方式如下：
截面设计阶段，因 A_s 未知，用下列公式判定：
第一类 T 形截面

$$\gamma_0 M_d \leqslant f_{cd}b'_f h'_f \left(h_0 - \frac{h'_f}{2}\right) \qquad (2.4\text{-}11)$$

第二类 T 形截面

$$\gamma_0 M_d > f_{cd}b'_f h'_f \left(h_0 - \frac{h'_f}{2}\right) \qquad (2.4\text{-}12)$$

强度复核阶段，A_s 已知，用下列公式判定：
第一类 T 形截面

$$f_{sd}A_s \leqslant f_{cd}b'_f h'_f \qquad (2.4\text{-}13)$$

第二类 T 形截面

$$f_{sd}A_s > f_{cd}b'_f h'_f \qquad (2.4\text{-}14)$$

（四）计算公式及适用条件

1. 第一类 T 形截面

（1）计算公式。
由图 2.4-22 可见，这种类型与梁宽为 b'_f 的矩形梁完全相同。

第一类 T 形截面受弯构件正截面承载力计算

这是因为受压区形状仍为矩形，而受拉区形状与承载力计算无关。则根据力的平衡条件及力矩平衡条件，得基本计算公式为：

$$f_{cd}b'_f x = f_{sd}A_s \quad (2.4\text{-}15)$$

$$\gamma_0 M_d \leqslant M_u = f_{cd}b'_f x\left(h_0 - \frac{x}{2}\right) \quad (2.4\text{-}16)$$

$$\gamma_0 M_d \leqslant M_u = f_{sd}A_s\left(h_0 - \frac{x}{2}\right) \quad (2.4\text{-}17)$$

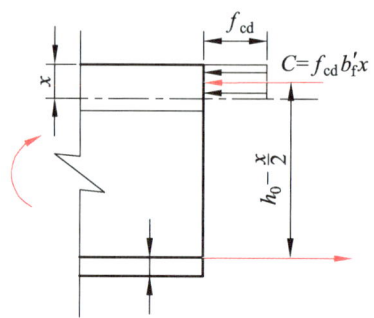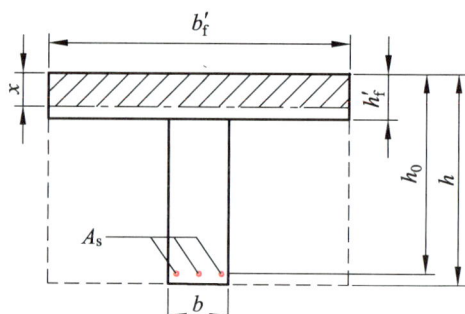

图 2.4-22　第一类 T 形截面梁

（2）适用条件：

① $x \leqslant \xi_b h_0$，因为 $\xi = x/h_0 \leqslant h'_f/h_0$，而一般 h'_f/h_0 较小，故通常均可满足 $\xi \leqslant \xi_b$ 的条件，不必验算。

② $\rho \geqslant \rho_{min}$，必须注意，此处 ρ 是对梁肋部计算的，即 $\rho = \dfrac{A_s}{bh_0}$，不是相对于 $b'_f h_0$ 的配筋率。

2. 第二类 T 形截面

（1）计算公式。

由图 2.4-23 可见，第二种类型的 T 形截面，中性轴在腹板内，受压区为一 T 形。则根据力的平衡条件及力矩平衡条件，得基本计算公式为：

$$f_{cd}(b'_f - b)h'_f + f_{cd}bx = f_{sd}A_s \quad (2.4\text{-}18)$$

$$\gamma_0 M_d \leqslant M_u = f_{cd}(b'_f - b)h'_f\left(h_0 - \frac{h'_f}{2}\right) + f_{cd}bx\left(h_0 - \frac{x}{2}\right) \quad (2.4\text{-}19)$$

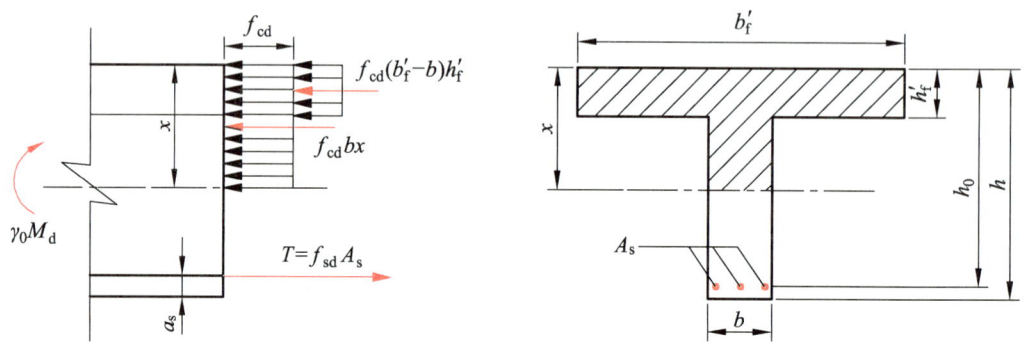

图 2.4-23　第二类 T 形截面梁

（2）适用条件：

① $x \leqslant \xi_b h_0$，这和单筋矩形受弯构件一样，是为了保证破坏始自受拉钢筋的屈服，即不是超筋梁。

② $\rho \geqslant \rho_{\min}$，因第二类 T 形截面的配筋率较高，一般均能满足此条件，可不必验算。

（五）计算方法

1. 截面设计

一般截面尺寸已知，求受拉钢筋截面面积 A_s。即已知：截面尺寸（b、h、b_f'、h_f'）、材料强度（f_{cd}、f_{sd}）、截面弯矩设计值（$\gamma_0 M_d$），求受拉钢筋截面面积 A_s。

计算步骤：

（1）假设 a_s。对于空心板等截面，一般采用的是绑扎钢筋骨架，因此可根据等效 I 形截面下翼缘厚度 h，在实际截面中布置一层或两层钢筋来假设 a_s 值。对于预制或现浇 T 形梁，往往多采用焊接钢筋骨架，由于多层钢筋的叠高一般不超过 $(0.15 \sim 0.2)h$，因此，可假设 $a_s = 30 \text{ mm} + (0.07 \sim 0.1)h$。即可得截面有效高度 $h_0 = h - a_s$。

（2）鉴定 T 形截面类型。先求出翼缘板的有效计算宽度 b_f'，再代入 $f_{cd} b_f' h_f' \left(h_0 - \dfrac{h_f'}{2} \right)$ 求解，判断满足式（2.4-11）还是式（2.4-12）。如前所述，满足式（2.4-11）说明是第一类 T 形截面，满足式（2.4-12）说明是第二类 T 形截面。

（3）若判定为第一类 T 形截面，则其计算方法与截面尺寸为 $b_f' \times h$ 的单筋矩形梁完全相同，即先求出受压区高度 x，再求所需的受拉钢筋面积 A_s（具体方法参考单筋矩形截面设计）。

（4）若判定为第二类 T 形截面，则将各已知量值代入 $\gamma_0 M_d \leqslant M_u = f_{cd}(b_f' - b) h_f' \left(h_0 - \dfrac{h_f'}{2} \right) + f_{cd} b x \left(h_0 - \dfrac{x}{2} \right)$ 解出 x 值，并且满足 $h_f' \leqslant x \leqslant \xi_b h_0$，再将各已知值及求得的 x 值代入 $f_{cd}(b_f' - b) h_f' + f_{cd} b x = f_{sd} A_s$，即可求得所需受拉钢筋的面积。

（5）参考钢筋截面面积、质量表选取钢筋直径和数量，并按照构造要求进行布置。

2. 截面复核

已知：受拉钢筋截面面积、数量及钢筋布置、截面尺寸和材料强度级别，外荷载作用的弯矩值 $\gamma_0 M_d$，要求对该截面的抗弯承载力进行复核（即验证是否满足 $\gamma_0 M_d \leqslant M_u$）。

步骤：

（1）检查钢筋布置是否符合规范规定的构造要求。

（2）判别 T 形截面类型：先求截面有效计算宽度 b_f'，然后利用 $f_{sd} A_s$ 与 $f_{cd} b_f' h_f'$ 的大小关系判断属于哪一类 T 形截面［参照式（2.4-13）及式（2.4-14）］。

（3）当判定为第一类 T 形截面时，按截面尺寸为 $b_f' \times h$ 的单筋矩形梁的计算方法求 M_u。

（4）当判定为第二类 T 形截面时，利用公式 $f_{cd}(b_f' - b) h_f' + f_{cd} b x = f_{sd} A_s$ 先求出 x 值。若 $x \leqslant \xi_b h_0$，则将 x 值代入 $\gamma_0 M_d \leqslant M_u = f_{cd}(b_f' - b) h_f' \left(h_0 - \dfrac{h_f'}{2} \right) + f_{cd} b x \left(h_0 - \dfrac{x}{2} \right)$，即可求出 M_u 值；若 $x > \xi_b h_0$，则取 $x = \xi_b h_0$，代入前式求得 M_u。

（5）当 $M_u \geq \gamma_0 M_d$，则满足截面承载力要求；否则不满足要求。

但当 M_u 大于 $\gamma_0 M_d$ 过多时，该截面设计也是不经济的，需考虑重新设计。

第一类 T 形截面受弯构件
正截面承载力计算习题

（六）应用实例

【例 2.4-6】 已知一钢筋混凝土装配式简支 T 形梁，计算跨径 $L = 15.6$ m，相邻两梁中心距为 1.6 m，混凝土强度等级为 C30，主筋为 HRB400 钢筋，该梁尺寸如图 2.4-24 所示，内力见表 2.4-5，结构处于 I 类环境条件，安全等级一级。试选择钢筋并复核。

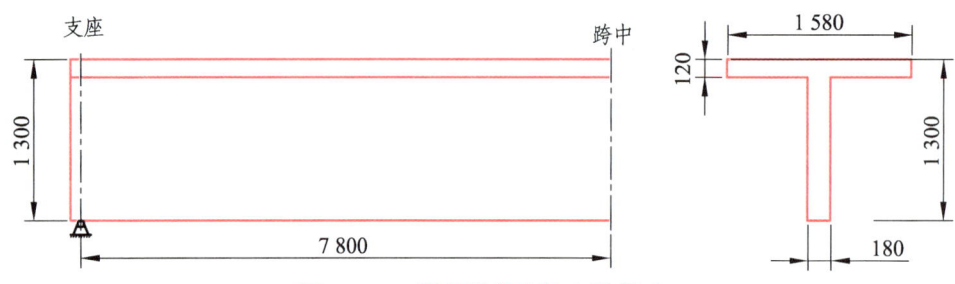

图 2.4-24 钢筋混凝土简支梁尺寸

表 2.4-5 梁截面内力值

内力		荷载		
		$L/2$	$L/4$	支点处
剪力标准值/kN	自重、恒载	0	93.8	181.5
	汽车	63.1	115.6	187.14
弯矩标准值/(kN·m)	自重、恒载	982.5	737.2	0
	汽车	774.8	609.2	0

注：剪力按直线分布，弯矩按二次抛物线分布。

【解】 （1）内力组合值计算

V_d/kN	$V_{dL/2} = 1.2 \times 0 + 1.4 \times 63.1 = 88.3$
	$V_{dL/4} = 1.2 \times 93.8 + 1.4 \times 115.6 = 274.4$
	$V_{d0} = 1.2 \times 181.5 + 1.4 \times 187.14 = 479.8$
M_d/(kN·m)	$M_{dL/2} = 1.2 \times 982.5 + 1.4 \times 774.8 = 2\,263.72$
	$M_{dL/4} = 1.2 \times 737.2 + 1.4 \times 609.2 = 1\,737.2$

（2）T 形截面受压翼板有效宽度 b_f' 计算。

根据规范要求，b_f' 取下列三者间的小者：

$$b_{f1}' = \frac{1}{3}L = \frac{1}{3} \times 21\,600 = 7\,200 \text{ mm}$$

$$b_{f2}' = 1\,600 \text{ mm}$$

$$b_{f3}' = b + 2b_h + 12h_f' = 180 + 0 + 12 \times 120 = 1\,620 \text{ mm}$$

所以受压翼板有效宽度 b'_f 取 1 600 mm。

（3）主钢筋数量计算。

由表查得 $f_{cd}=13.8\,\text{MPa}$，$f_{td}=1.39\,\text{MPa}$，$f_{sd}=330\,\text{MPa}$，$\xi_b=0.53$，$\gamma_0=1.1$。

① 采用焊接钢筋骨架。

设 $a_s=30+0.07h=30+0.07\times1\,300=121\,\text{mm}$，所以有效高度 $h_0=1\,300-121=1\,179\,\text{mm}$。

② 判定 T 形截面类型。

$$f_{cd}b'_f h'_f\left(h_0-\frac{h'_f}{2}\right)=13.8\times1\,600\times120\times\left(1\,179-\frac{120}{2}\right)$$
$$=2\,964.90\times10^6\,\text{N}\cdot\text{mm}$$
$$=2\,964.90\,\text{kN}\cdot\text{m}>\gamma_0 M_d$$
$$=1.1\times2\,263.72=2\,490.10\,\text{kN}\cdot\text{m}$$

属于第一类 T 形截面。

③ 求受压区高度。

令 $\gamma_0 M_d=f_{cd}b'_f x\left(h_0-\dfrac{x}{2}\right)$，则有

$$x=h_0-\sqrt{h_0^2-\frac{2\gamma_0 M_d}{f_{cd}b'_f}}=1\,179-\sqrt{1\,179^2-\frac{2\times2\,490.10\times10^6}{13.8\times1\,600}}$$
$$=99.9\,\text{mm}（合适）$$

④ 求受拉钢筋面积 A_s。

$$A_s=\frac{f_{cd}b'_f x}{f_{sd}}=\frac{13.8\times1\,600\times99.9}{330}=6\,684.22\,\text{mm}^2$$

查表，选用 6⌀32＋4⌀25，钢筋截面面积 $A_s=4\,826+1\,964=6\,790\,\text{mm}^2$，钢筋叠高层数为 5 层，布置如图 2.4-25 所示。

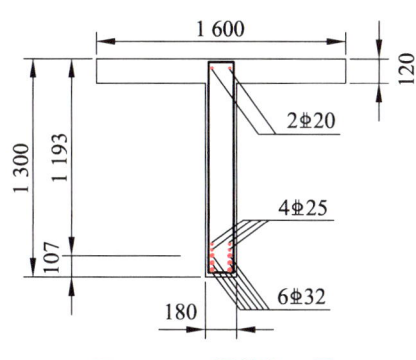

图 2.4-25　钢筋布置图

⑤ 判断是否满足构造要求（略）。

（4）截面复核。

① 构造要求。

取混凝土保护层厚度 $c=20\,\text{mm}$，则钢筋间横向净距

$$S_n = 180 - 2 \times 30 - 2 \times 35.8 = 48.4 \text{ mm} > \max(40, 1.25d = 44.75) = 44.75 \text{ mm}$$

$$a_s = \frac{4\,826 \times (30 + 1.5 \times 35.8) + 1\,964 \times (30 + 3 \times 35.8 + 28.4)}{4\,826 + 1\,964} = 107 \text{ mm}$$

实际有效高度

$$h_0 = 1\,300 - 107 = 1\,193 \text{ mm}$$

$$\rho = \frac{A_s}{bh_0} = \frac{6\,790}{180 \times 1\,193} = 3.16\% > \rho_{\min} = 0.2\%$$

所以，均满足构造要求。

② 承载力复核。

由于 $f_{cd}b'_f h'_f = 13.8 \times 1\,600 \times 120 = 2.65 \times 10^6 \text{ N} = 2.65 \times 10^3 \text{ kN}$

$$f_{sd}A_s = 6\,790 \times 330 = 2.24 \times 10^6 \text{ N} = 2.24 \times 10^3 \text{ kN}$$

$$f_{cd}b'_f h'_f > f_{sd}A_s$$

所以属于第一类 T 形截面。

$$x = \frac{f_{sd}A_s}{f_{cd}b'_f} = \frac{6\,790 \times 330}{13.8 \times 1\,600} = 101.5 \text{ mm} < h'_f = 120 \text{ mm}$$

$$\begin{aligned}
M &= f_{cd}b'_f x \left(h_0 - \frac{x}{2}\right) \\
&= 13.8 \times 1\,600 \times 101.5 \times \left(1\,193 - \frac{101.5}{2}\right) \\
&= 2\,559.92 \times 10^6 \text{ N} \cdot \text{m} \\
&= 2\,559.92 \text{ kN} \cdot \text{m} > \gamma_0 M_d = 2\,490.10 \text{ kN} \cdot \text{m}
\end{aligned}$$

该梁设计合理，满足规范要求，且具有足够的抗弯承载力。

四、课外加油站

港珠澳大桥背后的科技创新元素

五、思想政治素质养成

T 形截面梁是桥梁结构中最基本、最常用的梁体形式，也是 I 形截面、箱形截面等梁设计计算的基础和依据，因此，熟练掌握 T 形截面梁的设计计算及截面复核方法不但是结构设计中最基本的要求，也是学生后期从事桥梁工作最基本的理论基础。在教学过程中，教师通过实际桥梁案例的结合讲解，使学生能系统、规范地掌握 T 形截面梁的设计过程，从而培养学生从业的工作热情和严谨的工作态度。

六、任务分配和任务工作单

学生任务分配表

班级：　　　　　组号：　　　　　组长：　　　　　指导老师：

组员	任务分工	组员	任务分工

任务工作单1

姓名：	学号：	日期：

（1）讨论T形截面梁相对于矩形截面梁的优点。

（2）T形截面翼缘计算宽度如何取值？

（3）讨论如何判别两类T形截面。

任务工作单 2

姓名：	学号：	日期：

绘制 T 形截面梁设计流程图。

任务工作单 3

姓名：	学号：	日期：

已知一钢筋混凝土装配式简支 T 形梁，跨中承受的弯矩组合设计值 $M_d = 1\,800$ kN·m，结构处于 I 类环境条件，安全等级为二级。翼缘计算宽度为 1.2 m，截面尺寸如右图所示，混凝土强度等级为 C30，主筋采用 HRB400 钢筋，试选择钢筋，并复核。

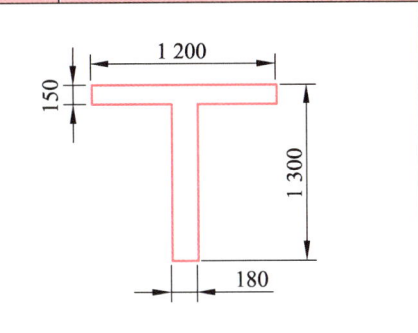

**第二类 T 形截面受弯构件
正截面承载力计算**

七、评价反馈

评价反馈表

姓名:		组号:		组长:		指导老师:		
评价指标	评价内容		分值	个人自评（20%）	组内互评（20%）	组间互评（20%）	教师评价（40%）	综合评价
信息检索能力	能有效利用网络、图书资源查找有用的相关信息等，能将查到的信息有效地利用到学习中		10分					
课堂感知力	是否熟悉结构设计流程，认同工作价值？在学习中是否能获得满足感？课堂氛围如何？		10分					
参与度、交流沟通	是否积极主动与教师、同学交流，相互尊重、理解？与教师、同学之间是否能够保持多向、丰富、适宜的信息交流？		10分					
	能处理好合作学习和独立思考的关系，做到有效学习；能提出有意义的问题或能发表个人见解		10分					
知识、能力获得情况	了解T形截面梁优点		5分					
	掌握T形梁翼缘板有效宽度的确定方法		10分					
	会判断两类T形截面		5分					
	能进行T形截面的设计计算		20分					
	能进行T形截面的承载力复核		10分					
思维态度	是否能发现问题、提出问题、分析问题、解决问题、创新问题？		5分					
自评反思	按时按质完成任务；较好地掌握了知识点；具有较强的信息分析能力和理解能力；具有较为全面严谨的思维能力，并能条理清楚明晰地表达成文		5分					
反思改进								

项目五　受弯构件斜截面承载力计算

本项目叙述了钢筋混凝土受弯构件斜截面的受力特点、破坏形态和影响斜截面抗剪承载力的主要因素，介绍了受弯构件斜截面抗剪承载力和斜截面抗弯承载力的计算方法，以及全梁承载力校核与构造要求。

一方面，钢筋混凝土受弯构件在主要承受弯矩的区段内会产生竖向裂缝，若正截面受弯承载力不够，将沿竖向裂缝发生正截面受弯破坏。而另一方面，钢筋混凝土受弯构件还有可能在剪力和弯矩共同作用的支座附近区段内，沿斜裂缝发生斜截面受剪破坏或斜截面受弯破坏。所以，在保证受弯构件正截面受弯承载力的同时，还要保证斜截面承载力，它包括斜截面受剪承载力与斜截面受弯承载力两方面。

任务一　受弯构件斜截面抗剪承载力的影响因素及破坏形态认知

一、学习目标

1. 知识目标

（1）掌握受弯构件斜截面抗剪承载力的影响因素。
（2）掌握受弯构件斜截面抗剪承载力破坏的主要形态。

2. 能力目标

能识别受弯构件斜截面受剪破坏形态。

3. 思政目标

（1）培养学生的爱国情怀和民族自豪感。
（2）培养学生的求真创新精神。
（3）激发学生科技报国的家国情怀与使命担当。

二、任务重、难点

1. 重　点

受弯构件斜截面抗剪承载力的影响因素。

2. 难　点

受弯构件斜截面抗剪承载力破坏的主要形态。

三、知识链接

（一）无腹筋梁斜截面的破坏形态

无腹筋梁指的是不配箍筋和弯起钢筋的梁。在实际工程中，无腹筋梁是不存在的，梁一般均需配置箍筋，有时还需配置弯起钢筋。讨论无腹筋梁的破坏，是由于影响无腹筋梁斜截面破坏的因素相对较少，研究起来比较简单，从而为有腹筋梁的破坏分析奠定基础。

根据试验研究，无腹筋梁沿斜截面的受剪破坏主要有下列3种破坏形式。

1. 斜压破坏

当集中荷载距支座较近，也就是剪跨比 $m<1$（均布荷载作用下为跨高比 $l/h<3$）时，发生斜压破坏，如图2.5-1（a）所示。这种破坏大多发生于剪力大而弯矩小的区段，以及腹板很薄的T形截面梁或I形截面梁内。由于剪力起主导作用，因此斜裂缝首先在梁腹部出现，破坏前梁腹部将首先出现一系列大体上互相平行的腹剪斜裂缝，腹剪斜裂缝向支座和集中荷载作用处发展，把梁腹部分割成若干倾斜的受压柱体，最后混凝土被斜向压酥，构件破坏。

受弯构件斜截面破坏的主要形态

2. 剪压破坏

当 $1 \leq m \leq 3$（均布荷载作用下为跨高比 $3 \leq l/h \leq 9$）时，发生剪压破坏，如图2.5-1（b）所示。梁承受荷载之后，先在剪跨段内出现弯剪斜裂缝，随着荷载的增加，在数条弯剪斜裂缝中出现一条延伸比较长、相对开展比较宽的临界斜裂缝。临界斜裂缝不断向加载点延伸，使混凝土受压区高度不断减小，最后剪压区混凝土在剪应力与压应力的共同作用下达到复合应力状态下的极限强度而破坏。

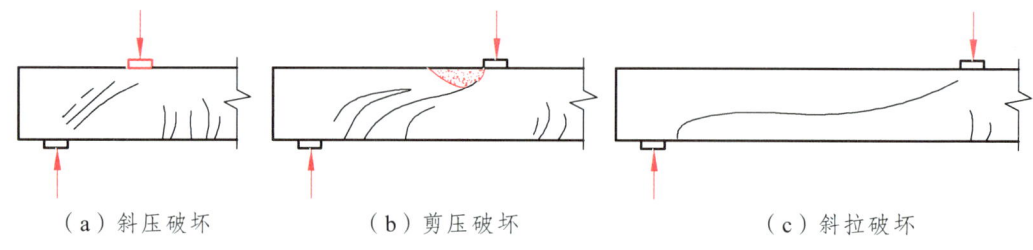

图 2.5-1 斜截面破坏的主要形态

3. 斜拉破坏

如图 2.5-1（c）所示，当 $m>3$（均布荷载作用下为跨高比 $l/h>9$）时，发生斜拉破坏。其破坏特征为斜裂缝一出现便很快发展，形成临界斜裂缝，并且迅速向加载点延伸，使混凝土截面裂通，梁被斜向拉断成为两部分而破坏。

以上3种主要破坏形态，就它们的斜截面承载力而言，斜拉破坏最低，剪压破坏较高，斜压破坏最高。但就其破坏性质而言，因为它们达到破坏荷载时的跨中挠度都不大，都属于脆性破坏，其中斜拉破坏的脆性更突出。

（二）有腹筋梁斜截面的破坏形态

将箍筋、弯起钢筋与纵向主筋、架立钢筋及构造钢筋焊接（或绑扎）在一起，形成钢筋

<mark>骨架的梁，称为有腹筋梁</mark>。在有腹筋梁中，配置腹筋是提高梁斜截面受剪承载力的有效措施。梁在斜裂缝发生之前，因钢筋混凝土变形协调影响，腹筋的应力很低，对阻止斜裂缝的出现几乎不起作用。但当斜裂缝出现之后，与斜裂缝相交的腹筋，即能通过以下几个方面充分发挥其抗剪作用：

（1）和斜裂缝相交的腹筋本身能承担很大一部分剪力。

（2）腹筋能延缓斜裂缝向上延伸，保留了更大的剪压区高度，从而使该区域混凝土的受剪承载力提高。

（3）腹筋能有效地使斜裂缝的开展宽度减少，提高斜截面上的骨料咬合力。

（4）箍筋能够限制纵向钢筋的竖向位移，有效地阻止混凝土沿纵筋的撕裂，从而提高纵筋的"销栓力作用"。

腹筋虽然不能防止斜裂缝的出现，却能限制斜裂缝的开展和延伸。所以，腹筋的数量对梁斜截面的破坏形态和受剪承载力有很大影响。有腹筋梁沿斜截面的破坏特征同无腹筋梁相似，也有3种破坏形态。

1. 斜压破坏

当腹筋配置的数量过多（箍筋直径较大、间距较小），或者剪跨比很小（$m \leqslant 1$）时，发生斜压破坏。就在箍筋尚未屈服时，斜裂缝间的混凝土因主压应力过大而被斜向压碎。此时梁的受剪承载力取决于构件的截面尺寸与混凝土强度。

2. 剪压破坏

当腹筋配置数量适当或剪跨比 $1 < m \leqslant 3$ 时，发生剪压破坏。则在斜裂缝出现以后，原来由混凝土承受的拉力转由同斜裂缝相交的腹筋来承受，在腹筋尚未屈服时，因为腹筋限制了斜裂缝的开展和延伸，所以荷载尚能有较大增长。当腹筋屈服后，由于箍筋应力基本不变而应变迅速增加，腹筋不再能够有效地抑制斜裂缝的开展和延伸，最后斜裂缝上端剪压区的混凝土在剪压复合应力作用下满足极限强度而发生破坏。

3. 斜拉破坏

当腹筋配置的数量过少（箍筋直径较小、间距较大），并且剪跨比 $m > 3$ 时，产生斜拉破坏。则斜裂缝一出现，原来由混凝土承受的拉力转由腹筋承受，腹筋很快满足屈服强度，变形迅速增加，不能抑制斜裂缝的发展。此时，梁的受力性能和破坏形态同无腹筋梁相似。

对于有腹筋梁来讲，只要截面尺寸合适，腹筋配置得当，剪压破坏则为斜截面受剪破坏中最常见的一种破坏形态。

（三）受弯构件斜截面抗剪承载力的影响因素

钢筋混凝土梁的斜截面承载力与许多因素有关，多数试验研究认为，影响斜截面抗剪承载力的主要因素是剪跨比、混凝土的强度等级、箍筋、弯起钢筋、骨料咬合力及纵向受力主筋的配筋率及截面形式等。

受弯构件斜截面抗剪承载力的影响因素

1. 剪跨比

广义的剪跨比为该截面上弯矩 M 与剪力和截面有效高度乘积的比值。承受集中荷载时，可表示为

$$m = \frac{M_C}{V_C h_0} = \frac{pa}{ph_0} = \frac{a}{h_0} \qquad (2.5\text{-}1)$$

狭义的剪跨比为集中荷载作用点到邻近支点的距离 a 与梁截面有效高度 h_0 的比值（图 2.5-2）。试验表明，剪跨比 m 越大，即弯矩影响越大，则梁的抗剪承载力越低；反之，剪跨比 m 越小，即剪力影响越大，则梁的抗剪承载能力越高。但当 $m \geqslant 3$ 时，剪跨比的影响不再明显。

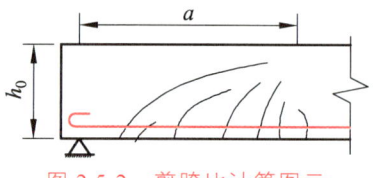

图 2.5-2　剪跨比计算图示

2. 混凝土强度

斜截面破坏是由混凝土达到极限强度而发生的，所以混凝土的强度对梁的抗剪承载力影响很大。

梁斜压破坏时，抗剪承载力决定于混凝土的抗压强度。梁斜拉破坏时，受剪承载力取决于混凝土的抗拉强度，而抗拉强度的增加较抗压强度来得缓慢，所以混凝土强度的影响就略小。剪压破坏时，混凝土强度的影响则居于以上两者之间。

3. 箍筋的配筋率

梁内箍筋的配筋率指的是沿梁长，在箍筋的一个间距范围内，箍筋各肢的全部截面面积与混凝土水平截面面积的比值。所以，梁内箍筋的配筋率

$$\rho_{sv} = \frac{A_{sv}}{bs} = \frac{n \cdot A_{sv1}}{bs} \qquad (2.5\text{-}2)$$

式中：A_{sv} ——配置在同一截面内箍筋各肢的全部截面面积；
　　　n ——同一截面内箍筋的肢数（图 2.5-3）；
　　　A_{sv1} ——单肢箍筋的截面面积；
　　　s ——沿构件长度方向箍筋的间距；
　　　b ——梁的宽度。

由试验可知，梁的斜截面受剪承载力随箍筋的配筋率增大而提高，两者呈线性关系。

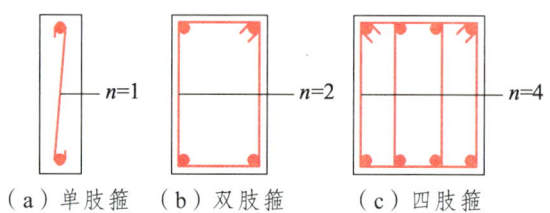

（a）单肢箍　（b）双肢箍　（c）四肢箍

图 2.5-3　箍筋的肢数

4. 纵筋配筋率

试验表明，梁的受剪承载力随纵向钢筋配筋率 ρ 的提高而增大，这主要是由于纵向受拉

钢筋约束了斜裂缝长度的延伸,从而增大了剪压区面积,起到"销栓作用"。但不能无限制地利用增大纵向钢筋的配筋率来提高抗剪强度,当纵向钢筋数量增大到一定程度时,其作用增量就不再显著。

5. 斜截面上的骨料咬合力

斜裂缝处的骨料咬合力对无腹筋梁的斜截面受剪承载力影响比较大。

6. 截面尺寸和形状

(1)截面尺寸的影响。

截面尺寸对于无腹筋梁的受剪承载力有较大的影响,尺寸大的构件,破坏时的平均剪应力比尺寸小的构件要低。有试验表明,在其他参数(混凝土强度、纵筋配筋率以及剪跨比等)保持不变时,梁高扩大4倍,破坏时的平均剪应力可下降25%~30%。

对于有腹筋梁,截面尺寸的影响将减小。

(2)截面形状的影响。

这主要指的是T形梁,其翼缘大小对受剪承载力有影响。适当增加翼缘宽度,可提高受剪承载力25%,但是翼缘过大,增大作用就趋于平缓。另外,加大梁宽也可提高受剪承载力。

四、课外加油站

CFRP 网格

五、思想政治素质养成

为落实和树立创新、协调、绿色、开放、共享的发展理念,我国近年来大力推广装配式建筑,已经形成了成熟的设计标准、生产建造和验收规范,有了大批成熟的设计团队,具备了自主研发的生产流水线和自动化生产全套设备,以及一批有着丰富理论和实践的高级专家和熟练产业工人。随着"一带一路"倡议的推进和实施,装配式技术率先代表中国建筑业走出去,实现了在国内工厂预制部分或全部构件,然后运输到海外施工现场,通过输出标准技术成套装备和技术服务来造福"一带一路"沿线国家。通过这些案例,不仅培养学生的民族自信心,同时向学生强调创新的重要性,提醒学生要具有较强的求真创新精神。

六、任务分配和任务工作单

学生任务分配表

班级：　　　　　组号：　　　　　组长：　　　　　指导老师：

组员	任务分工	组员	任务分工

任务工作单

姓名：	学号：	日期：

（1）受弯构件斜截面抗剪承载力的影响因素有哪些？

（2）受弯构件斜截面受剪破坏的主要形态有哪些？

七、评价反馈

评价反馈表

姓名:		组号:		组长:		指导老师:	
评价指标	评价内容	分值	个人自评（20%）	组内互评（20%）	组间互评（20%）	教师评价（40%）	综合评价
信息检索能力	能有效利用网络、图书资源查找有用的相关信息等，能将查到的信息有效地利用到学习中	10分					
课堂感知力	是否熟悉结构设计流程，认同工作价值？在学习中是否能获得满足感？课堂氛围如何？	10分					
参与度、交流沟通	是否积极主动与教师、同学交流，相互尊重、理解？与教师、同学之间是否能够保持多向、丰富、适宜的信息交流？	10分					
	能处理好合作学习和独立思考的关系，做到有效学习；能提出有意义的问题或能发表个人见解	10分					
知识、能力获得情况	掌握受弯构件斜截面抗剪承载力的影响因素	15分					
	掌握受弯构件斜截面受剪破坏的主要形态	15分					
	能阐述各因素是如何影响受弯构件斜截面抗剪承载力的	20分					
思维态度	是否能发现问题、提出问题、分析问题、解决问题、创新问题？	5分					
自评反思	按时按质完成任务；较好地掌握了知识点；具有较强的信息分析能力和理解能力；具有较为全面严谨的思维能力，并能条理清楚明晰地表达成文	5分					
反思改进							

任务二 受弯构件斜截面承载力计算

一、学习目标

1. 知识目标

（1）掌握受弯构件斜截面抗剪承载力计算的基本公式。
（2）熟悉斜截面抗剪承载力计算公式的适用范围。
（3）掌握受弯构件斜截面抗剪配筋设计的实用计算法。
（4）掌握斜截面抗弯承载力的计算公式。

2. 能力目标

（1）具备钢筋混凝土受弯构件斜截面承载力计算的能力。
（2）在施工中会设置钢筋混凝土梁中弯起钢筋。

3. 思政目标

（1）激发学生的家国情怀与使命担当。
（2）培养学生的创新精神。

二、任务重、难点

1. 重　点

（1）受弯构件斜截面承载力的计算方法。
（2）受弯构件斜截面抗剪配筋设计的实用计算法。

2. 难　点

受弯构件斜截面承载力的计算方法。

三、知识链接

受弯构件斜截面承载力计算包括斜截面抗剪承载力和斜截面抗弯承载力计算两部分内容，但是在一般情况下，斜截面抗弯承载力只需要通过构造要求来保证，而不必进行计算。

（一）斜截面抗剪承载力计算的基本公式和适用条件

1. 计算公式

国内外许多学者曾在分析各种破坏机理的基础上，对于钢筋混凝土梁的斜截面受剪承载力给出过不少类型的计算公式，但终由于问题的复杂性而不能实际应用。我国规范目前采用的是半理论半经验的实用计算公式。

受弯构件斜截面承载力计算

对于梁的3种斜截面受剪破坏形态，在工程设计时都应设法避免，但是采用的方式有所不同。对于斜压破坏，一般用控制截面的最小尺寸来防止；对于斜拉破坏，则用满足箍筋的最小配筋率条件及构造要求来防止；对于剪压破坏，由于其承载力变化幅度较大，必须通过计算，使构件满足一定的斜截面受剪承载力，从而避免剪压破坏。我国《规范》中所规定的计算公式，就是依据剪压破坏形态而建立的。《规范》所采用的为理论与试验相结合的方法，其中主要考虑力的平衡条件 $\sum Y = 0$，同时还要引入一些试验参数。

由平衡条件 $\sum Y = 0$ 可得

$$\gamma_0 V_d \leq V_{du} = V_c + V_{sb} + V_{sv} \qquad (2.5-3)$$

如令 V_{cs} 为箍筋和混凝土共同承受的剪力，即

$$V_{cs} = V_c + V_{sv}$$

则

$$\gamma_0 V_d \leq V_{cs} + V_{sb}$$

式中：V_d——斜截面受压端正截面处由作用（荷载）产生的最大剪力组合设计值（kN）；

V_c——剪压区混凝土的抗剪承载力（kN）；

V_{du}——斜截面总的抗剪承载力（kN）；

V_{sv}——与斜裂缝相交的箍筋的抗剪承载力（kN）；

V_{sb}——与斜裂缝相交的弯起钢筋的抗剪承载力（kN）；

V_{cs}——斜截面内混凝土与箍筋共同的抗剪承载力设计值（kN）。

受剪承载力的组成如图 2.5-4 所示。

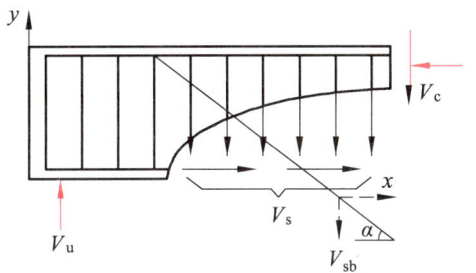

图 2.5-4 受剪承载力的组成

（1）混凝土与箍筋的抗剪承载力。

影响混凝土抗剪承载力的主要因素，较普遍认为是剪跨比、混凝土强度等级和纵向钢筋配筋率；箍筋的抗剪承载力是指与斜截面相交的箍筋抵抗梁沿斜截面破坏的能力。混凝土与箍筋的抗剪承载力计算公式如下：

$$V_{cs} = 0.45 \times 10^{-3} \alpha_1 \alpha_2 \alpha_3 b h_0 \sqrt{(2+0.6P)\sqrt{f_{cu,k}} \rho_{sv} f_{sv}} \qquad (2.5-4)$$

式中：α_1——异号弯矩影响系数（计算简支梁和连续梁近边支点梁段的抗剪承载力时，取 $\alpha_1 = 1.0$；计算连续梁近中间支点梁段和悬臂梁跨径内梁段的抗剪承载力时，取 $\alpha_1 = 0.9$）；

α_2——预应力提高系数（对钢筋混凝土受弯构件，$\alpha_2 = 1.0$；对预应力混凝土受弯构件，$\alpha_2 = 1.25$，但当由钢筋合力引起的截面弯矩与外弯矩的方向相同，或对于允许出现裂缝的预应力混凝土受弯构件，取 $\alpha_2 = 1.0$）；

α_3——受压翼缘影响系数（对矩形截面，取 $\alpha_3 = 1.0$；对具有受压翼缘的 T 形、I 形截面，取 $\alpha_3 = 1.1$）；

b——计算截面处的矩形截面宽度或T形、I形截面腹板厚度（mm）；

h_0——计算截面处梁的有效高度，即纵向受拉钢筋合力作用点至截面受压边缘的距离（mm）；

P——斜截面内纵向受拉钢筋的配筋百分率，$P=100\rho$，$\rho=A_s/(bh_0)$，当$P>2.5$时，取$P=2.5$；

$f_{cu,k}$——混凝土的立方体抗压强度标准值（MPa）；

f_{sv}——箍筋抗拉强度设计值（MPa），取值不宜大于280 MPa；

ρ_{sv}——斜截面内箍筋的配箍率。

（2）弯起钢筋的抗剪承载力。

弯起钢筋对斜截面的抗剪作用，应为弯起钢筋抗拉承载力在竖直方向的分量，考虑抗剪工作的脆性破坏性质和弯起钢筋应力分布不均等因素的影响，再乘以应力不均匀系数0.75，得到其计算公式为：

$$V_{sb}=0.75\times10^{-3}f_{sb}\sum A_{sb}\sin\theta_s \tag{2.5-5}$$

式中：f_{sb}——弯起钢筋的抗拉强度设计值（MPa）；

A_{sb}——斜截面内在同一弯起平面的普通弯起钢筋截面面积（mm²）；

θ_s——普通弯起钢筋（在斜截面受压端正截面处）的切线与水平线的夹角。

所以，对于有腹筋的受弯构件，其斜截面抗剪承载力计算公式为：

$$\gamma_0 V_d \leq 0.45\times10^{-3}\alpha_1\alpha_2\alpha_3 bh_0\sqrt{(2+0.6P)\sqrt{f_{cu,k}}\rho_{sv}f_{sv}}+0.75\times10^{-3}f_{sd}\sum A_{sb}\sin\theta_s \tag{2.5-6}$$

2. 适用条件

前面已指出，《桥规》给出的钢筋混凝土梁斜截面抗剪承载力计算公式，是以剪压破坏形态的受力特征为基础建立的，所以，应用以上公式进行斜截面抗剪承载力计算的前提是构件的截面尺寸及配筋应符合发生剪压破坏的限制条件。

（1）上限值——最小截面尺寸。

当梁的截面尺寸较小而剪力过大时，就可能在梁的肋部产生过大的主压应力，使梁发生斜压破坏，这时梁的抗剪承载力取决于混凝土的抗压强度及梁的截面尺寸，不能用增加腹筋数量来提高抗剪承载力。《桥规》规定采用限制截面最小尺寸的方法防止发生斜压破坏。对于矩形、T形和I形截面受弯构件，其截面尺寸应符合下列要求：

$$\gamma_0 V_d \leq 0.51\times10^{-3}\sqrt{f_{cu,k}}bh_0 \tag{2.5-7}$$

式中：V_d——由作用（或荷载）产生的计算截面最大剪力组合设计值（kN）；

$f_{cu,k}$——混凝土的立方体抗压强度标准值，即混凝土的强度等级（MPa）；

b——相应于剪力组合设计值处矩形截面的宽度或T形和I形截面腹板宽度（mm）；

h_0——相应于剪力组合设计值处截面的有效高度（mm）。

若不满足式（2.5-7），则应加大截面尺寸或提高混凝土强度等级。

（2）下限值——箍筋最小配箍率。

《桥规》规定，矩形、T形和I形截面受弯构件，如符合下式要求，则不需要进行斜截面抗剪承载力计算，仅需按构造要求配置箍筋：

$$\gamma_0 V_d \leqslant 0.50 \times 10^{-3} \alpha_2 f_{td} b h_0 \qquad (2.5\text{-}8)$$

式中：f_{td}——混凝土轴心抗拉强度设计值（MPa）。

对于不配置箍筋的板式受弯构件，混凝土的抗剪下限值可提高25%。

（二）受弯构件斜截面抗剪配筋设计

近年来，国内外的试验研究认为：箍筋的抗剪作用比弯起钢筋要好一些，这是由于弯起钢筋的承载范围较大，对裂缝的约束差，还会使弯起点处的混凝土压碎或产生水平撕裂裂缝；而箍筋却能箍紧纵向钢筋，防止撕裂，并且箍筋对受压区混凝土起套箍作用，可提高其抗剪能力；另外，箍筋连接受压区混凝土与梁腹板共同工作，效果要比弯起钢筋好。所以《桥规》加大了箍筋承担剪力的比重，并规定了箍筋最小配筋率的限制。

进行斜截面抗剪配筋设计时，根据已知内力先绘出剪力设计值包络图，并根据上限值的规定检查截面尺寸是否满足要求；然后按《桥规》规定，用作抗剪配筋设计的最大剪力组合设计值按以下规定取值：最大剪力取距支点 $h/2$ 处的剪力设计值 V_d'。将 V_d' 分为两部分，其中至少60%由混凝土和箍筋共同承担；至多40%由弯起钢筋承担，并且用水平线将剪力设计值图分割。

1. 箍筋的设计

（1）箍筋间距。

$$s_v \leqslant \frac{0.2 \times 10^{-6} \alpha_1^2 \alpha_3^2 (2+0.6P)\sqrt{f_{cu,k}} A_{sv} f_{sv} b h_0^2}{(\xi \gamma_0 V_d')^2} \qquad (2.5\text{-}9)$$

式中：ξ——抗剪配筋设计的最大剪力值分配于混凝土和箍筋共同承担的分配系数，取 $\xi \geqslant 0.6$；

V_d'——用于抗剪配筋设计的最大剪力设计值（kN）；

A_{sv}——配置在同一截面内箍筋总截面面积（mm²）。

（2）构造要求。

钢筋混凝土梁应选用直径不小于 8 mm 或 1/4 主钢筋直径的箍筋，并满足最小配箍率的要求；HPB300 钢筋的最小配筋率为 0.14%，HRB400 钢筋不应小于 0.11%；宜优先选用螺纹钢筋，避免出现较宽的斜裂缝。

箍筋间距不应大于梁高的 1/2 和 400 mm；当所箍钢筋为纵向受压钢筋时，还不应大于所箍钢筋直径的 15 倍，且不应大于 400 mm。在钢筋搭接接头范围内的箍筋间距，当搭接钢筋受拉时，不应大于钢筋直径的 5 倍，且不大于 100 mm；当搭接钢筋受压时，不应大于钢筋直径的 10 倍，且不大于 200 mm。在支座中心两侧长度不小于一倍梁高范围内，箍筋间距不宜大于 100 mm。

箍筋设置位置：近梁端第一根箍筋应设置在距端面一个混凝土保护层距离处。梁与梁或梁与柱的交接范围内可不设箍筋；靠近交接面的第一根箍筋，其与交接面的距离不宜大于 50 mm。

2. 弯起钢筋的设计

（1）弯起钢筋面积。

① 计算第一排弯起钢筋时，其应承担距支座中心 $h/2$ 处剪力的 40%。

② 计算以后每一排弯起钢筋时,取用前一排弯起钢筋弯起点剪力的 40%。

利用 $A_{sbi} = \dfrac{\gamma_0 V_{sbi}}{0.75 \times 10^{-3} f_{sd} \sin\theta_s}$,即可求出弯起钢筋的面积,选取弯起钢筋。

(2) 构造要求。

弯起钢筋一般与梁纵轴成 45°,冷弯半径≥20d,直径不应小于 14 mm。弯起钢筋由纵向受拉钢筋弯起而形成,对称于跨中轴线成对弯起,且保证在梁支点处应至少有两根并且不少于总数的 1/5 的下层受拉主筋通过。

靠近端支点的第一排弯起钢筋的末端弯折点应位于支座中心截面处;以后各排(跨中方向)弯起钢筋的末端弯折点,应落在或超过前一排(支点方向)弯起钢筋起弯截面。

(三) 斜截面抗剪承载力复核

1. 复核位置

复核位置选择抗剪能力薄弱,或应力剧变、易于产生斜裂缝的截面。根据对梁上受剪情况的分析,应选择下列梁段计算截面位置:

① 距支点中心 $h/2$ 处截面[图 2.5-5 (a) 截面 1—1]。

② 受拉区弯起钢筋弯起点处截面[图 2.5-5 (a) 截面 2—2、3—3],以及锚于受拉区的纵向钢筋开始不受力处的截面[图 2.5-5 (a) 截面 4—4]。

③ 箍筋数量或间距改变处的截面[图 2.5-5 (a) 截面 5—5]。

④ 构件腹板变化处截面[图 2.5-5 (b) 截面 6—6、7—7]。

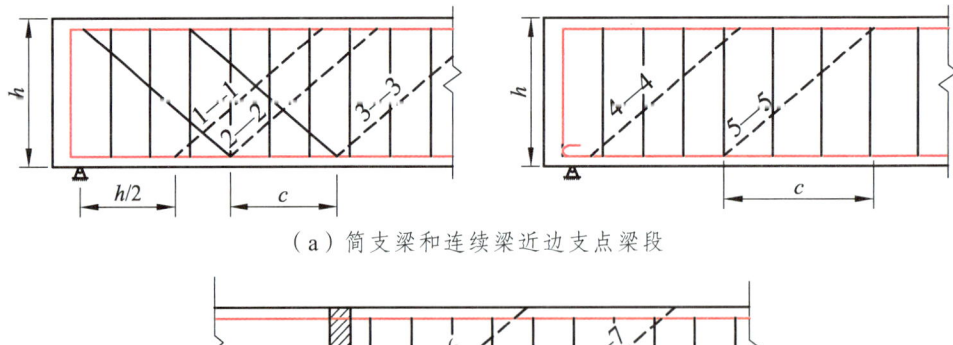

(a) 简支梁和连续梁近边支点梁段

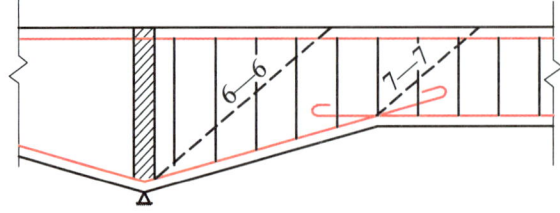

(b) 连续梁和悬臂梁近中间点梁段

图 2.5-5 斜截面抗剪承载能力验算位置示意图

2. 复核步骤

已知:梁的计算跨径 L、截面尺寸,混凝土强度等级,纵向受拉钢筋及箍筋抗拉设计强度,纵向受拉钢筋及腹筋的布置,梁的计算剪力包络图,结构安全系数 γ_0。

求:截面所能承受的剪力 V_u,并判断安全度。

计算步骤:

① 验算是否满足截面上限条件，如不满足，则应加大截面尺寸或提高混凝土的强度等级。
② 配置了箍筋和弯起钢筋时，按下式计算：

$$\gamma_0 V_d \leq V_u = V_{cs} + V_{sb}$$
$$= 0.45 \times 10^{-3} \alpha_1 \alpha_2 \alpha_3 bh_0 \sqrt{(2+0.6P)\sqrt{f_{cu,k}}\rho_{sv}f_{sv}} + 0.75 \times 10^{-3} f_{sd} \sum A_{sb} \sin\theta_s$$

如不满足，应重新设计剪力钢筋或改变截面尺寸。
③ 仅配置箍筋作腹筋时，按下式计算：

$$\gamma_0 V_d \leq V_u = V_{cs}$$
$$= 0.45 \times 10^{-3} \alpha_1 \alpha_2 \alpha_3 bh_0 \sqrt{(2+0.6P)\sqrt{f_{cu,k}}\rho_{sv}f_{sv}}$$

如不满足，应重新设计。

（四）斜截面抗弯承载力计算

试验表明：有关斜裂缝的发生与发展，除能发生剪切破坏外，还可能使与斜裂缝相交的箍筋、弯起钢筋及纵向受拉钢筋的应力达到屈服强度。此时，梁被斜裂缝分开的两部分将绕位于斜裂缝顶端受压区的公共铰转动，最后受压区混凝土被压碎而破坏。

进行斜截面抗弯承载力计算时，认为与斜裂缝相交的纵向受拉钢筋、弯起钢筋、箍筋的应力均达到其抗拉强度设计值，受压区混凝土的应力达到抗压强度设计值。

斜截面抗弯承载力计算基本公式，由所有力对受压区混凝土合力作用点取矩（图2.5-6）可得

$$\gamma_0 M_d \leq M_u = f_{sd} A_s Z_s + \sum f_{sd} A_{sb} Z_{sb} + \sum f_{sv} A_{sv} Z_{sv} \tag{2.5-10}$$

式中：M_d——斜截面受压顶端正截面的最大弯矩组合设计值；
A_s、A_{sv}、A_{sb}——与斜裂缝相交的纵向受拉钢筋、箍筋、弯起钢筋的截面面积；
Z_s、Z_{sv}、Z_{sb}——与斜裂缝相交的纵向受拉钢筋、箍筋、弯起钢筋的合力对受压区混凝土合力作用点的力臂。

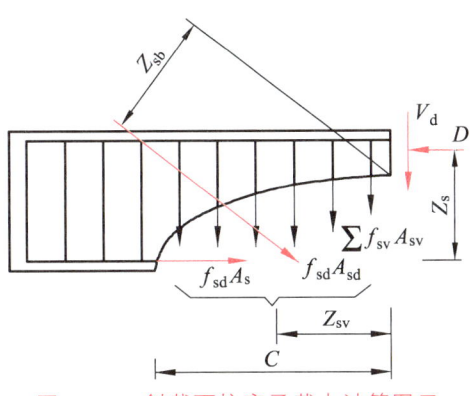

图 2.5-6　斜截面抗弯承载力计算图示

通常斜截面受弯承载力在实际设计中是不进行计算的，在设计纵向钢筋时，正截面的抗弯承载力已经得到保障，如果在斜截面范围内无纵向钢筋弯起，与斜截面相交的钢筋所承受

的弯矩与正截面相同，则无须进行斜截面抗弯承载力计算。如果在斜截面范围内有部分纵向钢筋弯起，与斜截面相交的纵向钢筋少于斜截面受压端正截面的纵向钢筋，但如满足一定的构造要求，也可不必进行斜截面抗弯承载力计算。《桥规》规定：受拉区弯起钢筋起弯点，应设在按正截面抗弯承载力计算充分利用该钢筋强度的截面（即充分利用点）以外不小于 $h_0/2$ 处。这是由于部分钢筋弯起，使与斜截面相交的纵向钢筋减少，由此损失的斜截面抗弯承载力可以由弯起钢筋提供抗弯承载力来补充，所以不必进行斜截面抗弯承载力的计算。

四、课外加油站

型钢混凝土结构

五、思想政治素质养成

沪昆高铁北盘江特大桥是沪昆高速铁路全线建设难度最大的桥梁。沪昆高速铁路连接上海与昆明，是"八纵八横"高速铁路主通道，是中国东西向线路里程最长、速度等级最高、经过省份最多的高速铁路。沪昆高速铁路开通后，上海到昆明的列车行程由 34 h 缩短至 8 h 左右，既缩短东西部的交通时间，也拉近沿途百姓的心理距离，大大促进了长江以南和东、中、西部地区经济互联互补，带动沿线区域经济协调发展，促进社会公平。面向西部山区高速铁路建设的国家重大需求，经过多年科技攻关，我国学者创新了艰险山区高速铁路特大跨度混凝土拱桥的建造与运维关键技术，解决了高铁桥梁"特大跨度-高平顺性"的尖锐矛盾，克服了山区恶劣环境带来的诸多难题，实现高铁混凝土拱桥跨度从 270 m 到 445 m 的巨大跨越。沪昆高铁北盘江特大桥代表钢筋混凝土拱桥建造的世界最高水平，是目前跨度最大的高铁桥梁。用这些案例来激发学生的家国情怀与使命担当。

六、任务分配和任务工作单

学生任务分配表

班级：　　　　　组号：　　　　　组长：　　　　　指导老师：

组员	任务分工	组员	任务分工

任务工作单 1

姓名：	学号：	日期：

（1）斜截面抗剪承载力计算用的剪力如何取值？

（2）讨论斜截面抗剪承载力计算公式的适用范围。其意义何在？

（3）钢筋混凝土梁中对弯起钢筋的弯起点、弯终点有何规定？

任务工作单 2

| 姓名： | 学号： | 日期： |

绘制斜截面抗剪承载力计算流程图。

七、评价反馈

评价反馈表

姓名：		组号：		组长：			指导老师：	
评价指标	评价内容		分值	个人自评（20%）	组内互评（20%）	组间互评（20%）	教师评价（40%）	综合评价
信息检索能力	能有效利用网络、图书资源查找有用的相关信息等，能将查到的信息有效地利用到学习中		10分					
课堂感知力	是否熟悉结构设计流程，认同工作价值？在学习中是否能获得满足感？课堂氛围如何？		10分					
参与度、交流沟通	是否积极主动与教师、同学交流，相互尊重、理解？与教师、同学之间是否能够保持多向、丰富、适宜的信息交流？		10分					
	能处理好合作学习和独立思考的关系，做到有效学习；能提出有意义的问题或能发表个人见解		10分					
知识、能力获得情况	掌握受弯构件斜截面抗剪承载力计算的基本公式		10分					
	熟悉斜截面抗剪承载力计算公式的适用范围		10分					
	掌握受弯构件斜截面抗剪配筋设计的实用计算法		10分					
	掌握斜截面抗弯承载力的计算公式		10分					
	熟悉钢筋混凝土梁中设置弯起钢筋的相关规定		10分					
思维态度	是否能发现问题、提出问题、分析问题、解决问题、创新问题？		5分					
自评反思	按时按质完成任务；较好地掌握了知识点；具有较强的信息分析能力和理解能力；具有较为全面严谨的思维能力，并能条理清楚明晰地表达成文		5分					
	反思改进							

任务三　全梁承载力校核与构造要求

一、学习目标

1. 知识目标

（1）掌握弯矩包络图的概念及计算公式。
（2）掌握满足斜截面抗弯承载力的构造要求。
（3）掌握纵向钢筋的截断与锚固。

2. 能力目标

（1）具备钢筋混凝土梁斜截面配筋设计及验算的能力。
（2）能编写钢筋混凝土受弯梁全梁承载力校核的方案。

3. 思政目标

锻炼学生的批判性思维与求真精神。

二、任务重、难点

1. 重　点

（1）弯矩包络图的概念及计算公式。
（2）钢筋混凝土梁斜截面配筋设计及验算。

2. 难　点

钢筋混凝土梁斜截面配筋设计及验算。

三、知识链接

目前，已研究了钢筋混凝土受弯构件的正截面抗弯承载力、斜截面抗剪承载力和斜截面抗弯承载力的计算方法。在实际工作中，一般是先根据主要控制截面（如简支梁的跨中截面）的正截面抗弯承载力计算要求，确定纵向钢筋的数量和布置方案；然后根据斜截面抗剪承载力计算要求初步确定箍筋和弯起钢筋的数量和布置方案；最后根据弯矩和剪力设计值沿梁长方向的变化情况，进行全梁承载力校核，使其全面满足正截面抗弯承载力、斜截面抗剪承载力和斜截面抗弯承载力三个方面的要求，使所设计的钢筋混凝土梁沿梁长方向的任意一个截面都能满足下列要求：

$$\gamma_0 M_d \leqslant M_u$$
$$\gamma_0 V_d \leqslant V_u$$

即要求梁在最不利荷载效应组合作用下，不会出现正截面和斜截面破坏。

（一）满足正截面抗弯承载力的要求

1. 弯矩包络图

设计弯矩图又称弯矩包络图，是沿梁长度各截面上弯矩组合设计值 M_{dx} 的分布图，简支架的弯矩包络图近似为一条二次抛物线，表示为：

$$M_{dx} = M_{d,l/2}\left(1 - \frac{4x^2}{l^2}\right) \tag{2.5-11}$$

式中：$M_{d,l/2}$——跨中弯矩设计值；

x——所求截面到跨中的水平距离；

l——梁的计算跨径。

2. 抵抗弯矩图

正截面抗弯承载力图又称抵抗弯矩图，就是以各截面实际纵向受拉钢筋所能承受的弯矩为纵坐标，以相应的截面位置为横坐标，所作出的弯矩图（或称材料图），简称 M_u 图。抵抗弯矩图用来解决纵筋的弯起和切断。

在工程中，全梁承载力校核一般采用图解法。首先画出设计弯矩图与正截面抗弯承载力图，要求正截面抗弯承载力图要把设计弯矩图全部覆盖，这样就能保证钢筋混凝土梁的抗弯承载力要求。正截面抗弯承载力图与设计弯矩图的差距越小，说明设计越经济。若正截面抗弯承载力图比设计弯矩图富余多，可以将纵向钢筋提前弯起或切断，达到节约钢筋的目的。为了满足构造要求或防止抗剪承载力不足，要另加斜筋。

（二）满足斜截面受剪承载力的构造要求

弯起钢筋弯起位置的规定，即简支梁第一排弯起钢筋弯终点应位于支座中心截面处，以后各排弯起钢筋的弯终点应落在或超过前一排弯起钢筋起弯点截面。

（三）满足斜截面抗弯承载力的构造要求

受拉区弯起钢筋的弯起点，应设在按正截面抗弯承载力计算充分利用该钢筋强度的截面以外不小于 $h_0/2$ 处，其弯起角宜取 45°。

如某一钢筋混凝土简支梁，计算跨径为 L，跨中截面布置 6 根纵向受拉钢筋（$2N_1 + 2N_2 + 2N_3$），其正截面抗弯承载力为 $M_{u,l/2} \geq \gamma_0 M_{d,l/2}$（图 2.5-7）。首先在跨中将其最大抵抗力矩 $M_{u,l/2}$ 根据纵向主钢筋数量改变处的截面实际抵抗力矩 M_{ui} 分段，也可近似地由各层钢筋的截面面积按比例进行分段，然后作平行于横轴的直线。底层 2 根 N_1 纵向受拉钢筋必须通过支座中心线，而 $2N_2$ 和 $2N_3$ 因抗剪需要考虑弯起。由于 $2N_3$ 在 D 处弯起，所以该钢筋在 D 处开始退出工作，直至达到弯起钢筋与梁纵轴交点 E 处才完全退出工作，故在该段的抵抗弯矩图用斜线相连；对 $2N_2$ 作同样处理。这样就画出了阶梯形图线的抵抗弯矩图，工程上将设计弯矩图与抵抗弯矩图采用同一比例置于同一坐标系中，进行全梁正截面抗弯承载力校核。由图 2.5-7 可见：在跨中 i 点处，所有钢筋的强度被充分利用；在 j 点处，N_1 和 N_2 钢筋的强度被充分利用，而 N_3 钢筋在 j 点以外（向支座方向）就不需要了；同样，在 k 点处 N_1 钢筋的强度被充分利用，而 N_2 钢筋在 k 点以外也不需要了。所以我们把 i、j、k 三个点分别称为 N_3、N_2、N_1 钢筋的"充分利用点"，把 j、k、l 三个点分别称为钢筋 N_3、N_2、N_1 的"不需要点"。

为了保证斜截面抗弯承载力，N_3 钢筋只能在距其充分利用点 i 距离 $s \geq h_0/2$ 处的 i' 点起弯；为了保证正截面抗弯承载力，N_3 钢筋与梁轴线的交点 m 必须在其不需要点 j 以外，N_2 钢筋与 N_3 相同。

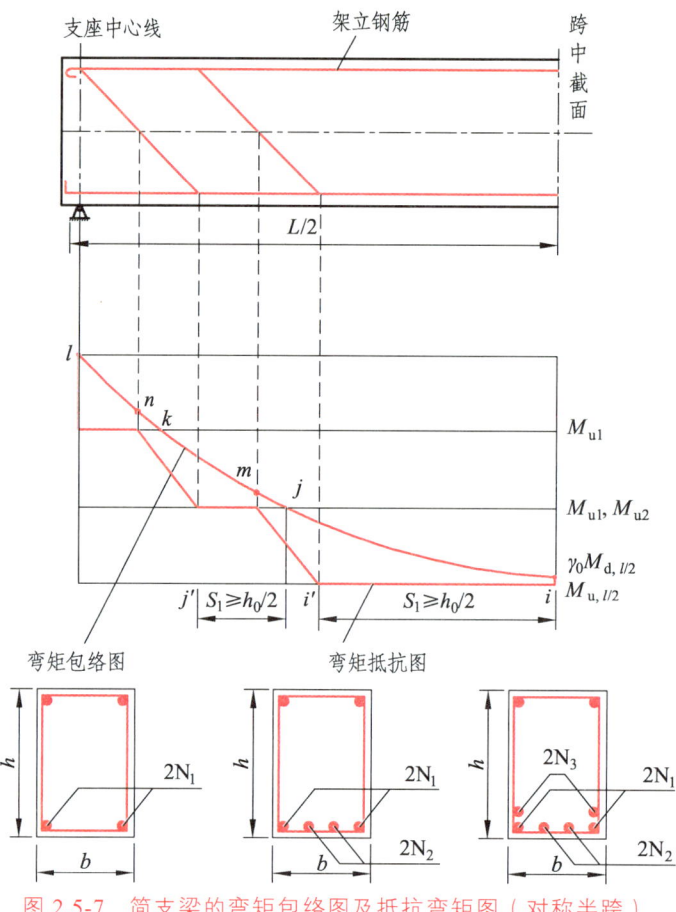

图 2.5-7 简支梁的弯矩包络图及抵抗弯矩图（对称半跨）

（四）纵筋的锚固与截断

需要注意的是，在进行全梁承载力校核时，按照正截面抗弯承载力计算不需要的纵向钢筋，最好不采取截断方案，尽量弯起。

1. 纵向钢筋在梁跨间的锚固与截断

钢筋混凝土梁内纵向受拉钢筋不宜在受拉区截断；如需截断时，应从按正截面抗弯承载力计算充分利用该钢筋强度的截面至少延伸 $l_a + h_0$，此处 l_a 为受拉钢筋最小锚固长度，h_0 为梁截面有效高度；同时，应考虑从正截面抗弯承载力计算不需要该钢筋的截面至少延伸 $20d$（环氧树脂涂层钢筋为 $25d$），此处 d 为钢筋直径。纵向受压钢筋如在跨间截断时，应延伸至按计算不需要该钢筋的截面以外至少 $15d$（环氧树脂涂层钢筋为 $20d$）。当计算中充分利用钢筋的强度时，其最小锚固长度应符合表 2.5-1 的规定。

2. 纵向钢筋在支座处的锚固

钢筋混凝土梁端支点处，应至少有 2 根且不少于总数 1/5 的下层受拉主钢筋通过。两外侧钢筋，应延伸出端支点以外，并弯成直角，顺梁高延伸至顶部，与顶层纵向架立钢筋相连。两侧之间的其他未弯起钢筋，伸出支点截面以外的长度不应小于 10 倍钢筋直径（环氧树脂涂层钢筋为 12.5 倍钢筋直径）；HPB300 级钢筋应带半圆钩。

表 2.5-1 钢筋的最小锚固长度 l_a

钢筋种类		HPB300				HRB400、HRB400、RRB400			HRB500		
混凝土强度等级		C25	C30	C35	≥C40	C30	C35	≥C40	C30	C35	≥C40
受压钢筋（直端）		45d	40d	38d	35d	30d	28d	25d	35d	33d	30d
受拉钢筋	直端	—	—	—	—	35d	33d	30d	45d	43d	40
	弯钩端	40d	35d	33d	30d	30d	28d	25d	35	33d	30d

注：① d 为钢筋公称直径（mm）。
② 对于受压束筋和等代直径 $d_e \leq 28$ mm 的受拉束筋的锚固长度，应以等代直径按表值确定，束筋的各单根钢筋可在同一锚固终点截断；对于等代直径 $d_e > 28$ mm 的受拉束筋，束筋内各单根钢筋，应自锚固起点开始，以表内规定的单根钢筋的锚固长度的 1.3 倍，呈阶梯形逐根延伸后截断，即自锚固起点开始，第一根延伸 1.3 倍单根钢筋的锚固长度，第二根延伸 2.6 倍单根钢筋的锚固长度，第三根延伸 3.9 倍单根钢筋的锚固长度。
③ 采用环氧树脂涂层钢筋时，受拉钢筋最小锚固长度应增加 25%。
④ 当混凝土在凝固过程中易受扰动时，锚固长度应增加 25%。
⑤ 当受拉钢筋末端采用弯钩时，锚固长度为包括弯钩在内的投影长度。

（五）应用实例

受弯构件斜截面承载力计算习题

【例 2.5-1】 已知一钢筋混凝土装配式简支 T 形梁，计算跨径 L = 15.6 m，截面尺寸如图 2.4-24 所示，相邻两梁中心距为 1.6 m，混凝土强度等级为 C30，主筋与架立钢筋均为 HRB400 级，架立钢筋为 2Φ20，箍筋采用 HPB300，内力见表 2.5-2，结构处于 I 类环境条件，安全等级一级。试确定该梁受拉钢筋并进行腹筋设计。

表 2.5-2 梁截面内力值

位置		L/2	L/4	支点处
剪力标准值/kN	自重、恒载	0	93.8	181.5
	汽车	63.1	115.6	187.14
弯矩标准值/（kN·m）	自重、恒载	982.5	737.2	0
	汽车	774.8	609.2	0

注：剪力按直线分布，弯矩按二次抛物线分布。

【解】 （1）T 形梁纵向受拉钢筋的设置及校核见例 2.4-6。
（2）腹筋设计。
① 截面尺寸检查。
根据构造要求，梁最底层钢筋 2Φ32 通过支座截面，且不少于总数的 1/5。
支点截面：
有效高度 $h_0 = h - a_s = 1\,300 - (30 + 35.8/2) = 1\,252$ mm

$$0.51 \times 10^{-3} \sqrt{f_{cu,k}} bh_0 = 0.51 \times 10^{-3} \times \sqrt{30} \times 180 \times 1\,252 = 629.5 \text{ kN}$$

$$> \gamma_0 V_{d0} = 1.1 \times 479.8 = 527.8 \text{ kN}$$

跨中截面：

$$h_0 = h - a_s = 1\,300 - 107 = 1\,193 \text{ mm}$$

$$0.51 \times 10^{-3} \sqrt{f_{cu,k}} bh_0 = 0.51 \times 10^{-3} \times \sqrt{30} \times 180 \times 1\,193 = 599.9 \text{ kN}$$

$$> \gamma_0 V_{d,l/2} = 1.1 \times 88.3 = 97.1 \text{ kN}$$

所以截面尺寸符合设计要求。

② 检查是否需要根据计算配置箍筋。

跨中截面：

$$0.5 \times 10^{-3} \alpha_2 f_{td} bh_0 = 0.5 \times 10^{-3} \times 1 \times 1.39 \times 180 \times 1\,193 = 149.24 \text{ kN}$$

支座截面：

$$0.5 \times 10^{-3} \alpha_2 f_{td} bh_0 = 0.5 \times 10^{-3} \times 1 \times 1.39 \times 180 \times 1\,252 = 156.63 \text{ kN}$$

因 $\gamma_0 V_{d,l/2} = 1.1 \times 88.3 = 97.1 \text{ kN} < 0.5 \times 10^{-3} \alpha_2 f_{td} bh_0 < \gamma_0 V_{d0} = 1.1 \times 479.8 = 527.8 \text{ kN}$
故可在梁跨中的某长度范围内按构造要求配置箍筋，其余区段应按计算配置箍筋。

③ 确定计算剪力。

绘制此梁半跨剪力包络图（图 2.5-8）。

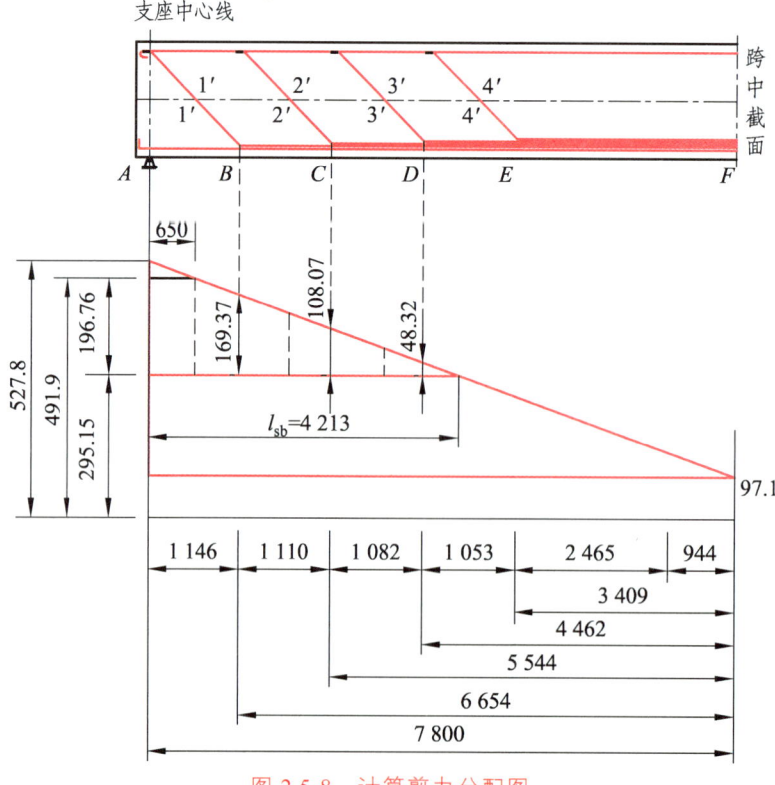

图 2.5-8 计算剪力分配图

$$V_x = \gamma_0 V_{dx} = 0.5 \times 10^{-3} \alpha_2 f_{td} bh_0 = 149.24 \text{ kN}$$

该截面与中截面的距离可由剪力包络图按比例求得：

$$l_1 = \frac{L}{2} \times \frac{V_x - \gamma_0 V_{d,l/2}}{\gamma_0 V_{d0} - \gamma_0 V_{d,l/2}} = 7800 \times \frac{149.24 - 97.1}{527.8 - 97.1} = 944 \text{ mm}$$

因此，在距跨中 944 mm 长度内可按构造要求布置箍筋。

距支座中心线为 $h/2$ 的计算剪力值（V'_d），由剪力包络图按比例求得：

$$\gamma_0 V'_d = \gamma_0 V_{d0} - \frac{\frac{h}{2}[\gamma_0 V_{d0} - \gamma_0 V_{d,l/2}]}{l/2} = 527.8 - \frac{650 \times (527.8 - 97.1)}{7\,800} = 491.91 \text{ kN}$$

其中，应由混凝土和箍筋承担的剪力计算值至少为：

$$0.6 \gamma_0 V'_d = 0.6 \times 491.91 = 295.15 \text{ kN}$$

应由弯起钢筋（包括斜筋）承担的剪力计算值最多为：

$$0.4 \gamma_0 V'_d = 0.4 \times 491.91 = 196.76 \text{ kN}$$

④ 配置弯起钢筋。

按比例关系，依剪力计算需设置弯起钢筋的区段长度。

$$l_{sb} = \frac{(527.8 - 295.15) \times 650}{527.8 - 491.91} = 4\,213 \text{ mm}$$

计算各排弯起钢筋截面面积：

a. 计算第一排（对支座而言）弯起钢筋截面面积 A_{sb1}。

取距支座中心线 $h/2$ 处由弯起钢筋承担的剪力值。

$$A'_{sb1} = \frac{V_{sb1}}{0.75 \times 10^{-3} f_{sd} \cdot \sin 45°} = \frac{196.76}{0.75 \times 10^{-3} \times 330 \times 0.707} = 1\,124 \text{ mm}^2$$

2Φ32 钢筋实际截面面积 $A_{sb1} = 1\,609 \text{ mm}^2 > A'_{sb1} = 1\,124 \text{ mm}^2$，满足抗剪要求。其弯起点为 B，弯终点落在支座中心 A 截面处，弯起点 B 至点 A 的距离为：

$$l_{AB} = 1\,300 - \left(30 + \frac{22.7}{2} + \frac{35.8}{2} + 30 + 35.8 + \frac{35.8}{2}\right) = 1\,146 \text{ mm}$$

则第一排弯起钢筋的弯起点与支座中心距离为 1 146 mm。

第一排弯起钢筋与梁纵轴线交点 1′ 与支座中心距离为：

$$1\,146 - \left[\frac{1\,300}{2} - (30 + 35.8 \times 1.5)\right] = 579.7 \text{ mm}$$

b. 计算第二排弯起钢筋截面面积 A_{sb2}。

按比例关系，依剪力包络图计算第一排弯起钢筋弯起点 B 处由第二排弯起钢筋承担的剪力值为：

$$V_{sb2} = \frac{(4\,213 - 1\,146) \times 196.76}{4\,213 - 650} = 169.37 \text{ kN}$$

$$A'_{sb2} = \frac{V_{sb2}}{0.75 \times 10^{-3} f_{sd} \cdot \sin 45°} = \frac{169.37}{0.75 \times 10^{-3} \times 330 \times 0.707} = 968 \text{ mm}^2$$

2Φ32 钢筋实际截面面积 $A_{sb2} = 1\,609\ \text{mm}^2 > A'_{sb2} = 968\ \text{mm}^2$，满足抗剪要求。其弯起点为 C，弯终点落在第一排弯起钢筋弯起点 B 截面处，其弯起点 C 至点 B 的距离为：

$$l_{BC} = 1\,300 - \left(30 + 22.7 + \frac{35.8}{2} + 30 + 2.5 \times 35.8\right) = 1\,110\ \text{mm}$$

第二排弯起钢筋的弯起点距支座中心距离为：

$$1\,146 + 1\,110 = 2\,256\ \text{mm}$$

第二排弯起钢筋与梁纵轴线交点 $2'$ 与支座中心距离为

$$2\,256 - \left[\frac{1\,300}{2} - (30 + 2.5 \times 35.8)\right] = 1\,726\ \text{mm}$$

c. **计算第三排弯起钢筋截面面积 A_{sb3}。**

按比例关系，依剪力包络图计算第二排弯起钢筋弯起点 C 处由第三排弯起钢筋承担的剪力值为：

$$V_{sb3} = \frac{(4\,213 - 2\,256) \times 196.76}{4\,213 - 650} = 108.07\ \text{kN}$$

$$A'_{sb3} = \frac{V_{sb3}}{0.75 \times 10^{-3} f_{sd} \cdot \sin 45°} = \frac{108.07}{0.75 \times 10^{-3} \times 330 \times 0.707} = 618\ \text{mm}^2$$

2Φ25 钢筋实际截面面积 $A_{sb3} = 982\ \text{mm}^2 > A'_{sb3} = 618\ \text{mm}^2$，满足抗剪要求。其弯起点为 D，弯终点落在第二排弯起钢筋弯起点 C 截面处，其弯起点 D 至点 C 的距离：

$$l_{CD} = 1\,300 - \left(30 + 22.7 + \frac{28.4}{2} + 30 + 3 \times 35.8 + \frac{28.4}{2}\right) = 1\,082\ \text{mm}$$

第三排弯起钢筋的弯起点距支座中心距离为：

$$2\,256 + 1\,082 = 3\,338\ \text{mm}$$

第三排弯起钢筋与梁纵轴线交点 $3'$ 与支座中心距离为：

$$3\,338 - \left[\frac{1\,300}{2} - \left(30 + 3 \times 35.8 + \frac{28.4}{2}\right)\right] = 2\,840\ \text{mm}$$

d. **计算第四排弯起钢筋截面面积 A_{sb4}。**

按比例关系，依剪力包络图计算第三排弯起钢筋弯起点 D 处由第四排弯起钢筋承担的剪力值为：

$$V_{sb4} = \frac{(4\,213 - 3\,338) \times 196.76}{4\,213 - 650} = 48.32\ \text{kN}$$

$$A'_{sb4} = \frac{V_{sb4}}{0.75 \times 10^{-3} f_{sd} \cdot \sin 45°} = \frac{48.32}{0.75 \times 10^{-3} \times 330 \times 0.707} = 276\ \text{mm}^2$$

2Φ25 钢筋实际截面面积 $A_{sb4} = 982\ \text{mm}^2 > A'_{sb4} = 276\ \text{mm}^2$，满足抗剪要求。其弯起点为 E，

弯终点落在第三排弯起钢筋弯起点 D 截面处，其弯起点 D 至点 E 的距离为：

$$l_{DE} = 1\,300 - \left(30 + 22.7 + \frac{28.4}{2} + 30 + 3 \times 35.8 + 1.5 \times 28.4\right) = 1\,053 \text{ mm}$$

第四排弯起钢筋的弯起点距支座中心距离为：

$$3\,338 + 1\,053 = 4\,391 \text{ mm}$$

该距离已大于 4 213 mm，即在欲设置弯筋区域长度之外，弯起钢筋数量已满足抗剪承载力要求。第四排弯起钢筋与梁纵轴线交点 4′ 与支座中心距离为：

$$4\,391 - \left[\frac{1\,300}{2} - \left(30 + 3 \times 35.8 + 28.4 + \frac{28.4}{2}\right)\right] = 3\,921 \text{ mm}$$

（3）检验各排弯起钢筋的弯起点是否符合构造要求。
① 保证斜截面抗剪承载能力方面。

从图 2.5-8 中可以看出，对支座而言，梁内第一排弯起钢筋的弯终点已落在支座中心截面处，以后各排弯起钢筋的弯终点均落在前一排弯起钢筋的弯起点截面上，这些都符合《桥规》的有关规定，即满足斜截面抗剪承载力方面的构造要求。

② 保证斜截面抗弯承载力方面。

计算各排弯起钢筋弯起点的设计弯矩：

跨中弯矩为 2 263.72 kN·m，支点弯矩 $M_{d0} = 0$，其他截面的设计弯矩可按二次抛物线公式 $M_{dx} = \gamma_0 M_{d,l/2}\left(1 - \frac{4x^2}{l^2}\right)$ 计算。

对于跨中截面：

$$f_{sd}A_s = 330 \times (4\,826 + 1\,964) = 2.24 \times 10^3 \text{ kN}$$

$$f_{cd}b'_f h'_f = 13.8 \times 1\,600 \times 120 = 2.65 \times 10^3 \text{ kN}$$

$$f_{sd}A_s < f_{cd}b'_f h'_f$$

说明跨中截面中性轴在翼缘内，属第一种 T 形截面，其他截面的主筋截面面积均小于跨中截面的主筋截面面积，故各截面均属第一种 T 形截面，均可按单筋矩形截面 $b'_f \cdot h$ 计算。各排弯起钢筋弯起后，相应正截面抗弯承载力 M_{ui} 计算见表 2.5-3。

表 2.5-3　钢筋弯起后相应各正截面抗弯承载力

梁区段	截面纵筋	纵筋面积 A_s/mm²	有效高度 h_0/mm	受压区高度/mm $x = f_{sd}A_s / f_{cd}b'_f$	抗弯承载力/kN $M_{ui} = f_{cd}b'_f x\left(h_0 - \frac{x}{2}\right)$
A—B	2Φ32	1 609	1 252	24	657
B—C	4Φ32	3 217	1 234	48	1 282
C—D	6Φ32	4 826	1 216	72	1 876
D—E	6Φ32 + 2Φ25	5 808	1 205	87	2 231
E—梁跨中	6Φ32 + 4Φ25	6 790	1 193	101	2 548

将表 2.5-3 的正截面抗弯承载力 M_{ui} 在图 2.5-9 上用直线表示出来,它们与弯矩包络图的交点分别为 $i, j, \cdots, q$,将各 M_{ui} 值代入 $x_i = \dfrac{l}{2}\sqrt{1-\dfrac{M_{ui}}{\gamma_0 M_{d,l/2}}}$ 得:

$$x_j = \frac{15\,600}{2} \times \sqrt{1-\frac{2\,231}{2\,490.1}} = 2\,516 \text{ mm}$$

$$x_k = \frac{15\,600}{2} \times \sqrt{1-\frac{1\,876}{2\,490.1}} = 3\,873 \text{ mm}$$

$$x_l = \frac{15\,600}{2} \times \sqrt{1-\frac{1\,282}{2\,490.1}} = 5\,433 \text{ mm}$$

$$x_m = \frac{15\,600}{2} \times \sqrt{1-\frac{657}{2\,490.1}} = 6\,692 \text{ mm}$$

现以图 2.5-9 中所示弯起钢筋弯起点初步位置来逐个检查是否满足《桥规》的规定。即当纵向钢筋弯起时,其弯起点与充分利用点之间的距离不得小于 $h_0/2$;同时,弯起钢筋与梁纵轴线的交点应位于按计算不需要该钢筋的截面以外。校核结果见表 2.5-4 和表 2.5-5。

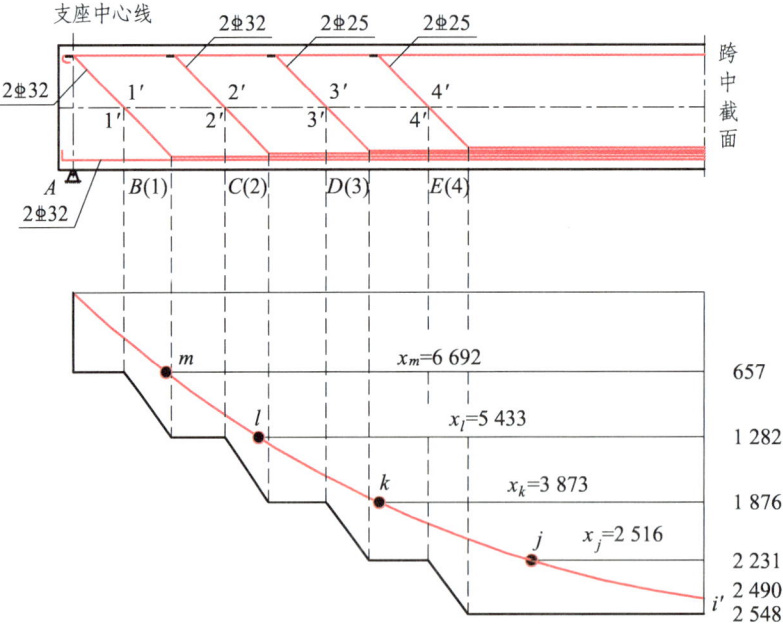

图 2.5-9 梁的弯矩包络图与抵抗弯矩图

表 2.5-4 弯起点与充分利用点之间的距离的校核

标号	2N 的起弯点到跨中距离 /mm	充分利用点到跨中的距离/mm	弯起点与充分利用点的距离/mm	校核/mm ($s \geqslant h_0/2$)
4	7 800 − 4 391 = 3 409	0	3 409	$> h_0/2 = 1\,193/2 = 597$,满足
3	7 800 − 3 338 = 4 462	2 516	1 946	$> h_0/2 = 1\,205/2 = 603$,满足
2	7 800 − 2 256 = 5 544	3 873	1 671	$> h_0/2 = 1\,216/2 = 608$,满足
1	7 800 − 1 146 = 6 654	5 433	1 221	$> h_0/2 = 1\,234/2 = 617$,满足

表 2.5-5 弯起钢筋与梁纵轴线的交点与不需要点之间的距离的校核

标号	弯起钢筋与梁纵轴的交点/mm	不需要点横坐标/mm	校核/mm
4	7 800 − 3 921 = 3 879	2 516	3 879 − 2 516>0，满足
3	7 800 − 2 840 = 4 960	3 873	4 960 − 3 873>0，满足
2	7 800 − 1 726 = 6 074	5 433	6 074 − 5 433>0，满足
1	7 800 − 580 = 7 220	6 692	7 220 − 6 692>0，满足

（4）配置箍筋。

根据《桥规》关于"钢筋混凝土应设置直径不小于 8 mm，且不小于 1/4 主筋直径的箍筋"的规定，本设计采用封闭式双肢箍筋，$n=2$，HPB300 级钢筋（$f_{sv}=250$ MPa），直径为 8 mm，每肢箍筋截面面积 $A_{sv1}=50.3$ mm^2，所以 $A_{sv}=nA_{sv1}=50.3\times 2=100.6$ mm^2。

《桥规》中又规定"箍筋间距不大于梁高的 $\frac{1}{2}$ 和 400 mm"，"支承截面处，支座中心向跨径方向长度相当于不小于一倍梁高范围内，箍筋间距不大于 100 mm"。本设计按照这些规定，梁段箍筋最大间距不超过下述结果（表 2.5-6）。对梁端而言，在支座中心向跨径长度方向的 1 300 mm 范围内，设计箍筋间距为 100 mm，其他箍筋间距为 200 mm，相应的最小配箍率为：

$$\rho_{sv}=\frac{A_{sv}}{bs_v}=\frac{2\times 50.3}{180\times 200}=0.002\ 8>0.18\%$$

符合《桥规》的构造规定。

表 2.5-6 各梁段箍筋的最大间距计算表

梁区段	主筋截面面积 A_s/mm^2	截面有效高度 h_0/mm	主筋配筋百分率 $P=100\times\dfrac{A_s}{bh_0}$	箍筋最大间距/mm $s_v=\dfrac{\alpha_1^2\alpha_2^2\times 0.2\times 10^{-6}(2+0.6P)\sqrt{f_{cu,k}}A_{sv}f_{sv}bh_0^2}{(\xi\gamma_0 V_d')^2}$
A—B	2Φ32 = 1 609	1 252	$P=100\times\dfrac{1\ 609}{180\times 1\ 252}$ $=0.71$	$s_v=[1.1^2\times 1^2\times 0.2\times 10^{-6}\times(2+0.6\times 0.71)\times$ $\sqrt{30}\times 100.6\times 250\times 180\times 1\ 252^2]/$ $(0.6\times 491.91)^2=262$
B—C	4Φ32 = 3 217	1 234	$P=100\times\dfrac{3\ 217}{180\times 1\ 234}$ $=1.45$	$s_v=[1.1^2\times 1^2\times 0.2\times 10^{-6}\times(2+0.6\times 1.45)\times$ $\sqrt{30}\times 100.6\times 250\times 180\times 1\ 234^2]/$ $(0.6\times 491.91)^2=301$
C—D	6Φ32 = 4 826	1 216	$P=100\times\dfrac{4\ 826}{180\times 1\ 216}$ $=2.20$	$s_v=[1.1^2\times 1^2\times 0.2\times 10^{-6}\times(2+0.6\times 2.2)\times$ $\sqrt{30}\times 100.6\times 250\times 180\times 1\ 216^2]/$ $(0.6\times 491.91)^2=338$
D—E	6Φ32 + 2Φ25 = 5 808	1 205	$P=100\times\dfrac{5\ 808}{180\times 1\ 205}$ $=2.68$	$s_v=[1.1^2\times 1^2\times 0.2\times 10^{-6}\times(2+0.6\times 2.68)\times$ $\sqrt{30}\times 100.6\times 250\times 180\times 1\ 205^2]/$ $(0.6\times 491.91)^2=361$
E—梁跨中	6Φ32 + 4Φ25 = 6 790	1 193	$P=100\times\dfrac{6\ 790}{180\times 1\ 193}$ $=3.16$	$s_v=[1.1^2\times 1^2\times 0.2\times 10^{-6}\times(2+0.6\times 3.16)\times$ $\sqrt{30}\times 100.6\times 250\times 180\times 1\ 193^2]/$ $(0.6\times 491.91)^2=382$

四、课外加油站

钢筋混凝土受弯构件斜截面承载性能在火灾作用下将发生什么变化?

五、思想政治素质养成

在 1900 年以前,学术界对于无腹筋梁剪切破坏机理存在两个观点。观点 1 从剪力与剪应力的关系出发,认为剪切破坏是由剪力引起的水平剪应力超出材料的抗剪强度导致的;观点 2 则从试验现象出发,在试验中观察到剪切裂缝总是斜向的,提出剪切破坏是混凝土斜向主拉应力超过抗拉强度导致的。由于试验条件的局限性,无法开展混凝土梁的剪切试验并直接测试混凝土的剪应力与主拉应力。这两个观点的争论持续了几十年。利用无腹筋梁剪切破坏的历史争论,锻炼学生的批判性思维与求真精神。

六、任务分配和任务工作单

学生任务分配表

班级：　　　　　　组号：　　　　　　组长：　　　　　　指导老师：

组员	任务分工	组员	任务分工

任务工作单1

姓名：	学号：	日期：

（1）讨论：为什么要进行全梁承载力校核？从哪几个方面进行校核？

（2）梁的斜截面抗弯承载力是怎么保证的？

（3）纵向钢筋的锚固、截断有哪些构造要求？

任务工作单 2

姓名：	学号：	日期：

试编写钢筋混凝土受弯梁全梁承载力校核的方案。

七、评价反馈

评价反馈表

姓名：		组号：		组长：		指导老师：		
评价指标	评价内容		分值	个人自评（20%）	组内互评（20%）	组间互评（20%）	教师评价（40%）	综合评价
信息检索能力	能有效利用网络、图书资源查找有用的相关信息等，能将查到的信息有效地利用到学习中		10分					
课堂感知力	是否熟悉结构设计流程，认同工作价值？在学习中是否能获得满足感？课堂氛围如何？		10分					
参与度、交流沟通	是否积极主动与教师、同学交流，相互尊重、理解？与教师、同学之间是否能够保持多向、丰富、适宜的信息交流？		10分					
	能处理好合作学习和独立思考的关系，做到有效学习；能提出有意义的问题或能发表个人见解		10分					
知识、能力获得情况	掌握弯矩包络图的概念及计算公式		10分					
	掌握满足斜截面抗弯承载力的构造要求		10分					
	掌握纵向钢筋的截断与锚固		10分					
	掌握全梁承载力校核步骤		20分					
思维态度	是否能发现问题、提出问题、分析问题、解决问题、创新问题？		5分					
自评反思	按时按质完成任务；较好地掌握了知识点；具有较强的信息分析能力和理解能力；具有较为全面严谨的思维能力，并能条理清楚明晰地表达成文		5分					
反思改进								

项目六 受扭构件承载力计算

在实际工程中，纯扭构件并不常见，通常都是构件在承受扭矩的同时，还承受弯矩、剪力的作用。例如，钢筋混凝土弯梁桥、斜梁桥，即使仅在恒载作用下，梁的截面上除有弯矩M、剪力V外，还存在扭矩T。

由于弯、剪、扭共同作用，构件的截面上将产生相应的主拉应力。当主拉应力超过混凝土的抗拉强度时，构件便会出现裂缝。设计中采用配置适量的箍筋和纵筋的方式限制裂缝开展，同时提高混凝土构件的承载力。

任务一 矩形截面纯扭构件的承载力计算

一、学习目标

1. 知识目标

（1）了解素混凝土纯扭构件的破坏特征。
（2）掌握钢筋混凝土纯扭构件的破坏形态。
（3）掌握钢筋混凝土矩形截面纯扭构件的承载力计算。

2. 能力目标

（1）能简要描述钢筋混凝土纯扭构件的破坏形态。
（2）能进行钢筋混凝土纯扭构件的承载力计算。

3. 思政目标

培养学生的创新精神和家国情怀。

二、任务重、难点

1. 重 点

（1）钢筋混凝土纯扭构件的破坏形态。
（2）钢筋混凝土矩形截面纯扭构件的承载力计算。

2. 难 点

钢筋混凝土矩形截面纯扭构件的承载力计算。

三、知识链接

（一）纯扭构件的受力性能

1. 素混凝土纯扭构件的破坏特征

在纯扭作用下，无筋矩形截面混凝土构件开裂前具有与弹性材料类似的性质。由材料力

纯扭构件的受力性能

学可知，在扭矩作用下，矩形截面中各点均产生剪应力，最大剪应力 τ_{max} 发生在截面长边的中点，与该点剪应力作用相对应的主拉应力 σ_{tp} 和主压应力 σ_{cp} 分别与构件轴线成 45°方向，且 $\sigma_{tp} = -\sigma_{cp} = \tau_{max}$。由于混凝土的抗拉强度较低，在扭矩作用下，构件长边侧面中点处混凝土沿垂直于 σ_{tp} 的方向开裂 [图 2.6-1（a）]，并很快向相邻两边延伸，形成如图 2.6-1（b）所示三面受拉、一面受压的斜向空间扭曲破坏面。这种破坏称为扭曲截面破坏，破坏具有突然性，属于脆性破坏，抗扭承载力很低。

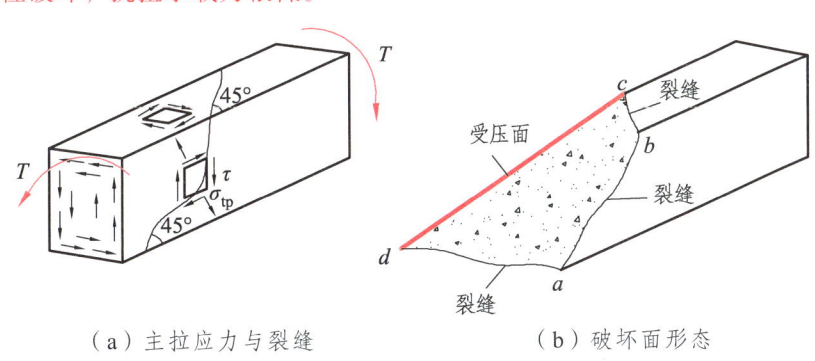

（a）主拉应力与裂缝　　　　（b）破坏面形态

图 2.6-1　纯扭构件的破坏

2. 钢筋混凝土纯扭构件的破坏特征

理论上讲，受扭构件最有效的配筋方式是沿垂直于斜裂缝方向配置螺旋形钢筋，这样，当混凝土开裂后，主拉应力直接由钢筋承受。但是，这种配筋方式施工比较复杂，而且不能适应扭矩方向的变化，实际上很少采用。一般采用纵向钢筋和箍筋组成的钢筋骨架作为抗扭钢筋。同时，抗扭钢筋应尽量靠近构件表面设置，以增加抗扭能力。

根据抗扭配筋率的多少，钢筋混凝土受扭构件的破坏形态一般分为以下几种。

（1）少筋破坏。当抗扭钢筋数量过少时，构件开裂之后，由于没有足够的能力承受混凝土开裂后卸给它的那部分扭矩，因而破坏特征与素混凝土构件相似，破坏是脆性的。

（2）适筋破坏。在正常配筋情况下，随着外扭矩的增大，构件出现临界斜裂缝，与这条临界斜裂缝相交的箍筋和纵筋的应力将首先达到屈服，斜裂缝将进一步加宽，直到空间扭曲破坏面受压边混凝土被压碎，导致构件破坏。其破坏特征与适筋梁类似，属于塑性破坏。

（3）部分超筋破坏。当构件中的箍筋或纵筋配置过多时，构件破坏前，数量相对较少的那部分钢筋受拉屈服，而另一部分钢筋直到构件破坏，仍未能屈服。由于构件破坏时有部分钢筋达到屈服，破坏特征并非完全脆性，所以这类构件在设计中允许采用，但不经济。

（4）完全超筋破坏。当构件中的箍筋和纵筋配置过多时，在两者都未达到屈服前，构件中混凝土被压碎而导致突然破坏。这类构件破坏具有明显的脆性，工程设计中也应予以避免。

试验研究表明：为了使箍筋和纵筋相互匹配，共同发挥抗扭作用，应将两种钢筋的用量比控制在合理的范围内。采用纵向钢筋与箍筋的配筋强度比 ζ 进行控制。

$$\zeta = \frac{f_{sd} A_{st} / U_{cor}}{f_{sv} A_{sv1} / s_v} \qquad (2.6\text{-}1)$$

式中：A_{st}、f_{sd}——对称布置的全部纵向抗扭纵筋的截面面积与抗扭纵筋的抗拉强度设计值；
　　　A_{sv1}、f_{sv}——单肢抗扭箍筋的截面面积与抗扭箍筋的抗拉强度设计值；

s_v——抗扭箍筋的间距；

U_{cor}——截面核心混凝土部分的周长，$U_{cor} = (b_{cor} + h_{cor}) \times 2$；

b_{cor}、h_{cor}——依据箍筋内表面尺寸得到的核心混凝土截面宽度与高度。

试验表明，当满足 $0.6 \leq \zeta \leq 1.7$ 时，破坏时抗扭箍筋和抗扭纵筋均能达到屈服。工程设计中常采用 $\zeta = 1.0 \sim 1.2$。

（二）矩形截面纯扭构件的承载力计算

在试验研究和理论分析的基础上，《桥规》给出的矩形截面（$h>b$）钢筋混凝土纯扭构件抗扭承载力的计算公式如下：

$$\gamma_0 T_d \leq T_u = 0.35 f_{td} W_t + 1.2\sqrt{\zeta} \frac{f_{sv} A_{sv1} A_{cor}}{s_v} \quad (2.6\text{-}2)$$

式中：T_d——扭矩组合设计值（N·mm）；

f_{td}——混凝土轴心抗拉强度设计值（MPa）；

W_t——矩形截面受扭塑性抵抗矩，取 $W_t = \dfrac{b^2}{6}(3h - b)$（mm³）；

ζ——纵向钢筋与箍筋的配筋强度比，应满足 $0.6 \leq \zeta \leq 1.7$；

f_{sv}——抗扭箍筋抗拉强度设计值（MPa）；

A_{sv1}——抗扭箍筋单肢截面面积（mm²）；

A_{cor}——箍筋内表面所围成的混凝土核心面积（mm²），$A_{cor} = b_{cor} h_{cor}$，这里 b_{cor}、h_{cor} 分别为核心面积的短边和长边边长；

s_v——抗扭箍筋间距（mm）。

需要指出的是，上面给出的抗扭承载力计算公式是以适筋破坏为前提建立的。为此，使用该式时，必须满足下列限制条件。

（1）抗扭承载力上限值。

当抗扭钢筋配置过多时，构件可能发生混凝土被压碎而抗扭钢筋应力尚未达到屈服强度的完全超筋受扭脆性破坏。在这种情况下，即使增加抗扭钢筋数量，其抗扭承载力也几乎不再增加，这时构件的抗扭承载力取决于混凝土的强度等级和截面尺寸。为了防止出现这种脆性破坏，《桥规》规定截面的最小尺寸以限制截面应力，即

$$\frac{\gamma_0 T_d}{W_t} \leq 0.51\sqrt{f_{cu,k}} \quad (\text{N/mm}^2) \quad (2.6\text{-}3)$$

（2）抗扭承载力下限值。

钢筋混凝土纯扭构件，当所承担的扭矩小于开裂扭矩（相应于素混凝土构件的破坏扭矩）时，不致出现裂缝。钢筋混凝土纯扭构件满足下列要求时，可不进行抗扭承载力计算，但必须按构造要求配置抗扭钢筋。

$$\frac{\gamma_0 T_d}{W_t} \leq 0.5 f_{td} \quad (\text{N/mm}^2) \quad (2.6\text{-}4)$$

这样，钢筋混凝土纯扭构件承载能力计算公式的适用条件就是：

$$0.5f_{td} \leqslant \frac{\gamma_0 T_d}{W_t} \leqslant 0.51\sqrt{f_{cu,k}} \quad (2.6\text{-}5)$$

若剪应力大于抗扭强度上限值,则应加大截面尺寸;若剪应力小于抗扭强度下限值,则应按构造要求配置抗扭钢筋。

(3) 纯扭构件的最小配筋率。

由于抵抗扭矩的钢筋包括抗扭纵筋和抗扭箍筋,因此,最小配筋率包括最小纵筋配筋率 $\rho_{st,min}$ 和最小箍筋配筋率(又称配箍率)$\rho_{sv,min}$ 两层含义。规范规定最小配筋率的目的是防止构件开裂后发生突然的脆性破坏。

《桥规》规定,抗扭纵筋的最小配筋率

$$\rho_{st,min} = \frac{A_{st,min}}{bh} = 0.08\frac{f_{cd}}{f_{sd}} \quad (2.6\text{-}6)$$

抗扭箍筋的最小配筋率

$$\rho_{sv,min} = \frac{A_{sv,min}}{bs_v} = 0.055\frac{f_{cd}}{f_{sv}} \quad (2.6\text{-}7)$$

(三) 应用实例

矩形截面纯扭构件的承载力计算习题

【例 2.6-1】 有一矩形截面受扭构件,截面尺寸 $b \times h = 250\text{ mm} \times 500\text{ mm}$,承受的扭矩组合设计值 $T_d = 38\text{ kN·m}$,采用 C35 混凝土,纵筋和箍筋分别采用 HRB400 和 HPB300。结构重要性系数 $\gamma_0 = 1.0$,Ⅰ类环境。

要求:进行配筋设计。

【解】 查表,得到 $f_{cd} = 16.1\text{ MPa}$,$f_{td} = 1.52\text{ MPa}$,HRB400 钢筋 $f_{sd} = 330\text{ MPa}$,HPB300 钢筋 $f_{sv} = 250\text{ MPa}$。

(1) 公式适用条件复核。

截面受扭塑性抵抗矩

$$W_t = \frac{b^2}{6}(3h-b) = \frac{250^2}{6}(3\times 500 - 250) = 13.021\times 10^6 \text{ mm}^3$$

于是

$$\frac{\gamma_0 T_d}{W_t} = \frac{1.0\times 38\times 10^6}{13.021\times 10^6} = 2.92 \text{ N/mm}^2$$

而

$$0.5f_{td} = 0.5\times 1.52 = 0.76 \text{ N/mm}^2$$

$$0.51\sqrt{f_{cu,k}} = 0.51\times \sqrt{35} = 3.02 \text{ N/mm}^2$$

满足 $0.5f_{td} \leqslant \frac{\gamma_0 T_d}{W_t} \leqslant 0.51\sqrt{f_{cu,k}}$ 的要求,表明截面尺寸满足要求,但需配置抗扭钢筋。

（2）抗扭箍筋设计。

Ⅰ类环境，假定取混凝土保护层厚度为 20 mm，箍筋直径取 10 mm，则核心区尺寸为：

$$b_{cor} = 250 - 30 \times 2 = 190 \text{ mm}$$

$$h_{cor} = 500 - 30 \times 2 = 440 \text{ mm}$$

$$A_{cor} = b_{cor} h_{cor} = 190 \times 440 = 83\ 600 \text{ mm}^2$$

依据规范对 ζ 的规定，取 $\zeta = 1.2$，于是

$$\frac{A_{sv1}}{s_v} = \frac{\gamma_0 T_d - 0.35 f_{td} W}{1.2\sqrt{\zeta} f_{sv} A_{cor}}$$

$$= \frac{1.0 \times 38 \times 10^6 - 0.35 \times 1.52 \times 13.021 \times 10^6}{1.2 \times \sqrt{1.2} \times 250 \times 83\ 600}$$

$$= 1.131 \text{ mm}^2/\text{mm}$$

箍筋选 ⌀10，$A_{sv1} = 78.5 \text{ mm}^2$，于是

$$s_v = \frac{A_{sv1}}{1.131} = \frac{78.5}{1.131} = 69.4 \text{ mm}$$

实际取箍筋间距为 50 mm。此时箍筋配筋率

$$\rho_{sv} = \frac{2 A_{sv1}}{b s_v} = \frac{2 \times 78.5}{250 \times 50} = 1.256\% > \rho_{sv,\ min} = 0.055 \times \frac{16.1}{250} = 0.354\%$$

满足最小配箍率要求。

（3）抗扭纵筋设计。

$$U_{cor} = 2(b_{cor} + h_{cor}) = 2 \times (190 + 440) = 1\ 260 \text{ mm}$$

$$A_{st} = \zeta \frac{A_{sv1}}{s_v} \times \frac{f_{sv} U_{cor}}{f_{sd}} = 1.2 \times 1.131 \times \frac{250 \times 1\ 260}{330} = 1\ 296 \text{ mm}^2$$

抗扭纵筋选用 6⌀18，可提供钢筋截面面积 1 527 mm²，分成上、中、下 3 层布置。此时，抗扭纵筋配筋率

$$\rho_{st} = \frac{A_{st}}{bh} = \frac{1\ 527}{250 \times 500} = 1.222\% > \rho_{st,min} = 0.08 \times \frac{16.1}{330} = 0.390\%$$

满足最小配筋率要求。

四、课外加油站

钢筋混凝土梁的详图有什么特点？梁内钢筋分几种？

五、思想政治素质养成

结合绿色可持续混凝土材料发展，介绍经济、绿色的节能建造方针，强调技术进步可以推进建筑业的节能环保，体现土木工程专业问题解决方案对环境、健康与可持续发展的影响。例如：《全球气候变化公约》《京都议定书》对各国温室气体排放形成硬约束，作为发展中国家的中国，承担减排的压力很大。在经济全球化过程中，气候变化既是经济问题，也是政治问题，二氧化碳排放权的本质是发展权。2016 年，国务院明确了城市规划和建筑业发展总方向，以"适用、经济、绿色、美观"的建筑方针提出推广绿色建筑和建材，发展新型建造方式。混凝土是土木工程中最常用且消耗量巨大的建筑材料，传统混凝土的制备需使用波特兰水泥。全球每年约消耗波特兰水泥 28 亿吨。水泥生产消耗大量的能源，排出大量的 CO_2 与其他大气污染物。每生产 1 t 水泥会释放 1 t 的 CO_2，每年水泥生产工业产生的 CO_2 占全球 CO_2 排放的 5%～7%，对全球暖化的贡献率为 4%。通过科技进步，可部分或完全替代混凝土中的波特兰水泥，并采用工业化的建造工艺，降低土木工程行业的碳排放，降低对环境、健康与可持续发展的负面影响，为国家发展做出贡献。以此培养学生的创新精神和家国情怀。

六、任务分配和任务工作单

学生任务分配表

班级：　　　　　组号：　　　　　组长：　　　　　指导老师：

组员	任务分工	组员	任务分工

任务工作单 1

姓名：	学号：	日期：

（1）简述素混凝土纯扭构件的破坏特征。

（2）简述钢筋混凝土纯扭构件的破坏形态。

任务工作单 2

姓名:	学号:	日期:

有一矩形截面受扭构件,截面尺寸 $b \times h = 250 \text{ mm} \times 550 \text{ mm}$,承受的扭矩组合设计值 $T_d = 40 \text{ kN} \cdot \text{m}$,采用 C30 混凝土,纵筋和箍筋分别采用 HRB400 和 HPB300,安全等级为一级,Ⅰ类环境。

要求:进行配筋设计。

七、评价反馈

评价反馈表

姓名：		组号：		组长：		指导老师：	
评价指标	评价内容	分值	个人自评（20%）	组内互评（20%）	组间互评（20%）	教师评价（40%）	综合评价
信息检索能力	能有效利用网络、图书资源查找有用的相关信息等，能将查到的信息有效地利用到学习中	10分					
课堂感知力	是否熟悉结构设计流程，认同工作价值？在学习中是否能获得满足感？课堂氛围如何？	10分					
参与度、交流沟通	是否积极主动与教师、同学交流，相互尊重、理解？与教师、同学之间是否能够保持多向、丰富、适宜的信息交流？	10分					
	能处理好合作学习和独立思考的关系，做到有效学习；能提出有意义的问题或能发表个人见解	10分					
知识、能力获得情况	了解素混凝土纯扭构件的破坏特征	10分					
	掌握钢筋混凝土纯扭构件的破坏形态	15分					
	掌握钢筋混凝土矩形截面纯扭构件的承载力计算	25分					
思维态度	是否能发现问题、提出问题、分析问题、解决问题、创新问题？	5分					
自评反思	按时按质完成任务；较好地掌握了知识点；具有较强的信息分析能力和理解能力；具有较为全面严谨的思维能力，并能条理清楚明晰地表达成文	5分					
反思改进							

任务二 矩形截面在弯、剪、扭共同作用下的承载力计算

一、学习目标

1. 知识目标

（1）掌握钢筋混凝土矩形截面在剪、扭共同作用下的承载力计算。
（2）掌握钢筋混凝土矩形截面在弯、剪、扭共同作用下的承载力计算。

2. 能力目标

（1）能进行钢筋混凝土矩形截面在剪、扭共同作用下的承载力计算。
（2）能进行钢筋混凝土矩形截面在弯、剪、扭共同作用下的承载力计算。

3. 思政目标

（1）培养科学严谨的逻辑思维能力。
（2）培养学生的安全意识。

二、任务重、难点

1. 重　点

（1）钢筋混凝土矩形截面在剪、扭共同作用下的承载力计算。
（2）钢筋混凝土矩形截面在弯、剪、扭共同作用下的承载力计算。

2. 难　点

（1）钢筋混凝土矩形截面在剪、扭共同作用下的承载力计算。
（2）钢筋混凝土矩形截面在弯、剪、扭共同作用下的承载力计算。

三、知识链接

（一）构件承受剪、扭共同作用时的承载力计算

试验表明：构件在剪、扭共同作用下，其抗剪、抗扭能力均小于单独受剪和受扭的承载力。由于构件的受力比较复杂，目前的做法是，分别计算抗剪和抗扭承载力，但是在计算公式中引入受扭承载力降低系数 β_t。

《桥规》规定，构件承受剪、扭共同作用时，抗剪承载力、抗扭承载力分别按照以下公式计算：

$$\gamma_0 V_d \leqslant \alpha_1 \alpha_2 \alpha_3 \frac{(10-2\beta_t)}{20} \times 10^{-3} bh_0 \sqrt{(2+0.6P)\sqrt{f_{cu,k}} \rho_{sv} f_{sv}} +$$
$$0.75 \times 10^{-3} f_{sd} \sum A_{sb} \sin\theta_s \text{ (kN)} \tag{2.6-8}$$

$$\gamma_0 T_d \leqslant 0.35 \beta_t f_{td} W_t + 1.2\sqrt{\zeta} \frac{f_{sv} A_{sv1} A_{cor}}{s_v} \text{ (N·mm)} \tag{2.6-9}$$

$$\beta_\mathrm{t} = \frac{1.5}{1 + 0.5\dfrac{V_\mathrm{d}W_\mathrm{t}}{T_\mathrm{d}bh_0}} \tag{2.6-10}$$

式中：β_t——剪扭构件混凝土抗扭承载力降低系数，当求得的 $\beta_\mathrm{t} < 0.5$ 时，取 $\beta_\mathrm{t} = 0.5$；$\beta_\mathrm{t} > 1.0$ 时，取 $\beta_\mathrm{t} = 1.0$。

其他符号意义同前。

需要指出的是，上面给出的剪扭构件承载力计算公式，是以适筋梁的塑性破坏为基础建立的。因此，在按上述公式进行剪扭构件承载力计算时，必须满足规范规定的截面尺寸及最小配筋率的限制条件。

《桥规》规定，承受剪扭共同作用的钢筋混凝土矩形截面构件，其截面尺寸应符合下式要求：

$$\frac{\gamma_0 V_\mathrm{d}}{bh_0} + \frac{\gamma_0 T_\mathrm{d}}{W_\mathrm{t}} \leqslant 0.51\sqrt{f_{\mathrm{cu,k}}} \quad (\mathrm{N/mm^2}) \tag{2.6-11}$$

抗扭纵筋和抗扭箍筋应满足最小配筋率要求，二者的最小配筋率分别按照下式确定：

$$\rho_{\mathrm{st,min}} = 0.08(2\beta_\mathrm{t} - 1)\frac{f_{\mathrm{cd}}}{f_{\mathrm{sd}}} \tag{2.6-12}$$

$$\rho_{\mathrm{sv,min}} = (2\beta_\mathrm{t} - 1)\left(0.055\frac{f_{\mathrm{cd}}}{f_{\mathrm{sv}}} - c\right) + c \tag{2.6-13}$$

式中：c——系数，当箍筋采用 HPB300 钢筋时取 $c = 0.0014$，采用 HRB400 钢筋时取 $c = 0.0011$。

当符合下列条件时，可不进行构件抗扭承载力计算，仅需按构造要求配置抗扭钢筋：

$$\frac{\gamma_0 V_\mathrm{d}}{bh_0} + \frac{\gamma_0 T_\mathrm{d}}{W_\mathrm{t}} \leqslant 0.5 f_{\mathrm{td}} \quad (\mathrm{N/mm^2}) \tag{2.6-14}$$

（二）构件受弯、剪、扭共同作用时的承载力计算

构件承受弯、剪、扭共同作用时，其纵向钢筋和箍筋应按下面的规定计算并配置：

（1）抗弯的纵向钢筋应按受弯构件正截面承载力计算钢筋截面面积并布置在受拉区边缘。

（2）按照构件承受剪扭共同作用计算所需的抗扭纵向钢筋、抗扭箍筋和抗剪箍筋。

（3）抗扭纵向钢筋应沿截面周边均匀对称布置。因此，分配到抗弯纵筋位置处的抗扭钢筋应与该处的抗弯纵筋截面面积叠加。

（4）抗扭箍筋和抗剪箍筋应叠加确定箍筋的截面面积。这里要注意的是，由抗剪得到的是 $\dfrac{A_{\mathrm{sv}}}{s_\mathrm{v}}$，而由抗扭得到的是 $\dfrac{A_{\mathrm{sv1}}}{s_\mathrm{v}}$，应将 $\dfrac{A_{\mathrm{sv}}}{s_\mathrm{v}}$ 除以箍筋肢数后才能与 $\dfrac{A_{\mathrm{sv1}}}{s_\mathrm{v}}$ 相加。箍筋最小配筋率应符合承受剪扭作用时的最小配筋率。

（三）应用实例

【例 2.6-2】 有一矩形截面钢筋混凝土弯扭构件，截面尺寸 $b \times h = 250\,\mathrm{mm} \times 500\,\mathrm{mm}$，承受最大弯矩组合设计值 $M_\mathrm{d} = 100\,\mathrm{kN \cdot m}$，剪力组合设计值 $V_\mathrm{d} = 90\,\mathrm{kN}$，扭矩组合设计值 $T_\mathrm{d} =$

12 kN·m，采用 C30 混凝土，纵筋采用 HRB400，箍筋采用 HPB300，结构重要性系数 $\gamma_0 = 1.0$，Ⅰ类环境。

要求：进行配筋设计。

【解】 查表，得到 $f_{cd} = 13.8$ MPa，$f_{td} = 1.39$ MPa，$f_{sd} = 330$ MPa，$f_{sv} = 250$ MPa。

（1）有关参数计算。

假定取混凝土保护层厚度为 20 mm，箍筋取 Φ10，则

$$b_{cor} = 250 - 2\times 30 = 190 \text{ mm}，\quad h_{cor} = 500 - 2\times 30 = 440 \text{ mm}$$

$$A_{cor} = 190\times 440 = 83\,600 \text{ mm}^2，\quad U_{cor} = 2\times(190+440) = 1\,260 \text{ mm}$$

纵筋取 ⏀20，则 $a_s = 30$ mm，则

$$h_0 = h - a_s = 500 - 30 = 470 \text{ mm}$$

受扭塑性抵抗矩

$$W_t = \frac{h^2}{6}(3h-b) = \frac{250^2}{6}\times(3\times 500 - 250) = 13.020\,8\times 10^6 \text{ mm}^3$$

（2）验算受剪作用时的上、下限。

$$\frac{\gamma_0 V_d}{bh_0} + \frac{\gamma_0 T_d}{W_t} = \frac{1.0\times 90\times 10^3}{250\times 470} + \frac{1.0\times 12\times 10^6}{13.020\,8\times 10^6} = 1.688 \text{ N/mm}^2$$

而 $0.5f_{td} = 0.5\times 1.23 = 0.615$ N/mm²，$0.51\sqrt{f_{cu,k}} = 0.51\times\sqrt{30} = 2.79$ N/mm²

满足 $0.5f_{td} \leqslant \dfrac{\gamma_0 V_d}{bh_0} + \dfrac{\gamma_0 T_d}{W_t} \leqslant 0.51\sqrt{f_{cu,k}}$。

表明截面尺寸满足要求，但需按计算要求设置抗剪扭钢筋。

（3）配筋设计。

① 抗弯纵筋计算。

$$x = h_0 - \sqrt{h_0^2 - \frac{2\gamma_0 M_d}{f_{cd}b'_f}} = 470 - \sqrt{470^2 - \frac{2\times 1.0\times 100\times 10^6}{13.8\times 250}}$$

$$= 66 \text{ mm} < \xi_b h_0 = 0.53\times 470 = 249 \text{ mm}$$

于是，所需纵筋面积为：

$$A_s = \frac{f_{cd}bx}{f_{sd}} = \frac{13.8\times 250\times 66}{330} = 690 \text{ mm}^2$$

$$\rho_{min} = 0.45\frac{f_{td}}{f_{sd}} = 0.45\times\frac{1.39}{330} = 0.190\% < 0.2\%$$

抗弯纵筋截面面积最小为 $\rho_{min}bh_0 = 0.2\%\times 250\times 500 = 250$ mm²，计算值满足要求。

② 抗剪箍筋计算。

剪、扭共同作用时的承载力降低系数为：

$$\beta_t = \frac{1.5}{1+0.5\dfrac{V_d W_t}{T_d b h_0}} = \frac{1.5}{1+0.5\times\dfrac{90\times 13.020\ 8\times 10^6}{12\times 10^6\times 250\times 470}} = 1.499 > 1.0$$

取 $\beta_t = 1.0$。

假定只配置箍筋抵抗剪力，斜截面范围内的纵筋配筋百分率按照前面求得的 $A_s = 690\ \text{mm}^2$ 计算（是偏于安全的做法），为：

$$P = 100\times \frac{690}{250\times 470} = 0.587$$

$$\rho_{sv} = \frac{(\gamma_0 V_d)^2}{0.25\times 10^{-8}\alpha_1^2\alpha_2^2\alpha_3^2(10-2\beta_t)^2 b^2 h_0^2(2+0.6P)\sqrt{f_{cu,k}}f_{sv}}$$

$$= \frac{(1.0\times 90)^2}{0.25\times 10^{-8}\times(10-2\times 1)^2\times 250^2\times 470^2\times(2+0.6\times 0.587)\times\sqrt{30}\times 250}$$

$$= 1.138\times 10^{-3}$$

采用双肢闭口箍筋，$n = 2$，则

$$\frac{A_{sv1}}{s_v} = \frac{b\rho_{sv}}{2} = \frac{250\times 1.138\times 10^{-3}}{2} = 0.142\ \text{mm}^2/\text{mm}$$

③ 抗扭箍筋计算。

取 $\zeta = 1.0$，则

$$\frac{A_{sv1}}{s_v} = \frac{\gamma_0 V_d - 0.35\beta_t f_{td}W_t}{1.2\sqrt{\zeta}f_{sv}A_{cor}}$$

$$= \frac{1.0\times 12\times 10^6 - 0.35\times 1.0\times 1.39\times 13.020\ 8\times 10^6}{1.2\times 250\times 83\ 600} = 0.226\ \text{mm}^2/\text{mm}$$

于是，考虑抗扭和抗剪要求后，要求

$$\frac{A_{sv1}}{s_v} = 0.142 + 0.226 = 0.368\ \text{mm}^2/\text{mm}$$

箍筋选用 Φ8 双肢箍，单肢截面面积 50.3 mm^2，此时，要求 $s_v \leqslant 50.3/0.368 = 137\ \text{mm}$，选择箍筋间距为 100 mm。

$$\rho_{sv,\min} = (2\beta_t - 1)\left(0.055\frac{f_{cd}}{f_{sv}} - c\right) + c$$

$$= (2\times 1 - 1)\left(0.055\times \frac{13.8}{250} - 0.001\ 4\right) + 0.001\ 4$$

$$= 0.304\%$$

按照双肢箍 Φ8@100 布置箍筋时，实际配筋率为：

$$\rho_{sv} = \frac{2A_{sv1}}{bs_v} = \frac{2\times 50.3}{250\times 100} = 0.402\% > \rho_{sv,\min} = 0.304\%$$

满足要求。

④ 抗扭纵筋计算。

$$A_{st} = \zeta \frac{A_{sv1}}{s_v} \times \frac{f_{sv}U_{cor}}{f_{sd}} = 1.0 \times 0.226 \times \frac{250 \times 1\,260}{330} = 216 \text{ mm}^2$$

注意，上式是由 ζ 的定义式变形得到的，故其中的 $\dfrac{A_{sv1}}{s_v}$ 应为抗扭箍筋所得数值而非剪扭叠加后的数值。

此时，抗扭纵筋配筋率

$$\rho_{st,min} = 0.08(2\beta_t - 1)\frac{f_{cd}}{f_{sd}} = 0.08 \times (2 \times 1 - 1) \times \frac{13.8}{330} = 0.335\%$$

$$\rho_{st} = \frac{A_{st}}{bh} = \frac{216}{250 \times 500} = 0.173\% > \rho_{st,min}$$

应按照构造配置抗扭纵筋，需要纵筋截面面积为 $0.335\% \times 250 \times 500 = 419 \text{ mm}^2$。

（4）钢筋布置。

由于受扭纵筋间距应不大于 300 mm，故将受扭纵筋分成 3 层布置。

受拉区应配置钢筋截面面积为 690 + 419/3 = 830 mm²，今选用 5Φ16，可提供截面面积 1 005 mm²；

受压区应配置钢筋截面面积为 419/3 = 139 mm²，今选用 2Φ16，可提供截面面积 402 mm²。

沿梁高配置钢筋截面面积为 419/3 = 139 mm²，今每侧布置 1 根 Φ16 纵筋。

截面钢筋布置如图 2.6-2 所示。

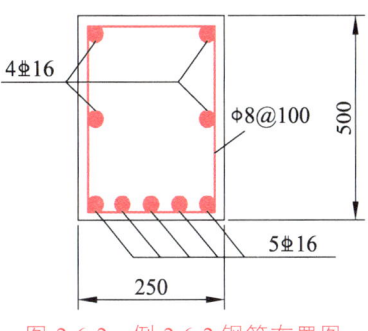

图 2.6-2　例 2.6-2 钢筋布置图

四、课外加油站

"10·10"无锡高架桥侧翻事故

五、思想政治素质养成

（1）钢筋混凝土构件在弯、剪、扭共同作用时，受力状况十分复杂，目前多采用简化计算的方法。通过讲解构件在弯、剪、扭共同作用时的承载力计算，引导学生分析事物要采用辩证唯物主义的思想，学会抓住主要矛盾。

（2）钢筋混凝土构件在弯、剪、扭共同作用时，箍筋和纵筋的配置都相对复杂，在配筋设计时，时刻要保持思路清晰，一项一项逐个计算，保证不缺项，这就要求同学们具备科学严谨的逻辑思维能力。

六、任务分配和任务工作单

学生任务分配表

班级：　　　　　组号：　　　　　组长：　　　　　指导老师：

组员	任务分工	组员	任务分工

任务工作单

姓名：	学号：	日期：

有一矩形截面钢筋混凝土弯扭构件，截面尺寸 $b \times h = 250\,\text{mm} \times 550\,\text{mm}$，承受最大弯矩组合设计值 $M_d = 120\,\text{kN}\cdot\text{m}$，剪力组合设计值 $V_d = 80\,\text{kN}$，扭矩组合设计值 $T_d = 15\,\text{kN}\cdot\text{m}$，采用C30混凝土，纵筋采用HRB400，箍筋采用HPB300，结构重要性系数 $\gamma_0 = 1.0$，Ⅰ类环境。

要求：进行配筋设计。

七、评价反馈

评价反馈表

姓名：		组号：		组长：		指导老师：	
评价指标	评价内容	分值	个人自评（20%）	组内互评（20%）	组间互评（20%）	教师评价（40%）	综合评价
信息检索能力	能有效利用网络、图书资源查找有用的相关信息等，能将查到的信息有效地利用到学习中	10分					
课堂感知力	是否熟悉结构设计流程，认同工作价值？在学习中是否能获得满足感？课堂氛围如何？	10分					
参与度、交流沟通	是否积极主动与教师、同学交流，相互尊重、理解？与教师、同学之间是否能够保持多向、丰富、适宜的信息交流？	10分					
	能处理好合作学习和独立思考的关系，做到有效学习；能提出有意义的问题或能发表个人见解	10分					
知识、能力获得情况	掌握钢筋混凝土矩形截面在剪、扭共同作用下的承载力计算	25分					
	能进行钢筋混凝土矩形截面在弯、剪、扭共同作用下的承载力计算	25分					
思维态度	是否能发现问题、提出问题、分析问题、解决问题、创新问题？	5分					
自评反思	按时按质完成任务；较好地掌握了知识点；具有较强的信息分析能力和理解能力；具有较为全面严谨的思维能力，并能条理清楚明晰地表达成文	5分					
反思改进							

任务三 T形、工形及箱形截面受扭构件的承载力计算

一、学习目标

1. 知识目标

（1）掌握T形、工形截面的受扭塑性抵抗矩。
（2）掌握剪力、扭矩设计值的分配。
（3）掌握受扭钢筋的构造要求。

2. 能力目标

（1）会计算T形、工形截面的受扭塑性抵抗矩。
（2）能进行剪力、扭矩设计值的分配。

3. 思政目标

认真对待结构设计的态度和科学严谨的治学态度。

二、任务重、难点

1. 重　点

（1）T形、工形截面的受扭塑性抵抗矩。
（2）剪力、扭矩设计值的分配。
（3）受扭钢筋的构造要求。

2. 难　点

剪力、扭矩设计值的分配。

T形、工形、箱形截面
受扭承载力计算及
受扭钢筋的构造要求

三、知识链接

（一）T形、工形截面受扭承载力计算

1. T形、工形截面的受扭塑性抵抗矩

将T形、工形截面按照图2.6-3所示的方法分成若干矩形，近似地认为全截面受扭塑性抵抗矩等于各分块矩形截面受扭塑性抵抗矩之和。截面分块的原则是，应首先满足腹板截面的完整性，然后再划分受压翼缘和受拉翼缘面积。

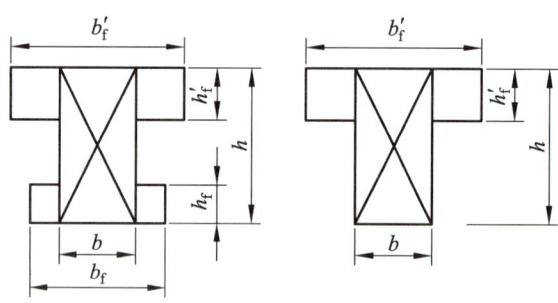

图2.6-3 T形和工形截面受扭构件

T形或工形截面受扭构件塑性抵抗矩

$$W_t = W_{tw} + W_{tf}' + W_{tf} \quad (2.6\text{-}15)$$

其中：

$$W_{tw} = \frac{b^2}{6}(3h - b) \quad (2.6\text{-}16)$$

$$W_{tf}' = \frac{b_f'^2}{2}(b_f' - b) \quad (2.6\text{-}17)$$

$$W_{tf} = \frac{h_f^2}{2}(b_f - b) \quad (2.6\text{-}18)$$

式中：W_{tw}——腹板的受扭塑性抵抗矩；

W_{tf}'——受压翼缘的受扭塑性抵抗矩；

W_{tf}——受拉翼缘的受扭塑性抵抗矩。

计算时取用的翼缘宽度应满足 $b_f' \leq b + h_f'$ 以及 $b_f \leq b + h_f$ 的规定。

2. 剪力、扭矩设计值的分配

T形、工形截面构件受剪时，均认为腹板承受全部剪力。每个矩形分块截面承受的扭矩可按下式计算：

（1）腹板矩形分块：

$$T_{wd} = \frac{W_{tw}}{W_t} T_d$$

（2）受压翼缘矩形分块：

$$T_{fd}' = \frac{W_{tf}'}{W_t} T_d$$

（3）受拉翼缘矩形分块：

$$T_{fd} = \frac{W_{tf}}{W_t} T_d$$

式中：T_d——构件截面所承受的扭矩组合设计值；

T_{wd}——分配给腹板承受的扭矩组合设计值；

T_{fd}'——分配给受压翼缘承受的扭矩组合设计值；

T_{fd}——分配给受拉翼缘承受的扭矩组合设计值。

（二）箱形截面受扭承载力计算

箱形截面具有整体刚度大、抗扭刚度大、外形美观等优点，在桥梁结构中应用十分广泛，如图 2.6-4 所示。

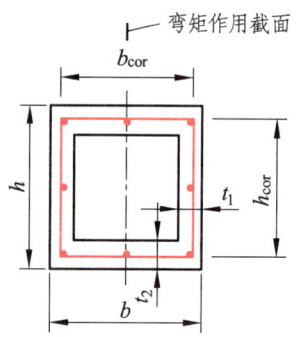

图 2.6-4 受扭构件箱形截面尺寸（$h>b$）

同 T 形、工形截面一样，箱形截面构件受剪时，也认为腹板承受全部剪力。

《桥规》规定，箱形壁厚满足 $t_2 \geq 0.1b$ 和 $t_1 \geq 0.1h$ 的箱形截面纯扭构件，其抗扭承载力应按下列规定计算：

$$\gamma_0 T_d \leq T = 0.35 \beta_a f_{td} W_t + 1.2\sqrt{\zeta} \frac{f_{sv} A_{sv1} A_{cor}}{s_v} \quad (2.6\text{-}19)$$

式中：β_a——箱形截面有效壁厚折减系数。当 $0.1 \leq t_2/b \leq 0.25$ 或 $0.1 \leq t_1/h \leq 0.25$ 时，取 $\beta_a = 4\dfrac{t_2}{b}$ 或 $\beta_a = 4\dfrac{t_1}{h}$ 两者中的较小值；当 $t_2/b \geq 0.25$ 和 $t_1/h \geq 0.25$ 时，取 $\beta_a = 1.0$

（三）受扭钢筋的构造要求

1. 受扭箍筋

受扭箍筋须采用封闭式，且应沿截面周边布置。当采用复合箍筋时，处于截面内部的箍筋不应计入抗扭箍筋截面面积。

受扭箍筋末端应做成 135°弯钩，弯钩端部应锚入混凝土核心区，其平直段长度不小于 $10d$，d 为钢筋直径。箍筋弯钩应箍牢纵向钢筋，相邻两根箍筋的弯钩和接头沿纵向应交替布置。

箍筋直径应不小于 8 mm 和 1/4 主筋直径，间距不应大于梁高的 1/2 和 400 mm。

箍筋的配箍率应满足规范规定的最小配箍率 $\rho_{sv,\min}$ 要求。

对于由若干个矩形组成的 T 形、L 形、工字形等复杂截面，箍筋应按矩形单元布置，使不同矩形单元的箍筋互相交错，如图 2.6-5 所示。

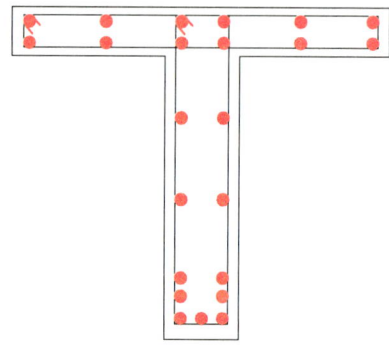

图 2.6-5 复杂截面箍筋布置图

2. 受扭纵筋

受扭纵筋应沿截面周边均匀对称布置。试验表明：不对称配置的受扭纵筋在受扭过程中不能充分发挥作用。受扭纵筋的间距不应大于 300 mm；在矩形截面的基本单元的四角必须设有纵筋，其末端应留有规范规定的受拉钢筋最小锚固长度。

在弯剪扭构件中，纵向受力钢筋的配筋应不小于受弯构件纵筋最小配筋率与受扭构件纵筋最小配筋率之和。受弯构件的受拉纵筋最小配筋率为 $\rho_{s,min} = \dfrac{A_{s,min}}{bh_0} = 0.45\dfrac{f_{td}}{f_{sd}}$ 和 0.002 的较大者。受扭构件的纵筋最小配筋率为 $\rho_{st,min} = \dfrac{A_{st,min}}{bh} = 0.08(2\beta_t - 1)\dfrac{f_{cd}}{f_{sd}}$。

四、课外加油站

独柱墩式桥梁安全吗？

五、思想政治素质养成

实际工程中钢筋混凝土梁是在弯、剪、扭共同作用下的复杂受力结构，为了保证结构的安全，要求设计人员在计算、绘图、标注上注重细节，一丝不苟、精益求精，按照岗位标准去完成，并反复修改项目成果直至满足规范要求，其设计过程需要规范严谨的工作作风和精益求精的工匠精神。通过引入独柱墩的案例，培养学生严肃认真对待结构设计的态度和科学严谨的治学态度。

六、任务分配和任务工作单

学生任务分配表

班级：　　　　　　组号：　　　　　　组长：　　　　　　指导老师：

组员	任务分工	组员	任务分工

任务工作单 1

姓名：	学号：	日期：

（1）简述素混凝土纯扭构件的破坏特征。

（2）简述钢筋混凝土纯扭构件的破坏形态。

任务工作单 2

姓名：	学号：	日期：

有一矩形截面受扭构件，截面尺寸 $b \times h = 250 \text{ mm} \times 550 \text{ mm}$，承受的扭矩组合设计值 $T_d = 40 \text{ kN} \cdot \text{m}$，采用 C30 混凝土，纵筋和箍筋分别采用 HRB400 和 HPB300，安全等级为一级，Ⅰ类环境。

要求：进行配筋设计。

七、评价反馈

评价反馈表

姓名：		组号：		组长：		指导老师：	
评价指标	评价内容	分值	个人自评（20%）	组内互评（20%）	组间互评（20%）	教师评价（40%）	综合评价
信息检索能力	能有效利用网络、图书资源查找有用的相关信息等，能将查到的信息有效地利用到学习中	10分					
课堂感知力	是否熟悉结构设计流程，认同工作价值？在学习中是否能获得满足感？课堂氛围如何？	10分					
参与度、交流沟通	是否积极主动与教师、同学交流，相互尊重、理解？与教师、同学之间是否能够保持多向、丰富、适宜的信息交流？	10分					
	能处理好合作学习和独立思考的关系，做到有效学习；能提出有意义的问题或能发表个人见解	10分					
知识、能力获得情况	了解素混凝土纯扭构件的破坏特征	10分					
	掌握钢筋混凝土纯扭构件的破坏形态	15分					
	掌握钢筋混凝土矩形截面纯扭构件的承载力计算	25分					
思维态度	是否能发现问题、提出问题、分析问题、解决问题、创新问题？	5分					
自评反思	按时按质完成任务；较好地掌握了知识点；具有较强的信息分析能力和理解能力；具有较为全面严谨的思维能力，并能条理清楚明晰地表达成文	5分					
	反思改进						

项目七　受弯构件的应力、裂缝和变形计算

任务一　截面换算及应力验算

一、学习目标

1. 知识目标

（1）掌握等效换算原理。
（2）掌握换算截面几何特征值的计算方法。
（3）掌握钢筋混凝土构件正截面应力计算方法。
（4）掌握钢筋混凝土构件短暂状况斜截面应力计算方法。

截面换算

2. 能力目标

（1）能理解等效换算原理。
（2）能计算换算截面几何特征值。
（3）能进行钢筋混凝土构件正截面应力验算。
（4）能进行钢筋混凝土构件斜截面应力验算。

3. 思政目标

培养学生的职业意识和职业道德，增强社会责任感和使命感。

二、任务重、难点

1. 重　点

（1）换算截面几何特征值的计算方法。
（2）钢筋混凝土构件短暂状况正截面应力计算方法。

2. 难　点

钢筋混凝土构件短暂状况正截面应力计算方法。

三、知识链接

桥梁构件应计算其在制作、运输及安装等施工阶段，由自重、施工荷载等引起的正截面和斜截面的应力，并不应超过规定的限值。施工荷载除有特别规定外均采用标准值，当有组合时不考虑荷载组合系数。

当用吊机（车）行驶于桥梁进行安装时，应对已安装就位的构件进行验算，吊机（车）应乘以1.15的分项系数。当由吊机（车）产生的效应设计值小于按持久状况承载能力极限状态计算的作用效应设计值时，则可不必验算。当进行构件运输和安装计算时，构件自重应乘以动力系数1.2或0.85。

（一）弹性分析法的基本原理

钢筋混凝土是由两种力学性能不同的材料组成的，而材料力学公式只适合于单一弹性模量的均质弹性体，要想直接利用材料力学公式计算钢筋混凝土构件的应力及变形，需将两种材料组成的截面换算成一种由拉压性能相同的假想材料组成的匀质截面（换算截面），也就是将钢筋截面用等效的混凝土截面来代替（也可将混凝土截面用等效的钢筋截面来代替）。这样两种材料组成的组合截面就变成了单一材料的截面，称为换算截面，从而能采用材料力学公式进行截面应力计算。以受弯构件破坏第Ⅱ工作阶段为设计依据，其计算的基本假定如下：

（1）截面变形符合平截面假定。
（2）受压区混凝土的法向应力图形为三角形。
（3）受拉区混凝土不参加工作，拉应力全部由钢筋承受。

（二）钢筋混凝土构件的换算截面

1. 等效换算原理

在钢筋混凝土结构中，通常是将钢筋截面换算为等效的混凝土截面。换算截面的换算原则是换算前后合力的大小和作用的位置不变（图2.7-1）。

等效换算的条件如下：

虚拟混凝土块仍居于钢筋的重心处及应变相同，$\varepsilon_c = \varepsilon_s$。

虚拟混凝土与钢筋承担的内力相同，$\sigma_c A_c = \sigma_s A_s$。

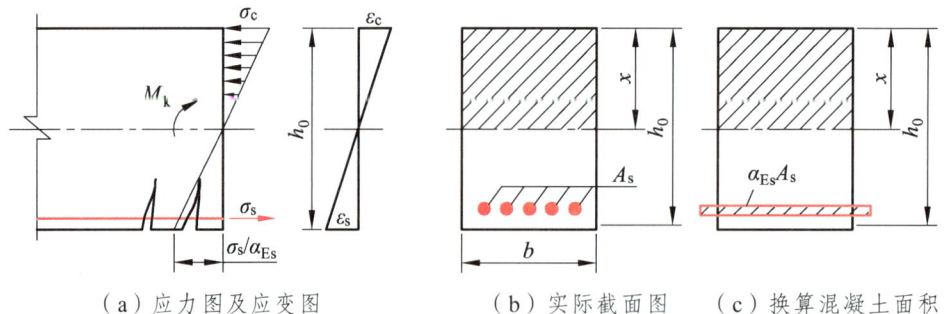

（a）应力图及应变图　　（b）实际截面图　　（c）换算混凝土面积

图2.7-1　单筋矩形受弯构件正截面应力计算图示

综上所述，由胡克定律可得：

$$\varepsilon_c = \varepsilon_s$$

$$\frac{\sigma_c}{E_c} = \frac{\sigma_s}{E_s} \Rightarrow \frac{\sigma_s}{\sigma_c} = \frac{E_s}{E_c} = \alpha_{Es}$$

$$A_c = \frac{\sigma_s}{\sigma_c} A_s = \alpha_{Es} A_s \tag{2.7-1}$$

式中：E_s——普通钢筋的弹性模量；

　　　　E_c——混凝土的弹性模量；

　　　　α_{Es}——普通钢筋的弹性模量与混凝土的弹性模量之比；

ε_s——钢筋的应变；

ε_c——等效混凝土的应变；

σ_s，A_s——钢筋的应力及截面面积；

σ_c，A_c——等效混凝土块的应力及截面面积。

该式的物理意义是：钢筋 A_s 可以用位于钢筋截面重心处截面面积为 $\alpha_{Es}A_s$ 的混凝土来代替[图 2.7-1（c）]。需要注意的是：$\alpha_{Es}A_s$ 是一个呈线状的虚拟面积，不考虑对自身轴的惯性矩。

2. 开裂截面换算截面几何特征值计算

（1）单筋矩形截面（图 2.7-1）。

① 开裂截面换算截面面积 A_{cr}。

$$A_{cr} = bx_0 + \alpha_{Es}A_s \tag{2.7-2}$$

② 开裂截面换算截面对中性轴的静矩（或面积矩）S_{cr}。

受压区

$$S_{cra} = \frac{1}{2}bx_0^2 \tag{2.7-3}$$

受拉区

$$S_{crl} = \alpha_{Es}A_s(h_0 - x_0) \tag{2.7-4}$$

③ 受压区高度 x_0。

对于受弯构件，其开裂截面的中性轴通过其换算截面的重心轴，而任意截面图形对重心的静矩代数和为零，即

$$S_{cra} - S_{crl} = 0$$

解方程得

$$x_0 = \frac{\alpha_{Es}A_s}{b}\left(\sqrt{1 + \frac{2bh_0}{\alpha E_s A_s}} - 1\right) \tag{2.7-5}$$

④ 开裂截面换算截面的惯性矩 I_{cr}。

在求开裂截面换算截面的惯性矩时，应注意忽略钢筋等效的混凝土块对自身形心的惯性矩。

$$I_{cr} = \frac{1}{12}bx_0^3 + bx_0\left(\frac{x_0}{2}\right)^2 + \alpha_{Es}A_s(h_0 - x_0)^2 = \frac{1}{3}bx_0^3 + \alpha_{Es}A_s(h_0 - x_0)^2 \tag{2.7-6}$$

⑤ 开裂截面换算截面抵抗矩 W_{cr}。

对混凝土受压边缘

$$W_{cr} = \frac{I_{cr}}{x_0} \tag{2.7-7}$$

对受拉钢筋重心处

$$W_{cr} = \frac{I_{cr}}{h_0 - x_0} \tag{2.7-8}$$

（2）双筋矩形截面。

对于双筋矩形截面，与单筋矩形截面不同之处在于受压区也配置了受压钢筋，截面换算时，需将受拉钢筋和受压钢筋分别用两个虚拟的混凝土块代替，形成换算截面，即双筋矩形截面几何特征的表达式在单筋矩形截面的基础上，再计入受压区钢筋换算面积 $\alpha_{Es}A'_s$ 即可。

（3）单筋 T 形截面（图 2.7-2）。

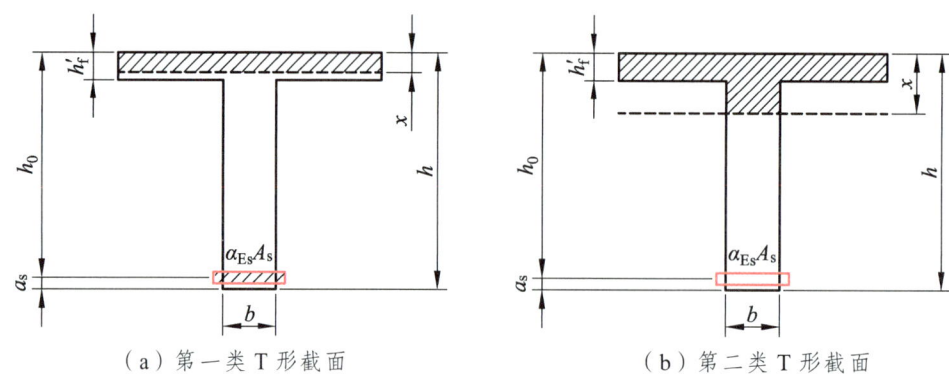

（a）第一类 T 形截面　　　　　　（b）第二类 T 形截面

图 2.7-2　开裂状态下 T 形截面换算计算图示

对于 T 形和翼缘位于受压区的 I 形截面，根据受压区高度 x 的大小有以下两种情况：

第一类 T 形截面，即中性轴位于翼缘内，与截面尺寸为 $b'_f \times h$ 的单筋矩形截面相同，按式（2.7-2）～式（2.7-8）计算开裂截面的换算截面几何特征值。

第二类 T 形截面，即中性轴位于翼缘外，其几何特征值计算如下：

① 开裂截面换算截面面积 A_{cr}。

$$A_{cr} = bx_0 + (b'_f - b)h'_f + \alpha_{Es}A_s \tag{2.7-9}$$

② 开裂截面换算截面对中性轴的静矩（或面积矩）S_{cr}。

受压区

$$S_{cra} = \frac{1}{2}bx_0^2 + (b'_f - b)h'_f\left(x_0 - \frac{h'_f}{2}\right) \tag{2.7-10}$$

受拉区

$$S_{crl} = \alpha_{Es}A_s(h_0 - x_0) \tag{2.7-11}$$

③ 受压区高度 x_0。

可通过经验公式求得

$$x_0 = \frac{S_{cra}}{A_{cr}} \tag{2.7-12}$$

或由受压区和受拉区对中性轴静矩的代数和等于零可推出：

$$S_{cra} - S_{crl} = 0$$

可求得

$$x_0 = \sqrt{A^2 + B} - A \tag{2.7-13}$$

式中：
$$A = \frac{\alpha_{Es}A_s + (b'_f - b)h'_f}{b}$$

$$B = \frac{2\alpha_{Es}A_s h_0 + (b'_f - b)h'^2_f}{b}$$

④ 开裂截面换算截面的惯性矩 I_{cr}。

$$I_{cr} = \frac{b'_f x_0^3}{3} - \frac{(b'_f - b)(x_0 - h'_f)^3}{3} + \alpha_{Es}A_s(h_0 - x_0)^2 \quad (2.7\text{-}14)$$

⑤ 开裂截面换算截面抵抗矩 W_{cr}。
对混凝土受压边缘

$$W_{cr} = \frac{I_{cr}}{x_0} \quad (2.7\text{-}15)$$

对受拉钢筋重心处

$$W_{cr} = \frac{I_{cr}}{h_0 - x_0} \quad (2.7\text{-}16)$$

3．全截面换算截面几何特征值计算

在钢筋混凝土受弯构件的使用阶段和施工阶段的计算中，有时会遇到全截面换算截面的概念。全截面换算截面是指混凝土全面积和钢筋换算面积所组成的截面。

（1）单筋矩形换算截面。
换算截面面积

$$A_0 = bh + (\alpha_{Es} - 1)A_s \quad (2.7\text{-}17)$$

全截面对上边缘的静矩

$$S_0 = \frac{1}{2}bh^2 + (\alpha_{Es} - 1)A_s h_0 \quad (2.7\text{-}18)$$

受压区高度

$$x_0 = \frac{\frac{1}{2}bh^2 + (\alpha_{Es} - 1)A_s h_0}{A_0} \quad (2.7\text{-}19)$$

换算截面的惯性矩

$$I_0 = \frac{1}{12}bh^3 + bh\left(\frac{h}{2} - x_0\right)^2 + (\alpha_{Es} - 1)A_s(h_0 - x_0)^2 \quad (2.7\text{-}20)$$

（2）第二类单筋 T 形截面。
换算截面面积

$$A_0 = bh + (b'_f - b)h'_f + (\alpha_{Es} - 1)A_s \quad (2.7\text{-}21)$$

全截面对上边缘的静矩

$$S_0 = \frac{1}{2}bh^2 + \frac{1}{2}(b_f' - b)h_f'^2 + (\alpha_{Es} - 1)A_s h_0 \tag{2.7-22}$$

受压区高度

$$x_0 = \frac{\frac{1}{2}bh^2 + \frac{1}{2}(b_f' - b)h_f'^2 + (\alpha_{Es} - 1)A_s h_0}{A_0} \tag{2.7-23}$$

换算截面的惯性矩

$$I_0 = \frac{1}{12}bh^3 + bh\left(\frac{h}{2} - x_0\right)^2 + \frac{1}{12}(b_f' - b)h_f'^3 + (b_f' - b)h_f'\left(\frac{1}{2}h_f' - x_0\right)^2 + \\ (\alpha_{Es} - 1)A_s(h_0 - x_0)^2 \tag{2.7-24}$$

（三）应力验算

1. 正截面应力验算

《桥规》规定，钢筋混凝土受弯构件按短暂状况设计时，正截面应力按式（2.7-25）和式（2.7-26）计算：

（1）受压区边缘压应力 σ_{cc}^t

$$\sigma_{cc}^t = \frac{M_k^t}{I_{cr}} x_0 \leqslant 0.8 f_{ck} \tag{2.7-25}$$

（2）受拉钢筋的应力 σ_{si}^t

$$\sigma_{si}^t = \alpha_{Es} \frac{M_k^t}{I_{cr}} (h_{0i} - x_0) \leqslant 0.75 f_{sk} \tag{2.7-26}$$

钢筋混凝土受弯构件
施工阶段应力计算

式中：M_k^t——由临时的施工荷载标准值产生的弯矩值；

I_{cr}——开裂截面换算截面的惯性矩；

f_{ck}——施工阶段相应的混凝土轴心抗压强度标准值；

f_{sk}——普通钢筋的抗拉强度标准值。

以上公式中，上角标"t"表示短暂状况。

对钢筋的应力验算，一般仅需验算最外排受拉钢筋的应力，当内排钢筋强度小于外排钢筋强度标准值时，则应分排验算。

2. 斜截面应力计算

钢筋混凝土受弯构件在荷载作用下，除由弯矩产生的法向应力外，同时还伴随着剪力产生剪应力。由于法向应力和剪应力的结合，又产生斜向主应力，即主压应力和主拉应力。当主拉应力达到混凝土抗拉强度极限值时，构件就会出现斜裂缝，最终导致梁的斜截面破坏。因此，钢筋混凝土受弯构件短暂状况斜截面应力验算主要是验算主拉应力，使其不超过规定的限值。

由于忽略了受拉区混凝土的拉力，在钢筋混凝土梁中性轴处及整个受拉区，主拉应力达到最大值，主拉应力在数值上等于主压应力，且等于最大剪应力；另外，混凝土的抗拉强度较低，所以，在钢筋混凝土结构中只验算主拉应力，不必验算主压应力及剪应力。这样钢筋混凝土受弯构件按短暂状况设计时，斜截面应力验算，就是计算中性轴处的主拉应力 σ_{tp}^{t}，并满足下列条件：

$$\sigma_{tp}^{t} = \frac{V_k^t}{bz} \leqslant f'_{tk} \tag{2.7-27}$$

式中：V_k^t ——由临时施工荷载标准值产生的剪力值；

b ——矩形截面的宽度，T 形截面或 I 形截面为腹板的宽度；

z ——受压区混凝土合力点至受拉钢筋合力点的距离，按受压区应力图形为三角形计算确定；

f'_{tk} ——施工阶段混凝土轴心抗拉强度标准值。

对于某些需按短暂状况设计或其他需按弹性分析的容许应力法进行抗剪配筋设计的情况，按下列方法处理。

钢筋混凝土受弯构件中性轴处的主拉应力，若符合下列条件：

$$\sigma_{tp}^{t} \leqslant 0.25 f'_{tk} \tag{2.7-28}$$

则该区段的主拉应力全部由混凝土承受，此时抗剪钢筋按构造要求配置。

对主拉应力不满足上式的区段，需配置箍筋和弯起钢筋来承受主拉应力，并按式（2.7-29）和式（2.7-30）计算，如图 2.7-3 所示。

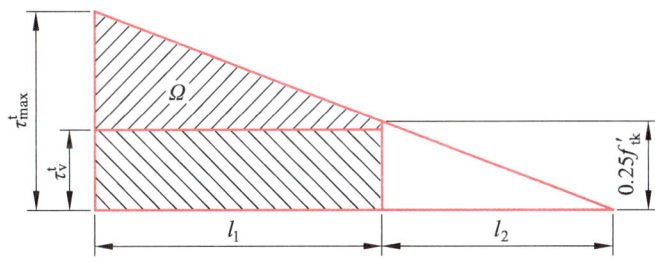

图 2.7-3　钢筋混凝土受弯构件剪应力沿梁长方向分布图

（1）箍筋：

$$\tau_v^t \geqslant \frac{n A_{sv1} [\sigma_s^t]}{b s_v} \tag{2.7-29}$$

（2）弯起钢筋：

$$A_{sb} \geqslant \frac{b \Omega_b}{\sqrt{2} [\sigma_s^t]} \tag{2.7-30}$$

式中：τ_v^t ——由箍筋承担的主拉应力（剪应力）值；

n ——同一截面内箍筋的肢数；

A_{sv1}——箍筋的截面面积；

s_v——箍筋的间距；

b——矩形截面的宽度，T 形截面或 I 形截面为腹板的宽度；

A_{sb}——弯起钢筋的总截面面积；

$[\sigma_s^t]$——短暂状况时钢筋应力的限值，按规定取用 $0.75f_{sk}$；

Ω_b——相应于由弯起钢筋承受的剪应力图的面积。

四、课外加油站

加拿大魁北克大桥事故

五、思想政治素质养成

通过引入由于工程设计引发的工程事故案例，分析引发工程事故的原因。结合土木工程行业人员在职业活动中的行为规范，引导学生遵守行业规范，强化廉洁自律精神。工程设计人员的小小失误都有可能引发重大的工程事故，造成不可估量的损失，因此引导学生在学习过程中一定要掌握和理解混凝土结构受弯构件设计方法，培养学生的职业意识和职业道德，增强其社会责任感和使命感。

六、任务分配和任务工作单

学生任务分配表

班级：　　　　　组号：　　　　　组长：　　　　　指导老师：

组员	任务分工	组员	任务分工

任务工作单 1

姓名：	学号：	日期：

（1）简述等效换算的原理。

（2）试推导钢筋混凝土双筋矩形截面梁开裂截面换算时几何特征计算公式。

任务工作单 2

| 姓名： | 学号： | 日期： |

某装配式钢筋混凝土实体板桥，每块宽 $b=1\,000$ mm，板厚 $h=300$ mm，采用 C30 混凝土，纵筋和箍筋分别采用 HRB400 和 HPB300。配置受拉钢筋 8⌀18，施工阶段承受计算弯矩 $M_k^1 = 180$ kN·m。试进行正截面应力验算。

七、评价反馈

评价反馈表

姓名：		组号：		组长：			指导老师：	
评价指标	评价内容		分值	个人自评（20%）	组内互评（20%）	组间互评（20%）	教师评价（40%）	综合评价
信息检索能力	能有效利用网络、图书资源查找有用的相关信息等，能将查到的信息有效地利用到学习中		10分					
课堂感知力	是否熟悉结构设计流程，认同工作价值？在学习中是否能获得满足感？课堂氛围如何？		10分					
参与度、交流沟通	是否积极主动与教师、同学交流，相互尊重、理解？与教师、同学之间是否能够保持多向、丰富、适宜的信息交流？		10分					
	能处理好合作学习和独立思考的关系，做到有效学习；能提出有意义的问题或能发表个人见解		10分					
知识、能力获得情况	掌握等效换算原理		10分					
	掌握矩形截面换算截面几何特征值的计算方法		10分					
	掌握T形截面换算截面几何特征值的计算方法		10分					
	掌握钢筋混凝土构件短暂状况正截面应力计算方法		20分					
思维态度	是否能发现问题、提出问题、分析问题、解决问题、创新问题？		5分					
自评反思	按时按质完成任务；较好地掌握了知识点；具有较强的信息分析能力和理解能力；具有较为全面严谨的思维能力，并能条理清楚明晰地表达成文		5分					
	反思改进							

任务二　受弯构件的裂缝和裂缝宽度验算

一、学习目标

1. 知识目标

（1）掌握裂缝的成因及影响因素。
（2）掌握裂缝宽度的计算流程。

2. 能力目标

能进行裂缝宽度的计算。

3. 思政目标

（1）培养遵守规范的严谨工作精神。
（2）培养安全意识。

二、任务重、难点

1. 重　点

（1）裂缝宽度的成因及影响因素。
（2）裂缝宽度的计算流程。

2. 难　点

裂缝宽度的计算流程。

三、知识链接

前面介绍了钢筋混凝土构件的承载能力极限状态设计计算，目的是保证结构可靠性三项功能要求的安全性。但结构除了可能发生材料破坏、失稳、钢筋黏结和锚固不足等承载能力极限状态外，还可能由于构件变形或裂缝过大等影响构件的适用性及耐久性，而达不到结构正常使用要求。

依据《桥规》，钢筋混凝土构件持久状况设计应按正常使用极限状态计算，采用荷载效应频遇组合并考虑长期效应的影响，对构件的裂缝宽度和挠度进行验算并使各项计算值不超过《桥规》的各相应限值。验算时，汽车荷载效应可不计冲击系数。

对变形（挠度）进行控制主要基于两方面的考虑：一是使用功能的要求，例如，若桥梁上部结构的挠度过大，则在两辆车通过时不仅会发生冲击，而且会破坏伸缩装置处的桥面；二是外观要求，即多大的挠度会引起使用者心理上的不安全感。

对裂缝加以控制的目的在于：一是防护钢筋锈蚀，提高构件的耐久性；二是结构外观要求。

（一）裂缝的成因及影响因素

1. 裂缝的成因

引起钢筋混凝土结构物产生裂缝的原因有两大类，即荷载引起的裂缝和非荷载引起的裂缝。

混凝土的抗拉强度很低，极限拉应变 $\varepsilon_{tu} = 0.0001 \sim 0.00015$。混凝土即将开裂的瞬间，钢筋的应力只有 $\sigma_s = \varepsilon_{tu} E_s = (0.0001 \sim 0.00115) \times 2.0 \times 10^5 = 20 \sim 30$ MPa。因此，在正常使用阶段，钢筋的应力远大于此值。也就是说，正常使用阶段钢筋混凝土结构出现裂缝是不可避免的。因而，由荷载引起的裂缝习惯上称为正常裂缝。

许多非荷载因素（例如温度变化、混凝土收缩、养护不周、拆模时间不当、钢筋锈蚀、地基不均匀沉降等）也可以引起裂缝，甚至更严重。这类裂缝在采取合适的措施之后，大部分是可以克服或得到控制的。

本节介绍的裂缝宽度计算方法针对的是荷载引起的裂缝。

2. 影响裂缝宽度的因素

目前，国内外裂缝宽度的计算方法大致可分为两大类：第一类是以黏结-滑移理论为基础的半经验半理论公式。按照这种理论，裂缝的间距取决于钢筋与混凝土间黏结应力的分布，裂缝的开展是由于钢筋与混凝土间的变形不再维持协调，出现相对滑动。第二类是以试验数据为基础经统计分析得到的经验公式。采用后一种方法，需要对可能的影响因素加以分析、选择。

（1）混凝土抗拉强度的影响。

多数研究认为，混凝土抗拉强度对裂缝宽度影响不大，可略去不计。

（2）保护层厚度的影响。

一方面，保护层对裂缝间距和表面裂缝宽度均有影响，保护层越厚，裂缝越宽。但是，从另一方面讲，允许裂缝宽度也与保护层厚度有关，也就是说，保护层越厚，钢筋锈蚀的可能越小，对耐久性也就越有利。保护层厚度对计算裂缝宽度和允许裂缝宽度限值的影响可大致抵消，因此，裂缝宽度计算公式中可以不考虑保护层厚度的影响。

（3）受拉钢筋应力的影响。

最大裂缝宽度与受拉钢筋应力呈线性关系，随着受拉钢筋应力的增大而增大。

（4）钢筋直径的影响。

试验表明：在受拉钢筋配筋率及钢筋应力大致相同的情况下，裂缝宽度随钢筋直径的增大而增大。

（5）受拉钢筋配筋率的影响。

试验表明：当钢筋直径相同时，在钢筋应力大致相等的情况下，裂缝宽度随配筋率的增加而减小。当配筋率 ρ 接近某一数值（如 $\rho \geq 0.02$）时，裂缝宽度基本不变。

（6）钢筋黏结特征的影响。

带肋钢筋的黏结性能好于光面钢筋，在相同的钢筋应力情况下用带肋钢筋裂缝宽度更小，裂缝宽度公式中用系数 C_1 考虑带肋钢筋和光圆钢筋的差别。

（7）长期或重复荷载的影响。

试验表明：重复荷载作用下不断发展的裂缝宽度是初始使用荷载下裂缝宽度的 1.0～1.5 倍，因此，裂缝宽度公式中用系数 C_2 来考虑长期或重复荷载的影响。

（8）荷载特征的影响。

轴心受拉、受弯、偏心受压等不同的受力情况，通过对系数 C_3 取不同的数值加以考虑。

（二）最大裂缝宽度计算

《桥规》规定，钢筋混凝土构件的最大裂缝宽度可按下式计算：

$$W_{cr} = C_1 C_2 C_3 \frac{\sigma_{ss}}{E_s} \left(\frac{c_s + d_e}{0.36 + 1.7\rho_{te}} \right) (\text{mm}) \tag{2.7-31}$$

式中：C_1——钢筋表面形状系数，对光面钢筋 $C_1 = 1.4$，对带肋钢筋 $C_1 = 1.0$；

C_2——长期效应影响系数，$C_2 = 1 + 0.5 \dfrac{M_l}{M_s}$，其中 M_l 和 M_s 分别为按作用准永久组合和作用频遇组合计算的弯矩设计值（或轴力设计值）；

C_3——与构件受力性质有关的系数，钢筋混凝土板式受弯构件取 $C_3 = 1.15$，其他受弯构件取 $C_3 = 1.0$，轴心受拉构件 $C_3 = 1.2$，偏心受拉构件 $C_3 = 1.1$，圆形截面偏心受压构件 $C_3 = 0.75$，其他截面偏心受压构件 $C_3 = 0.9$；

c_s——最外排纵向受拉钢筋的混凝土保护层厚度（mm），当 $c_s > 50$ mm 时取为 50 mm；

d_e——纵向受拉钢筋的换算直径（mm），$d_e = \dfrac{\sum n_i d_i^2}{\sum n_i d_i}$，对于焊接骨架钢筋，该值还应乘以 1.3；

ρ_{te}——纵向受拉钢筋的有效配筋率，当 $\rho_{te} > 0.1$ 时取 $\rho_{te} = 0.1$，当 $\rho_{te} < 0.01$ 时取 $\rho_{te} = 0.01$；

σ_{ss}——钢筋应力。

对于矩形、T 形和 I 形截面构件，ρ_{te} 按照下式计算：

$$\rho_{te} = \frac{A_s}{A_{te}} \tag{2.7-32}$$

式中：A_s——受拉区纵向钢筋截面面积：轴心受拉构件取全部纵向钢筋截面面积；受弯、偏心受拉及大偏心受压构件取受拉区纵向钢筋截面面积或受拉较大一侧的钢筋截面面积。

A_{te}——有效受拉混凝土截面面积：轴心受拉构件取构件截面面积；受弯、偏心受拉、偏心受压构件取 $2a_s b$，a_s 为受拉钢筋重心至受拉区边缘的距离，对矩形截面，b 为截面宽度，对翼缘位于受拉区的 T 形、I 形截面，b 为受拉区有效翼缘宽度。如图 2.7-4 所示。

对于矩形、T 形和 I 形截面构件，由作用频遇组合引起的开裂截面纵向受拉钢筋应力 σ_{ss}，应按下列公式计算：

受弯构件

$$\sigma_{ss} = \frac{M_s}{0.87 A_s h_0} \tag{2.7-33}$$

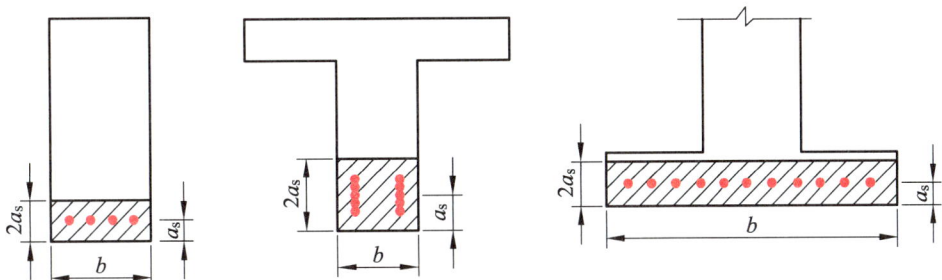

图 2.7-4　有效受拉混凝土截面面积取法示意

轴心受拉构件

$$\sigma_{ss} = \frac{N_s}{A_s} \tag{2.7-34}$$

偏心受拉构件

$$\sigma_{ss} = \frac{N_s e'_s}{A_s(h_0 - a'_s)} \tag{2.7-35}$$

偏心受压构件

$$\sigma_{ss} = \frac{N_s(e_s - z)}{A_s z} \tag{2.7-36}$$

其中:

$$e_s = \eta_s e_0 + y_s \tag{2.7-37}$$

$$z = \left[0.87 - 0.12(1-\gamma'_f)\left(\frac{h_0}{e_s}\right)^2\right]h_0 \tag{2.7-38}$$

$$\gamma'_f = \frac{(b'_f - b)h'_f}{bh_0} \tag{2.7-39}$$

$$\eta_s = 1 + \frac{1}{4\,000 e_0 / h_0}\left(\frac{l_0}{h}\right)^2 \tag{2.7-40}$$

式中：M_s、N_s——按作用频遇组合计算的弯矩值、轴力值；

A_s——受拉区纵向钢筋截面面积，轴心受拉构件取全部纵向钢筋截面面积，偏心受拉构件取受拉较大边纵向钢筋截面面积，受弯、偏心受压构件取受拉区纵向钢筋截面面积；

z——纵向受拉钢筋合力点至截面受压区合力点的距离，且不大于 $0.87h_0$；

e_s——轴向力作用点至纵向受拉钢筋 A_s 合力作用点的距离；

e'_s——轴向力作用点至受压（或受拉较小边）纵向钢筋 A'_s 合力作用点的距离；

e_0——轴向力作用点至截面重心的偏心距，$e_0 = M_s / N_s$；

b'_f、h'_f——受压翼缘的宽度、厚度，当 $h'_f > 0.2h_0$ 时，取 $h'_f = 0.2h_0$；

η_s——使用阶段的轴向力偏心距增大系数,当$l_0/h \leqslant 14$时,取$\eta_s = 1$;

y_s——截面重心至纵向受拉钢筋A_s合力作用点的距离。

对于圆形截面偏心受压构件,σ_{ss}应按下式计算:

$$\sigma_{ss} = \frac{0.6\left(\dfrac{\eta_s e_0}{r} - 0.1\right)^3}{\left(0.45 + 0.26\dfrac{r_s}{r}\right)\left(\dfrac{\eta_s e_0}{r} + 0.2\right)^2} \cdot \frac{N_s}{A_s} \quad (2.7\text{-}41)$$

$$\eta_s = 1 + \frac{1}{4\,000\dfrac{e_0}{2r - a_s}}\left(\frac{l_0}{2r}\right)^2 \quad (2.7\text{-}42)$$

式中:A_s——全部纵向钢筋截面面积;

N_s——按作用频遇组合计算的轴力值;

r_s、r——纵向钢筋重心所在圆周的半径和圆形截面的半径;

e_0——构件初始偏心距;

η_s——轴向压力的正常使用极限状态偏心距增大系数,当$l_0/(2r) \leqslant 14$时,取$\eta_s = 1$;

a_s——单根钢筋重心至构件边缘的距离。

当矩形、T形和I形截面偏心受压构件满足$e_0/h \leqslant 0.55$,或圆形截面偏心受压构件满足$e_0/r \leqslant 0.55$时,可不进行裂缝宽度计算。

《桥规》规定,钢筋混凝土构件计算的最大裂缝宽度不应超过规定的限值:Ⅰ类和Ⅱ类环境为 0.2 mm,Ⅲ类和Ⅳ类环境为 0.15 mm。

(三)应用实例

【**例 2.7-1**】 条件同例 2.5-1,且该梁处于Ⅰ类环境,$c_s = 30$ mm。要求验算裂缝宽度是否满足要求。

【**解**】 带肋钢筋,$C_1 = 1.0$;钢筋混凝土梁,$C_3 = 1.0$;HRB400 钢筋,$E_s = 2.0 \times 10^5$ MPa。

频遇组合弯矩值

$$M_s = 982.5 + 0.7 \times 774.8/1.2 = 1\,434.47 \text{ kN} \cdot \text{m}$$

准永久组合弯矩值:

$$M_l = 982.5 + 0.4 \times 774.8/1.2 = 1\,240.77 \text{ kN} \cdot \text{m}$$

$$C_2 = 1 + 0.5 \times \frac{1\,240.77}{1\,434.47} = 1.43$$

$$\sigma_{ss} = \frac{M_s}{0.87 A_s h_0} = \frac{1\,434.47 \times 10^6}{0.87 \times 6\,790 \times 1\,193} = 203.5 \text{ MPa}$$

焊接骨架

$$d_e = 1.3 \times \frac{\sum n_i d_i^2}{\sum n_i d_i} = 1.3 \times \frac{6 \times 32^2 + 4 \times 25^2}{6 \times 32 + 4 \times 25} = 38.5 \text{ mm}$$

$$\rho_{te} = \frac{A_s}{A_{te}} = \frac{6\,790}{2 \times 107 \times 180} = 0.176 > 0.1,\ 取\ \rho_{te} = 0.1$$

$$W_{cr} = C_1 C_2 C_3 \frac{\sigma_{ss}}{E_s}\left(\frac{c_s + d_e}{0.36 + 1.7\rho_{te}}\right)$$

$$= 1.0 \times 1.43 \times 1.0 \times \frac{203.5}{2.0 \times 10^5} \times \left(\frac{30 + 38.5}{0.36 + 1.7 \times 0.1}\right)$$

$$= 0.19\ \text{mm}$$

满足 I 类环境裂缝宽度限值为 0.2 mm 的要求。

四、课外加油站

PC 箱梁裂缝成因分析及控制措施

五、思想政治素质养成

结构出现裂缝后，不仅会降低其本身的刚度，还会导致结构发生应力重分配，进一步造成结构的破坏。裂缝严重时，不仅会影响美观，其表面混凝土脱落也会造成安全隐患。预防裂缝的产生，首先设计人员要从源头上抓起，合理选择截面尺寸、钢筋直径等，做到严守规范、一丝不苟。其次，要预防混凝土产生裂缝，施工过程极其重要，要从材料控制、振捣养护到拆模时间全过程严格把关，确保混凝土的施工质量，这需要施工人员具备扎实的专业知识和耐心细致的工作态度。

六、任务分配和任务工作单

学生任务分配表

班级：　　　　　组号：　　　　　组长：　　　　　指导老师：

组员	任务分工	组员	任务分工

任务工作单 1

姓名：	学号：	日期：

（1）简述裂缝的成因及影响因素。

（2）绘制裂缝宽度的计算流程图。

任务工作单 2

姓名:	学号:	日期:

某计算跨径为 19.5 m 的装配式 T 形截面简支梁桥，跨中截面如图 2.4-25 所示。采用 C40 混凝土，受拉纵筋采用 HRB335，截面底部配置 6Φ32 + 4Φ25（$A_s = 4\,826 + 1\,964 = 6\,790 \text{ mm}^2$），为焊接钢筋骨架，$a_s = 107$ mm。恒载产生的跨中弯矩标准值 $M_{Gk} = 969.07$ kN·m，汽车荷载产生的跨中弯矩标准值 $M_{Q1k} = 838.55$ kN·m（已计入冲击系数 $\mu = 0.313$），人群荷载产生的跨中弯矩标准值 $M_{Q2k} = 87.22$ kN·m。

要求：验算裂缝宽度是否满足要求。

七、评价反馈

评价反馈表

姓名：		组号：		组长：		指导老师：	
评价指标	评价内容	分值	个人自评（20%）	组内互评（20%）	组间互评（20%）	教师评价（40%）	综合评价
信息检索能力	能有效利用网络、图书资源查找有用的相关信息等，能将查到的信息有效地利用到学习中	10分					
课堂感知力	是否熟悉结构设计流程，认同工作价值？在学习中是否能获得满足感？课堂氛围如何？	10分					
参与度、交流沟通	是否积极主动与教师、同学交流，相互尊重、理解？与教师、同学之间是否能够保持多向、丰富、适宜的信息交流？	10分					
	能处理好合作学习和独立思考的关系，做到有效学习；能提出有意义的问题或能发表个人见解	10分					
知识、能力获得情况	掌握裂缝的成因及影响因素	10分					
	掌握裂缝宽度的计算流程	15分					
	能进行裂缝宽度的计算	25分					
思维态度	是否能发现问题、提出问题、分析问题、解决问题、创新问题？	5分					
自评反思	按时按质完成任务；较好地掌握了知识点；具有较强的信息分析能力和理解能力；具有较为全面严谨的思维能力，并能条理清楚明晰地表达成文	5分					
反思改进							

任务三 受弯构件的变形（挠度）验算

一、学习目标

1. 知识目标

（1）掌握受弯构件刚度的概念。

（2）掌握受弯构件的变形计算流程。

2. 能力目标

能进行受弯构件的变形计算。

3. 思政目标

（1）培养遵守规范的严谨工作精神。

（2）培养安全意识。

二、任务重、难点

1. 重　点

（1）受弯构件刚度的概念。

（2）受弯构件的变形计算流程。

2. 难　点

受弯构件的变形计算流程。

三、知识链接

受弯构件的变形（挠度）验算

（一）受弯构件的变形与刚度

根据结构力学知识，荷载作用下弹性受弯构件挠度计算的通式为：

$$f = \int_0^l \frac{\overline{M}_1 M}{EI} dx \tag{2.7-43}$$

式中：$\overline{M}_1$——单位力作用在挠度计算点产生的弯矩函数；

M——荷载产生的弯矩函数；

E——材料的弹性模量；

I——受弯构件截面的惯性矩；

l——受弯构件的计算跨度。

对于较为简单的情况，以上积分计算也可以直接用"图乘法"完成。

可见，受弯构件的挠度大小与荷载引起的弯矩、抗弯刚度 EI、计算跨度有关。例如，对于跨度为 l 的简支梁，在均布荷载 q 作用下，跨中的最大挠度可按下式计算：

$$f = \frac{5}{384} \cdot \frac{ql^4}{EI} = \frac{5}{48} \cdot \frac{Ml^2}{EI} \tag{2.7-44}$$

对于钢筋混凝土梁，如果抗弯刚度已知，则可以应用上述公式求解挠度值。因此，这里的关键问题是如何合理确定抗弯刚度。

研究表明：钢筋混凝土梁在截面开裂前，弯矩与挠度大致为线性关系。因此，梁的短期刚度基本上为一常数，《桥规》将此时的抗弯刚度取为 $0.95E_cI_0$，这里 I_0 为全截面换算截面惯性矩。梁在带裂缝工作阶段，截面刚度会不断降低，不再保持一个常量。

此外，研究还表明：钢筋混凝土梁的刚度沿梁轴向并不相等，而是在弯矩较大的截面刚度小，在弯矩较小的截面刚度大。为此，通常规定按照弯矩最大截面的刚度计算构件挠度值，这就是"最小刚度原则"。

按照最小刚度原则确定梁的挠度，会导致计算出的数值偏大，这是一个方面；从另一方面看，由于计算挠度变形时只考虑弯矩而没有考虑剪力的影响，计算值则会偏小。综合起来考虑，两方面的误差会基本抵消，试验表明，实测值与计算值符合较好。

《桥规》在总结分析国内外研究资料的基础上规定，当 $M_s \geqslant M_{cr}$ 时，钢筋混凝土受弯构件的抗弯刚度按照下式确定：

$$B = \frac{B_0}{\left(\dfrac{M_{cr}}{M_s}\right)^2 + \left[1 - \left(\dfrac{M_{cr}}{M_s}\right)^2\right]\dfrac{B_0}{B_{cr}}} \quad (2.7\text{-}45)$$

式中：B——开裂构件等效截面的抗弯刚度；

B_0——全截面的抗弯刚度，$B_0 = 0.95E_cI_0$；

B_{cr}——开裂截面的抗弯刚度，$B_{cr} = E_{cr}I_{cr}$；

M_{cr}——开裂弯矩，$M_{cr} = \gamma f_{tk}W_0$；

γ——构件受拉区混凝土塑性影响系数，$\gamma = \dfrac{2S_0}{W_0}$；

S_0——全截面换算截面重心轴以上（或以下）部分面积对换算截面重心轴的面积矩；

W_0——全截面换算截面面积对受拉边缘的弹性抵抗矩；

I_0, I_{cr}——全截面换算截面惯性矩与开裂截面换算截面惯性矩。

将式（2.7-45）得到的抗弯刚度值 B 代替式（2.7-44）中的 EI，并将荷载 q 按照频遇组合取值，即可得到受弯构件的挠度值，该值为"短期挠度"，记作 f_s。考虑到混凝土具有收缩、徐变的性质，在荷载长期作用下挠度还会增大，因此《桥规》规定，受弯构件在使用阶段的挠度（称作"长期挠度"）应考虑荷载长期效应的影响，即按荷载频遇组合计算的挠度值应再乘以挠度长期增长系数 η_θ，公式表示为：

$$f_l = \eta_\theta f_s \quad (2.7\text{-}46)$$

式中：η_θ——挠度长期增长系数，采用 C40 以下混凝土时，$\eta_\theta = 1.6$；采用 C40~C80 混凝土时，$\eta_\theta = 1.45 \sim 1.35$；中间强度等级时可按照线性内插法取值。

(二) 挠度限值与预拱度设置

钢筋混凝土受弯构件按上述计算的长期挠度值，在消除结构自重产生的长期挠度后（即减去 $\eta_\theta f_G$，f_G 为自重引起的短期挠度），不应超过下列规定的限值：

梁式桥主梁的最大挠度处：$l/600$；

梁式桥主梁的悬臂端：$l_1/300$。

这里，l 为受弯构件的计算跨径，l_1 为悬臂长度。

为避免钢筋混凝土梁过大的挠度影响正常使用，必要时，应在设计施工时预先起拱（起拱量大小称作预拱度），以抵消正常使用过程中的挠度。关于钢筋混凝土梁预拱度的设置，《桥规》规定如下：

（1）由荷载频遇组合并考虑长期效应影响产生的长期挠度不超过 $l/1\,600$ 时，可不设预拱度。

（2）当不符合上述规定时应设置预拱度，预拱度值按结构自重和 1/2 可变荷载频遇值计算的长期挠度值之和采用。

（三）应用实例

【例 2.7-2】 条件同例 2.5-1，要求：验算该梁的变形是否满足要求。

【解】 从题目和前面的计算中可知：$h_f' = 120$ mm，$h_0 = 1\,193$ mm，$A_s = 6\,790$ mm^2，$f_{tk} = 2.01$ N/mm^2。

依据《桥规》4.3.2 条，计算截面承载力和应力时，T 形截面梁的受压翼缘应取有效宽度。今计算变形，按照实际宽度取值，即 $b_f' = 1\,600$ mm。

按照频遇组合得到的跨中弯矩为：

$$M_s = 982.5 + 0.7 \times 774.8/1.313 = 1\,395.57 \text{ kN} \cdot \text{m}$$

（1）计算全截面换算截面的几何特征。

全截面换算截面面积

$$\alpha_{Es} = E_s/E_c = 2.0 \times 10^5/(3.25 \times 10^4) = 6.154$$

$$A_0 = 180 \times 1\,300 + (1\,600 - 180) \times 120 + (6.154 - 1) \times 6\,790 = 4.394\,0 \times 10^5 \text{ mm}^2$$

受压区高度（重心轴与截面上边缘之距）

$$x_0 = \frac{\frac{1}{2}bh^2 + \frac{1}{2}(b_f' - b)h_f'^2 + (\alpha_{Es} - 1)A_s h_0}{A_0}$$

$$= \frac{\frac{1}{2} \times 180 \times 1\,300^2 + \frac{1}{2} \times (1\,600 - 180) \times 120^2 + (6.154 - 1) \times 6\,790 \times 1\,193}{4.394\,0 \times 10^5}$$

$$= 464.4 \text{ mm}$$

换算截面惯性矩

$$I_0 = \frac{1}{12}bh^3 + bh\left(\frac{h}{2} - x_0\right)^2 + \frac{1}{12}(b_f' - b)h_f'^3 + (b_f' - b)h_f'\left(x_0 - \frac{h_f'}{2}\right)^2 + (\alpha_{Es} - 1)A_s(h_0 - x_0)^2$$

$$= \frac{1}{12} \times 180 \times 1\,300^3 + 180 \times 1\,300 \times \left(\frac{1\,300}{2} - 464.4\right)^2 + \frac{1}{12} \times (1\,600 - 180) \times 120^3 +$$

$$(1\,600 - 180) \times 120 \times \left(464.4 - \frac{120}{2}\right)^2 + (6.154 - 1) \times 6\,790 \times (1\,193 - 464.4)^2$$

$$= 8.766\,5 \times 10^{10} \text{ mm}^4$$

换算截面重心轴以上部分对中心轴的面积矩

$$S_0 = \frac{1}{2}bx_0^2 + (b_f' - b)h_f'\left(x_0 - \frac{h_f'}{2}\right)$$

$$= \frac{1}{2} \times 180 \times 464.4^2 + (1\,600 - 180) \times 120 \times \left(464.4 - \frac{120}{2}\right)$$

$$= 8.832\,0 \times 10^7 \text{ mm}^3$$

（2）计算开裂截面换算截面的几何特征。

假定为第一类 T 形截面，则受压区高度

$$x_0 = \frac{\alpha_{Es}A_s}{b_f'}\left(\sqrt{1 + \frac{2b_f'h_0}{\alpha_{Es}A_s}} - 1\right)$$

$$= \frac{6.154 \times 6\,790}{1\,600} \times \left(\sqrt{1 + \frac{2 \times 1\,600 \times 1\,193}{6.154 \times 6\,790}} - 1\right)$$

$$= 225 \text{ mm} > h_f' = 120 \text{ mm}$$

故应按照第二类 T 形截面计算。

$$A = \frac{\alpha_{Es}A_s + (b_f' - b)h_f'}{b}$$

$$= \frac{6.154 \times 6\,790 + (1\,600 - 180) \times 120}{180}$$

$$= 1.178\,8 \times 10^3$$

$$B = \frac{2\alpha_{Es}A_sh_0 + (b_f' - b)h_f'^2}{b}$$

$$= \frac{2 \times 6.154 \times 6\,790 \times 1\,193 + (1\,600 - 180) \times 120^2}{180}$$

$$= 6.674\,9 \times 10^5$$

$$x_0 = \sqrt{A^2 + B} - A = 255 \text{ mm}$$

开裂截面换算截面惯性矩

$$I_{cr} = \frac{b_f'x_0^3}{3} - \frac{(b_f' - b)(x_0 - h_f')^3}{3} + \alpha_{Es}A_s(h_0 - x_0)^2$$

$$= \frac{1\,600 \times 255^3}{3} - \frac{(1\,600 - 180) \times (255 - 120)^3}{3} + 6.154 \times 6\,790 \times (1\,193 - 255)^2$$

$$= 4.444\,4 \times 10^{10} \text{ mm}^4$$

（3）计算开裂截面的抗弯刚度。

全截面抗弯刚度

$$B_0 = 0.95E_cI_0 = 0.95 \times 3.25 \times 10^4 \times 8.950\,5 \times 10^{10} = 2.763\,5 \times 10^{15} \text{ N·mm}^2$$

开裂截面抗弯刚度

$$B_{cr} = E_c I_{cr} = 3.25 \times 10^4 \times 4.444\ 4 \times 10^{10} = 1.444\ 4 \times 10^{15}\ \text{N} \cdot \text{mm}^2$$

全截面换算截面受拉边缘弹性抵抗矩

$$W_0 = \frac{I_0}{h - x_0} = \frac{8.950\ 5 \times 10^{10}}{1\ 300 - 464.4} = 1.071\ 1 \times 10^8\ \text{mm}^3$$

塑性影响系数

$$\gamma = \frac{2 S_0}{W_0} = \frac{2 \times 8.832\ 0 \times 10^7}{1.071\ 1 \times 10^8} = 1.649\ 1$$

开裂弯矩

$$M_{cr} = \gamma f_{tk} W_0 = 1.649\ 1 \times 2.01 \times 1.071\ 1 \times 10^8 = 3.550\ 4 \times 10^8\ \text{N} \cdot \text{mm}$$

开裂构件的抗弯刚度

$$B = \frac{B_0}{\left(\dfrac{M_{cr}}{M_s}\right)^2 + \left[1 - \left(\dfrac{M_{cr}}{M_s}\right)^2\right] \dfrac{B_0}{B_{cr}}}$$

$$= \frac{2.763\ 5 \times 10^{15}}{\left(\dfrac{3.550\ 4 \times 10^8}{1.395\ 6 \times 10^9}\right)^2 + \left[1 - \left(\dfrac{3.550\ 4 \times 10^8}{1.395\ 6 \times 10^9}\right)^2\right] \times \dfrac{2.763\ 5 \times 10^{15}}{1.444\ 4 \times 10^{15}}}$$

$$= 1.490\ 4 \times 10^{15}\ \text{N} \cdot \text{mm}^2$$

（4）计算跨中长期挠度值。
频遇组合下的短期挠度值

$$f_s = \frac{5}{48} \frac{M_s l^2}{B} = \frac{5 \times 1.395\ 6 \times 10^9 \times 15\ 600^2}{48 \times 1.490\ 4 \times 10^{15}} = 23.7\ \text{mm}$$

自重作用下的短期挠度值

$$f_G = \frac{5}{48} \frac{M_G l^2}{B} = \frac{5 \times 982.5 \times 10^6 \times 15\ 600^2}{48 \times 1.490\ 4 \times 10^{15}} = 16.7\ \text{mm}$$

C30 混凝土，挠度长期增长系数 $\eta_\theta = 1.6$。
扣除自重影响后的长期挠度

$$f_l = \eta_\theta (f_s - f_G) = 1.6 \times (23.7 - 16.7) = 11.2\ \text{mm}$$
$$< l / 600 = 15\ 600 / 600 = 26.0\ \text{mm}$$

（5）判断是否需要设置预拱度。
由于荷载频遇组合产生的长期挠度值

$$\eta_\theta f_s = 1.6 \times 23.7 = 37.9\ \text{mm} > l / 1\ 600 = 15\ 600 / 1\ 600 = 9.8\ \text{mm}$$

故需要设置预拱度,其值为结构自重和 1/2 可变荷载频遇值计算的长期挠度值之和。故跨中预拱度为:

$$\Delta = 1.6 \times 16.7 + 11.2/2 = 32.3 \text{ mm}$$

四、课外加油站

塔科马海峡大桥坍塌事故

五、思想政治素质养成

当主拉应力达到混凝土抗拉强度极限值时,构件就会出现斜裂缝,最终导致梁的斜截面破坏。因此,钢筋混凝土受弯构件斜截面应力验算主要是验算主拉应力,使其不超过规定的限值。在设计过程中要在绘图、标注上注重细节,一丝不苟、精益求精,按照岗位标准去完成,并反复修改项目成果直至满足规范要求。钢筋混凝土柱作为框架结构的主要受力构件,其设计过程需要规范严谨的工作作风和精益求精的工匠精神。工匠精神是专业精神、职业态度和人文素养的有机融合,体现了从业者的工作态度和生活追求。

六、任务分配和任务工作单

学生任务分配表

班级：　　　　　组号：　　　　　组长：　　　　　指导老师：

组员	任务分工	组员	任务分工

任务工作单 1

姓名：	学号：	日期：
绘制受弯构件挠度计算流程图。		

任务工作单 2

| 姓名： | 学号： | 日期： |

某计算跨径为 19.5 m 的装配式 T 形截面简支梁桥，跨中截面如图 2.4-25 所示。采用 C40 混凝土，受拉纵筋采用 HRB335，截面底部配置 6Φ32 + 4Φ25（$A_s = 4\,826 + 1\,964 = 6\,790\ \text{mm}^2$），为焊接钢筋骨架，$a_s = 107\ \text{mm}$。恒载产生的跨中弯矩标准值 $M_{Gk} = 969.07\ \text{kN}\cdot\text{m}$，汽车荷载产生的跨中弯矩标准值 $M_{Q1k} = 838.55\ \text{kN}\cdot\text{m}$（已计入冲击系数 $\mu = 0.313$），人群荷载产生的跨中弯矩标准值 $M_{Q2k} = 87.22\ \text{kN}\cdot\text{m}$。

要求：验算该梁的变形是否满足要求。

七、评价反馈

评价反馈表

姓名：		组号：		组长：			指导老师：		
评价指标	评价内容			分值	个人自评（20%）	组内互评（20%）	组间互评（20%）	教师评价（40%）	综合评价
信息检索能力	能有效利用网络、图书资源查找有用的相关信息等，能将查到的信息有效地利用到学习中			10分					
课堂感知力	是否熟悉结构设计流程，认同工作价值？在学习中是否能获得满足感？课堂氛围如何？			10分					
参与度、交流沟通	是否积极主动与教师、同学交流，相互尊重、理解？与教师、同学之间是否能够保持多向、丰富、适宜的信息交流？			10分					
	能处理好合作学习和独立思考的关系，做到有效学习；能提出有意义的问题或能发表个人见解			10分					
知识、能力获得情况	掌握受弯构件刚度的概念			10分					
	掌握受弯构件的变形计算流程			15分					
	能进行受弯构件的变形计算			25分					
思维态度	是否能发现问题、提出问题、分析问题、解决问题、创新问题？			5分					
自评反思	按时按质完成任务；较好地掌握了知识点；具有较强的信息分析能力和理解能力；具有较为全面严谨的思维能力，并能条理清楚明晰地表达成文			5分					
	反思改进								

模块三 预应力混凝土结构设计

项目一 预应力混凝土结构基本知识认知

任务一 预应力混凝土结构概述

一、学习目标

1. 知识目标

(1) 掌握预应力混凝土结构的基本原理。
(2) 掌握预应力混凝土结构的分类。
(3) 掌握先张法和后张法的施工过程。
(4) 掌握预应力常用设备。

2. 能力目标

(1) 会进行预应力混凝土结构的分类。
(2) 能描述先张法和后张法的特点及施工过程。

3. 思政目标

培养学生直面困难的勇气。

二、任务重、难点

1. 重 点

(1) 预应力混凝土结构的分类。
(2) 先张法和后张法预应力混凝土的预制过程。

2. 难 点

先张法和后张法的特点。

三、知识链接

（一）预应力混凝土结构的基本概念

1. 预应力混凝土的基本原理

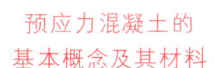

预应力混凝土的基本概念及其材料

普通钢筋混凝土容易开裂的缺点在一定程度上限制了它的应用范围。

混凝土的极限拉应变很低，为$(0.1 \sim 0.15) \times 10^{-3}$，此时钢筋应力仅为 20~30 MPa。即使允许开裂，为保证构件的耐久性，常需将裂缝宽度控制在 0.2~0.3 mm 以内，此时钢筋的应力也只能达到 150~250 MPa。可见，此时采用高强度的钢筋是不能充分发挥作用的。

为了克服普通钢筋混凝土的上述缺点，并使高强材料得到充分利用，采用预应力混凝土能获得满意的结果。

预应力混凝土，是在构件承受荷载前，先人为地对它预先施加压应力（产生预压变形），当结构承受由荷载产生的拉应力时，必须先抵消混凝土的预压应力，然后才能随着荷载的增加使混凝土受拉，进而出现裂缝，即借助于混凝土较高的抗压强度来弥补其抗拉强度的不足，以达到推迟受拉区混凝土开裂的目的。

现以预应力混凝土受弯构件为例，说明预应力混凝土的基本原理。

如在荷载 $q+g$ 作用下的简支梁（图 3.1-1），截面的下边缘产生拉应力 σ，若在加载前，预先在梁端施加偏心压力 N，使截面下边缘产生预压应力 $\sigma_c > \sigma$（即 $\sigma_c - \sigma > 0$），则梁在预压力 N 和荷载 $q+g$ 共同作用下，截面下边缘将不产生拉应力，梁不致出现裂缝。这说明预应力作用提高了构件的抗裂度和构件的刚度。

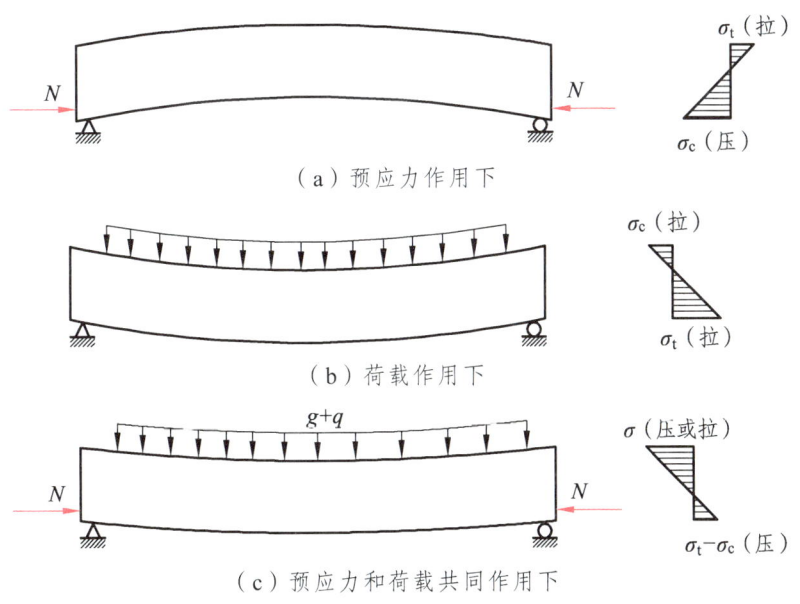

（a）预应力作用下

（b）荷载作用下

（c）预应力和荷载共同作用下

图 3.1-1 预应力作用下的简支梁

2. 预应力混凝土的优缺点

预应力混凝土结构的优点在于：

（1）提高构件的抗裂度和刚度，增加结构耐久性。对混凝土结构施加预应力，可以保证构件不出现裂缝或大大地延缓裂缝的出现，或减小在使用荷载下钢筋拉应力很高的构件的裂缝宽度，适用于对裂缝要求严格的结构，因而也提高了构件的刚度。施加预应力的钢筋在使用阶段由加荷或卸荷引发的应力变化幅度很小，从而引发疲劳破坏的可能性也很小，增加了混凝土结构的耐久性，有利于承受动荷载的桥梁结构的抗疲劳程度和耐久性。

（2）节省材料，减轻自重。预应力混凝土必须合理采用高强度材料，减少钢筋用量并减小构件截面尺寸，实现节省材料和减轻结构自重，特别适用于跨度大或承受较大荷载的构件。

（3）预应力混凝土结构安全可靠。前期张拉钢筋时，钢筋与混凝土共同经受了强度检验，如果构件质量表现良好，后期使用时也可以认为构件安全可靠。

（4）减小梁等竖向剪力和主拉应力。预应力混凝土梁的曲线钢筋可以使梁内支座附近的竖向剪力减小，加之混凝土截面上预压应力点存在，使荷载作用下的主拉应力相对减小，有利于减小梁的腹板厚度，进一步减小预应力混凝土梁的自重。

施加预应力可延缓混凝土结构的开裂，提高构件的抗裂度和刚度，并取得节约钢筋、减轻自重的效果，克服了钢筋混凝土的主要缺点，提高了构件刚度和耐久性，促进了混凝土结构施工方法的进步以及桥梁结构新体系的发展。

预应力混凝土结构有以下缺点：

（1）工艺复杂，要求严格，需要技术成熟的专业团队。预应力混凝土构造、施工和计算均较钢筋混凝土构件复杂，需要张拉设备、锚具和灌浆设备等，因而需要配备专业设备的技术熟练的专业团队。

（2）施工周期较长，成本较高。预应力混凝土结构开工费用较大，制作技术要求较高，施工周期较长，对于跨径小、数量少的构件工程成本较高。

（3）延性较差，预应力反拱不易控制，随着混凝土徐变增大，影响使用效果。

因此，通常要求裂缝控制等级较高的结构、大跨度或受力很大的构件以及对构件的刚度和变形控制要求较高的结构构件、码头和桥梁中的大跨度梁式构件等结构物宜优先采用预应力混凝土。

（二）预应力混凝土结构的分类与设备

1. 预应力混凝土结构的分类

（1）按预应力度大小分类。

预应力度定义为有效预压应力与使用荷载产生的应力之比：

$$\lambda = \sigma_c / \sigma \tag{3.1-1}$$

式中：λ——预应力度；

σ_c——扣除全部预应力损失后的预加力在构件抗裂边缘产生的预加应力；

σ——由运营荷载引起的构件控制截面受拉边缘的应力（不包括预加力）。

按预应力度的不同，预应力混凝土构件可以分为下面几类：

① 全预应力混凝土，$\lambda \geq 1$。

② 部分预应力混凝土，$1 > \lambda > 0$，沿预应力筋方向的正截面出现拉应力或出现裂缝但没有超过规定宽度。

③ 钢筋混凝土，$\lambda=0$，没有预加应力。

《桥规》中明确将部分预应力混凝土构件分为 A 类构件和 B 类构件两类：

A 类构件：在荷载频遇组合下控制截面受拉边缘可出现拉应力但不超过规定限值。

B 类构件：在荷载频遇组合下，控制截面受拉边缘出现超过规定限值的拉应力但裂缝宽度不超过允许值。

本书主要介绍全预应力混凝土构件。

（2）按施加预应力的方法分类。

根据给预应力筋实施张拉是在预应力混凝土结构物形成之前或之后，施加预应力的方法分为先张法和后张法两种。

① 先张法。

先张法施工就是首先在台座上张拉钢筋，然后浇筑混凝土的一种预应力混凝土构件施工方法，其设备与张拉情况如图 3.1-2 所示。先张法的主要工序是：先在台座上张拉预应力筋，并将它临时锚固在台座上，如图 3.1-2（a）、（b）所示。然后架设模板，绑扎普通钢筋骨架，浇筑构件混凝土，如图 3.1-2（c）所示。待混凝土达到要求的强度后，切断或放松预应力钢筋，让钢筋的回弹力通过钢筋与混凝土间的黏结力传递给混凝土，使其获得预压应力，如图 3.1-2（d）所示。

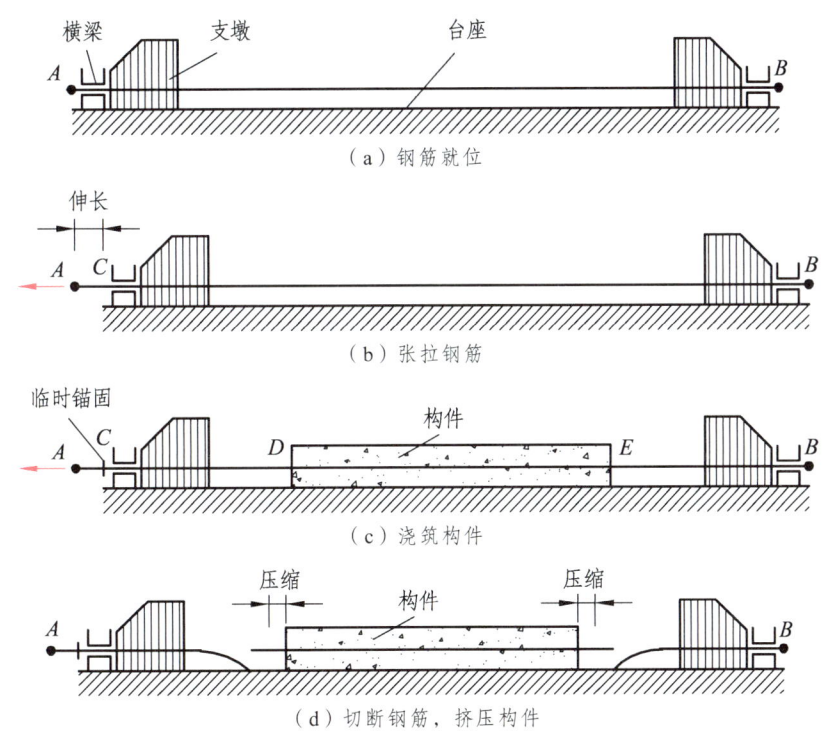

图 3.1-2　先张法施工工序示意图

先张法主要靠黏结力锚固，不需要专门的锚具。为了加速台座的周转，特别是对大量生产的板类构件或其他小型构件，在混凝土强度达到 75% 设计强度时，即可切断或放松预应力筋；此外，也经常使用"长线法"以减少设备投入和提高生产效率，就是在相距很远（可达上百米或更远）的台座之间张拉很长的整根预应力钢筋，然后在台座之间同时制作形成"一串"的多个构件，放松预应力钢筋后再切断各个构件之间的相连的钢筋。

先张法主要适用于大批量生产以钢丝或 $d < 16$ mm 的钢筋配筋的中、小型构件，如常见的预应力混凝土楼板、轨枕、水管、电杆等。

先张法的特点：

优点：张拉工序简单；不需在构件上放置永久性锚具；能成批生产，特别适宜于量大面广的中小型构件，如楼板、屋面板等。

缺点：需要较大的台座或成批的钢模、养护池等固定设备，一次性投资较大；预应力筋布置呈直线形，曲线布置困难。

② 后张法。

后张法，是先浇筑构件混凝土，待混凝土结硬后，再张拉预应力筋的方法。

后张法施工（图 3.1-3）是在制作构件时，预先在构件中留出穿预应力筋的孔道。当构件混凝土达到规定强度后（规范规定 ≥70% 设计强度），将预应力钢筋穿入预留孔道内，再将千斤顶支承于混凝土构件端部，张拉钢筋，使构件也同时受到压缩。待张拉到一定拉力后，即用特制的锚具将预应力钢筋锚固于混凝土构件上，使混凝土获得并保持其压应力。最后，在预留孔道内压注水泥浆，以保护钢筋不致锈蚀，并使钢筋束与混凝土黏结成整体。

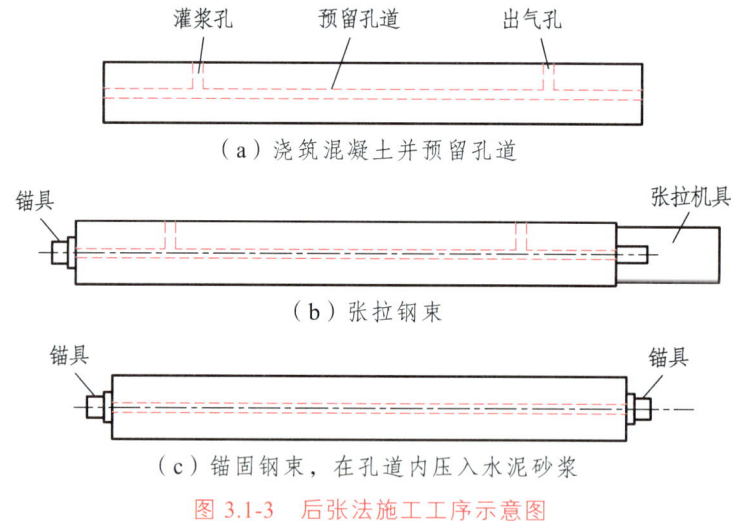

图 3.1-3 后张法施工工序示意图

后张法不需要台座，但需要有可靠的锚具及千斤顶、张拉油泵等设备。后张法主要用于以粗钢筋或钢绞线配筋的大型预应力构件，如桥梁、屋架、屋面梁、吊车梁等。

后张法的特点：

优点：张拉预应力筋可以直接在构件上或整个结构上进行，因而可根据不同荷载性质合理布置各种形状的预应力筋；适宜于运输不便，只能在现场施工的大型构件、特殊结构或可由块体拼接而成的特大构件。

缺点：需要永久性的工作锚具，耗钢量较大；张拉工序比先张法要复杂，施工周期长。

（3）按预应力钢筋与混凝土的黏结程度分类。

① 有黏结即在预应力施加后，使混凝土结构物对预应力筋产生黏结并固结为一体，用先张法生产或后张法灌浆生产的预应力构件均为有黏结预应力混凝土构件。

② **无黏结**即通过采取特殊工艺,使用某种介质将预应力筋与混凝土隔离,而预应力筋仍能沿其轴线移动。无黏结预应力混凝土构件一般采用后张法施工,预应力依靠锚具传递。

预应力混凝土结构
常用设备

2. 施加预应力的设备

(1) 夹具和锚具。

夹具和锚具是在制作预应力构件时锚固预应力钢筋的工具。当预应力构件制成后能够取下重复使用的称夹具,而留在构件上不再取下的称锚具;它们主要依靠摩阻、握裹和承压锚固来夹住或锚住钢筋,都是保证预应力混凝土结构安全、可靠的关键设备。

工程中常用的锚具主要有:

① 锥形锚。

锥形锚主要用于钢丝束的锚固(图 3.1-4)。这种锚具由锚塞(又称锥销)和锚圈组成,双动千斤顶张拉钢束的同时顶压锚塞,靠锥形锚塞的侧压力所产生的摩阻力来锚固钢丝束。

桥梁中采用的锥形锚,有锚固 18Φ5 钢丝束和 24Φ5 钢丝束两种,并配用 600 kN 双作用千斤顶或 YZ85 型三作用千斤顶。

图 3.1-4 锥形锚

② 夹片锚。

夹片锚具体系主要作为锚固钢绞线筋束之用,如图 3.1-5 所示。由于钢绞线与周围接触的面积小,且强度高、硬度大,故对锚具的锚固性能要求很高。目前国内常用的有 OVM、QM、JM、XM 等,桥梁结构中采用 OVM 锚具的较多。

夹片锚由带锥孔的锚板和夹片组成,张拉时,每个锥孔穿进一根钢绞线,张拉后各自用夹片将孔中的钢绞线抱夹锚固,每个锥孔各自成为一个独立的锚固单元。每个夹片锚具由多个独立锚固单元组成,能锚固 1~55 根不等的 $\phi^s 15.2$ 与 $\phi^s 12.7$ 钢绞线所组成的筋束,其最大锚固吨位可达 11 000 kN,故夹片锚称为大吨位钢绞线群锚体系。图 3.1-6 以 OVM.M15(13)型锚固体系为例,说明了夹片锚的组成。

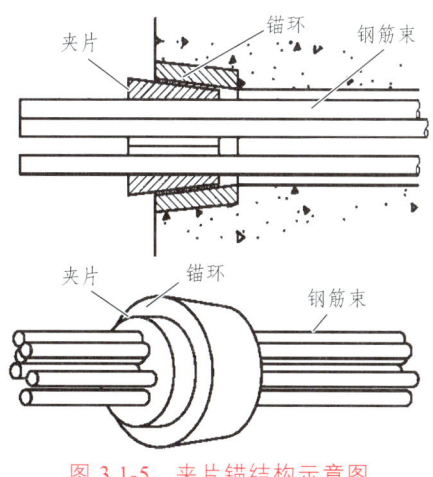

图 3.1-5 夹片锚结构示意图

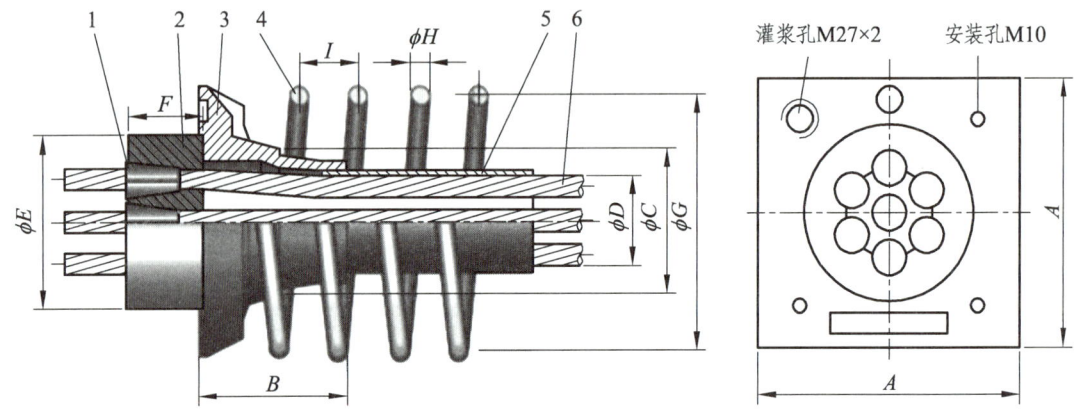

1—夹片；2—锚板；3—锚垫板；4—螺旋筋；5—波纹管；6—钢绞线。

图 3.1-6　OVM.M15（13）型锚固体系构造图

③ 镦头锚。

镦头锚主要用于锚固直线钢丝束，也可锚固直径在 14 mm 以下的钢筋束。

镦头锚由锚杯和锚圈（螺帽）组成（图 3.1-7）。其工作原理是：先将钢丝逐一穿过锚杯的孔眼，然后用镦头机将端头镦粗呈蘑菇形，借镦头直接承压将钢丝锚固于锚杯上。在固定端，锚杯的外圆车有螺纹，穿束后将锚圈（大螺母）拧上，即可将钢丝束锚固于固定端。在张拉端，锚杯的内外壁均有螺纹，先将与千斤顶相连的拉杆旋入锚杯内，用千斤顶支撑于梁体上进行张拉，待达到张拉力设计值时，将锚圈（螺母）拧紧，再慢慢放松千斤顶，退出拉杆，钢丝束回缩，将力传给构件。

图 3.1-8 以 HYM-LZM 冷铸镦头锚为例，详细说明了镦头锚的构造。

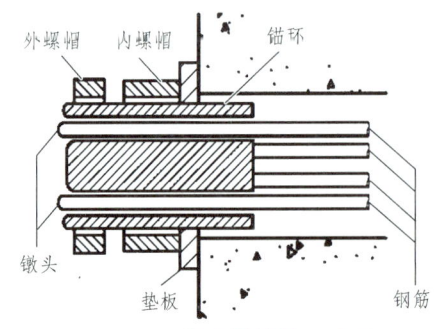

图 3.1-7　镦头锚结构示意图

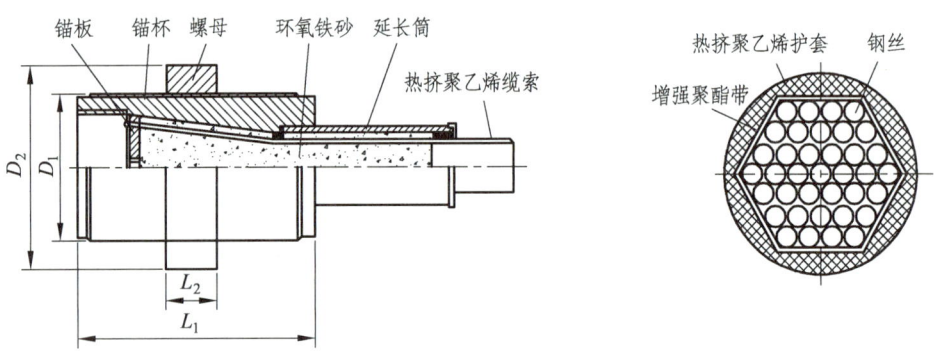

图 3.1-8　HYM-LZM 冷铸镦头锚构造图

④ 螺丝端杆锚具。

在单根预应力钢筋的两端各焊上一短段螺丝端杆，套以螺帽和垫板，即可形成一种最简单的锚具。

这种锚具的预应力钢筋通过螺丝端杆螺纹斜面上的承压力将预拉力传到螺帽，再经过垫板传至预留孔道口四周的混凝土构件上，如图 3.1-9 所示。

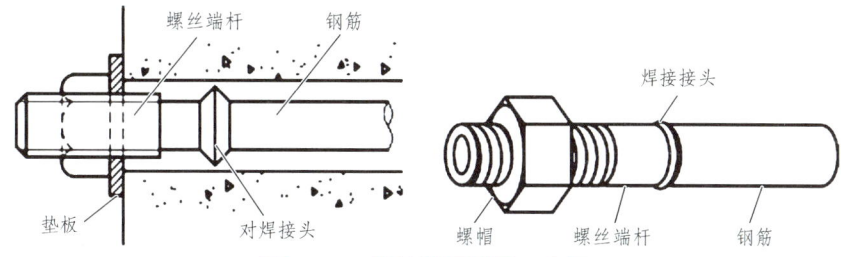

图 3.1-9　螺丝端杆锚具示意图

⑤ 压花锚具。

当采用一端张拉时，其固定端锚具，除可采用与张拉端相同的夹片锚具外，还可采用压花锚具。

压花锚具是用压花机将钢绞线端头压制成梨形花头的一种黏结型锚具（图 3.1-10），张拉前预先埋入构件混凝土中。

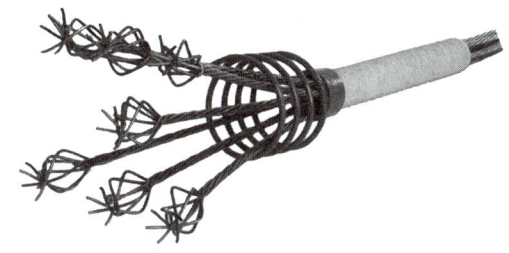

图 3.1-10　压花锚具示意图

⑥ 连接器。

连接器用于连续构件的预应力筋接长，有单根、多根和扁形 3 种形式。单根连接器用于接长未张拉的钢绞线，两端均采用夹片进行连接；多根和扁形连接器用于接长钢绞线束，通常用于连续梁中，是一种带翼的锚板，它的一端支承在原锚垫板上，另一端设置夹片，即可按常规张拉钢绞线束，并予锚固。连接器结构如图 3.1-11 所示。

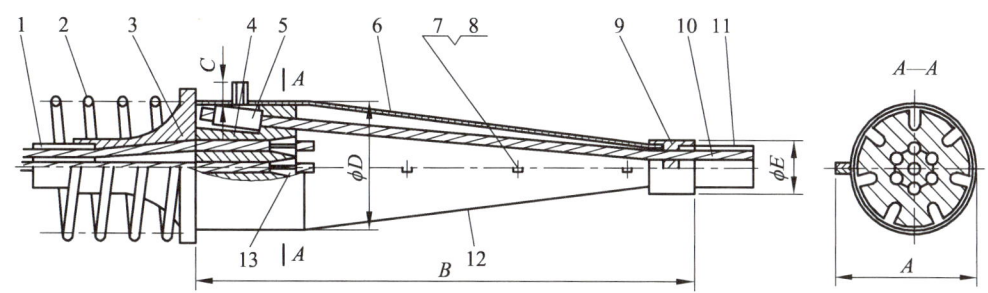

1—波纹管；2—螺旋筋；3—锚垫板；4—连接体；5—挤压头；6—保护罩；7—六角螺栓；
8—六角螺母；9—约束圈；10—钢绞线；11—波纹管；12—保护罩；13—夹片。

图 3.1-11　连接器结构示意图

（2）千斤顶。

张拉预应力钢筋一般采用液压千斤顶，如图 3.1-12 所示。应注意每种锚具都有各自适用的千斤顶，可根据锚具或千斤顶厂家的说明选用。图 3.1-13 所示的千斤顶是张拉单根钢绞线用的，图 3.1-14 所示的千斤顶则用来张拉多根钢绞线或钢丝。

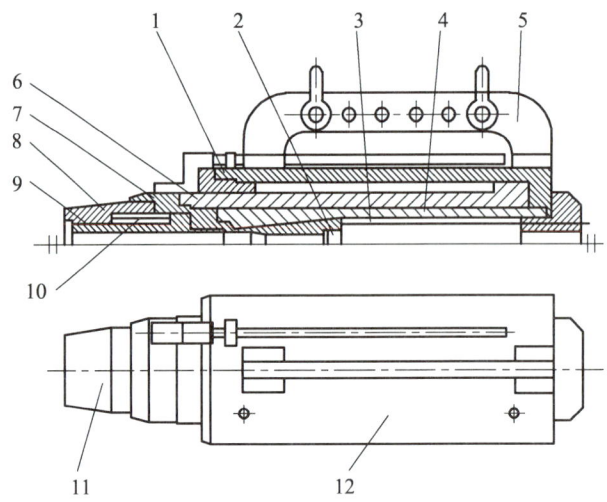

1—油缸；2—工具夹片；3—顶紧弹簧；4—穿心套；5—提手；6—活塞；7—顶压油缸；8—顶压头；9—顶压活塞；10—回程弹簧；11—顶压器；12—主千斤顶。

图 3.1-12　千斤顶结构示意图

图 3.1-13　张拉单根钢绞线的液压千斤顶　　图 3.1-14　张拉多根钢绞线或钢丝的液压千斤顶

（3）其他设备。

按照施工工艺的要求，预加应力还需要以下一些设备或配件。

① 制孔器。

后张法施工要预留孔道，因而需要制孔器。制孔器主要有两种：抽拔橡胶管与螺旋金属波纹管（简称波纹管），如图 3.1-15 所示。

a. 抽拔橡胶管。在钢丝网胶管内事先插入钢筋（称芯棒），再将胶管连同芯棒一起置入模板，浇筑完混凝土且达到其设计强度后，抽出芯棒，拔出胶管。

b. 螺旋金属波纹管（简称波纹管）。在浇筑混凝土之前，将波纹管按照设计筋束位置，绑扎于钢筋托架上（托架与箍筋焊接），浇筑混凝土结硬后形成可以穿束的孔道。使用波纹管制孔有先穿法与后穿法之分。先穿法是在浇筑混凝土之前将束筋穿入波纹管中，后穿法则是浇筑混凝土成孔之后再穿束筋。

（a）抽拔橡胶管　　　　　（a）金属波纹管　　　　　（a）塑料波纹管

图 3.1-15　制孔器

② 穿索（束）机。

桥梁悬臂施工和尺寸较大的构件制作通常采用后穿法。大跨径桥梁人工穿束十分困难，故采用穿索（束）机。

穿索（束）机有两种类型，即液压式和电动式，桥梁中多用前者。穿束时在钢绞线前端套一个子弹形帽子，可减小穿束阻力。

③ 水泥浆及压浆机。

后张法施工时，张拉锚固后必须给预留孔道压注水泥浆，以免钢筋锈蚀，并使筋束与混凝土结合成为整体。为保证水泥浆的密实，应严格控制水灰比，其值以 0.4～0.45 为宜（如掺入适量减水剂，可减小到 0.35）。所用水泥的强度等级不宜低于 42.5。水泥浆的强度应符合设计规定，当无具体规定时，应不低于 30 MPa。

压浆机是孔道灌浆的主要设备，由灰浆搅拌桶、贮浆桶和压送灰浆的灰浆泵以及供水系统组成。

采用先张法施工时，需要设置用作张拉和临时锚固筋束的张拉台座。承力台座必须具有足够的强度与刚度，其抗倾覆安全系数应不小于 1.5，抗滑移系数不小于 1.3。在台座上铺设预应力筋时，应采取措施防止沾污预应力筋。

四、课外加油站

后张法预应力混凝土桥梁施工技术的应用实例

五、思想政治素质养成

创新能力培养是我国目前高等教育人才培养的一个重要任务，在教学过程中可以结合钢筋混凝土预应力结构领域国内重大工程的动态和最新的研究成果，培养学生创新意识。通过对先进技术应用的讲解，给学生提供一个认知创新的独特视角，引导学生认识"创新是引领发展的第一动力"，强化学生运用专业知识创新性地解决工程问题的意识。

六、任务分配和任务工作单

学生任务分配表

班级：　　　　　组号：　　　　　组长：　　　　　指导老师：

组员	任务分工	组员	任务分工

任务工作单 1

姓名：	学号：	日期：
（1）简述预应力混凝土的基本原理。			
（2）查阅资料，简述我国预应力混凝土的发展历程。			

任务工作单 2

姓名:	学号:	日期:

(1) 简述预应力混凝土的分类。

(2) 先张法和后张法常用的设备有哪些？简述先张法和后张法的施工过程，并总结其特点。

七、评价反馈

评价反馈表

姓名：		组号：		组长：			指导老师：	
评价指标	评价内容	分值	个人自评（20%）	组内互评（20%）	组间互评（20%）	教师评价（40%）	综合评价
信息检索能力	能有效利用网络、图书资源查找有用的相关信息等，能将查到的信息有效地利用到学习中	10分					
课堂感知力	是否熟悉结构设计流程，认同工作价值？在学习中是否能获得满足感？课堂氛围如何？	10分					
参与度、交流沟通	是否积极主动与教师、同学交流，相互尊重、理解？与教师、同学之间是否能够保持多向、丰富、适宜的信息交流？	10分					
	能处理好合作学习和独立思考的关系，做到有效学习；能提出有意义的问题或能发表个人见解	10分					
知识、能力获得情况	掌握预应力混凝土结构的基本原理	10分					
	掌握预应力混凝土结构的分类	10分					
	能描述先张法和后张法的施工过程	10分					
	熟悉预应力常用设备	20分					
思维态度	是否能发现问题、提出问题、分析问题、解决问题、创新问题？	5分					
自评反思	按时按质完成任务；较好地掌握了知识点；具有较强的信息分析能力和理解能力；具有较为全面严谨的思维能力，并能条理清楚明晰地表达成文	5分					
反思改进							

项目二 预应力混凝土受弯构件设计计算

任务一 张拉控制应力与预应力损失计算

一、学习目标

1. 知识目标

(1) 掌握张拉控制应力的概念。
(2) 掌握预应力损失的概念、种类及减小措施。

2. 能力目标

(1) 能进行各项预应力损失计算。
(2) 能计算预应力钢筋的有效预应力。

3. 思政目标

培养积极思考、善于发现问题的品质。

二、任务重、难点

1. 重　点

(1) 张拉控制应力的概念及其确定原则。
(2) 预应力损失的概念、种类及减小措施。

2. 难　点

预应力损失的概念及损失计算。

三、知识链接

(一) 张拉控制应力

张拉控制应力是指预应力钢筋在进行张拉时所控制达到的最大应力值。其值为张拉设备（如千斤顶油压表）所指示的总张拉力除以预应力钢筋截面面积而得的应力值，记作 σ_{con}。

张拉控制应力的取值，直接影响预应力混凝土的使用效果。如果张拉控制应力取值过低，则预应力钢筋经过各种损失后，对混凝土产生的预压应力过小，不能有效地提高预应力混凝土构件的抗裂度和刚度。如果张拉控制应力取值过高，则可能引起以下问题：在施工阶段会使构件的某些部位受到拉力（称为预拉力）甚至开裂，对后张法构件可能造成端部混凝土局压破坏；构件出现裂缝时的荷载值很接近，使构件在破坏前无明显的预兆，构件的延性较差；为了减少预应力损失，有时需进行超张拉，有可能在超张拉过程中使个别钢筋的应力超过它的实际屈服强度，使钢筋产生较大塑性变形或脆断。

因此，张拉控制应力的取值应适当，不能过高或过低。通常 σ_{con} 不应小于 $0.4f_{pk}$。《桥规》规定，σ_{con} 应满足下面的限值：

钢丝、钢绞线：$\sigma_{con} \leq 0.75f_{pk}$

预应力螺纹钢筋：$\sigma_{con} \leq 0.85f_{pk}$

式中：f_{pk} 为预应能力钢筋的抗拉强度标准值。

在实际工程中，对于仅需在短时间内保持高应力的钢筋，例如为了减少一些因素引起的应力损失，而需要进行超张拉的钢筋，可以适当提高张拉应力。但在任何情况下，钢筋的最大张拉控制应力，对于钢丝、钢绞线不应超过 $0.8f_{pk}$，对于精轧螺纹钢筋不应超过 $0.95f_{pk}$。

（二）预应力损失

由于张拉工艺和材料特性等，从张拉钢筋开始直到构件使用的整个过程中，经张拉所建立起来的钢筋预应力将逐渐降低，这种现象称为预应力损失。预应力损失也就是预应力混凝土结构及预应力钢结构中，实际存在于预应力钢筋或钢材内的有效预应力与张拉控制应力的差值。

预应力损失从张拉钢筋开始在整个使用期间都存在。按引起损失的因素分类，预应力损失可以分为以下几种：

1. 预应力钢筋与孔道的摩擦引起的预应力损失 σ_{l1}

后张法的预应力筋，一般由直线段和曲线段组成。张拉时，预应力筋将沿管道壁滑移而产生摩擦力，使钢筋中的预拉应力形成张拉端高，向构件跨中方向逐渐减小的情况。钢筋在任意两个截面间的应力差值，就是这两个截面间由摩擦所引起的预应力损失值。从张拉端至计算截面的摩擦应力损失值以 σ_{l1} 表示。

摩擦损失主要是由管道的弯曲和管道位置偏差引起的。对于直线管道，由于施工中位置偏差和孔壁不光滑等，在钢筋张拉时，局部孔壁也将与钢筋接触从而引起摩擦损失，一般称此为管道偏差影响（或称长度影响）摩擦损失，其数值较小；对于弯曲部分的管道，除存在上述管道偏差影响之外，还存在因管道弯转，预应力筋对弯道内壁的径向压力所引起的摩擦损失，将此称为弯道影响摩擦损失，其数值较大，并随钢筋弯曲角度之和的增加而增加。曲线部分摩擦损失是由以上两部分影响构成的，故要比直线部分摩擦损失大得多。

（1）弯道影响引起的摩擦力。

设钢筋与曲线管道内壁相贴，取微段钢筋 dx 为隔离体（图 3.2-1），其相应的弯曲角为 $d\theta$，曲率半径为 R_1，则 $dx = R_1 d\theta$。由此求得微段钢筋与弯道壁间的径向压力 dP_1 为：

$$dP_1 = P_1 dx = N \sin \frac{d\theta}{2} + (N - dN_1) \sin \frac{d\theta}{2} \approx N d\theta \quad (3.2\text{-}1)$$

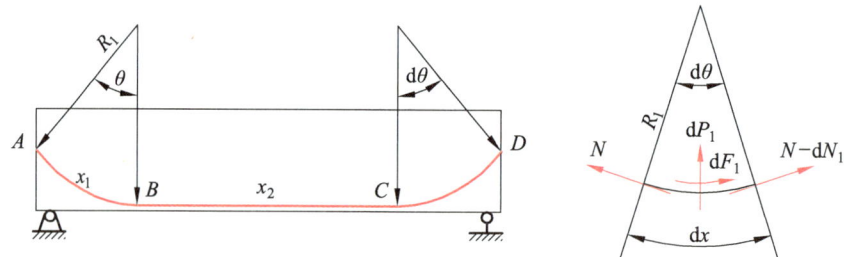

图 3.2-1 摩阻引起的预应力损失计算简图

钢筋与管道壁间的摩擦系数设为 μ，则微段钢筋 $\mathrm{d}x$ 的弯道影响摩擦力 $\mathrm{d}F_1$ 为：

$$\mathrm{d}F_1 = \mu \cdot \mathrm{d}P_1 = -\mu N \mathrm{d}\theta \qquad (3.2\text{-}2)$$

（2）管道偏差影响引起的摩擦力。

用 k'（以弧度计）表示管道位置与设计位置的偏差，则在 $\mathrm{d}x$ 范围内由管道局部偏差而产生的摩阻力为 $\mathrm{d}F_2 = -\mu N k' \mathrm{d}x$，用 k 代替 $\mu k'$，则：

$$\mathrm{d}F_2 = \mathrm{d}N_2 = -kN\mathrm{d}x \qquad (3.2\text{-}3)$$

由微段力的平衡，可得到

$$\mathrm{d}N = \mathrm{d}N_1 + \mathrm{d}N_2 = \mathrm{d}F = -N \cdot (\mu \mathrm{d}\theta + k\mathrm{d}x) \qquad (3.2\text{-}4)$$

或写成

$$\frac{\mathrm{d}N}{N} = -(\mu \mathrm{d}\theta + k\mathrm{d}x) \qquad (3.2\text{-}5)$$

将上式两边同时积分，可得到：

$$\ln N = -(\mu\theta + kl) + c$$

张拉端边界条件：$\theta = \theta_0 = 0$，$L = L_0 = 0$ 时，$N = N_{\mathrm{con}}$。代入上式可得到 $c = \ln N_{\mathrm{con}}$，于是

$$\ln N = -(\mu\theta + kl) + \ln N_{\mathrm{con}} \qquad (3.2\text{-}6)$$

亦即

$$\ln \frac{N}{N_{\mathrm{con}}} = -(\mu\theta + kl)$$

故

$$N = N_{\mathrm{con}} \cdot \mathrm{e}^{-(\mu\theta + kl)} \qquad (3.2\text{-}7)$$

式中：N_{con}——施力点的张拉力，即张拉端的张拉控制力；

N——计算点 x 处经过摩阻损失后的有效预加力，也可写为 N_x。

由此可求得此摩擦所引起的预应力损失值（σ_{l1}）为：

$$\sigma_{l1} = \frac{N_{\mathrm{con}} - N_x}{A_p} = \sigma_{\mathrm{con}}[1 - \mathrm{e}^{-(\mu\theta + kx)}] \qquad (3.2\text{-}8)$$

式中：σ_{con}——锚下张力控制应力，$\sigma_{\mathrm{con}} = N_{\mathrm{con}}/A_p$；

A_p——预应力钢筋的截面面积；

θ——从张拉端至计算截面间管道平面曲线的夹角之和（弧度）；

x——从张拉端至计算截面的管道长度在构件纵轴上的投影长度（m）；

μ——钢筋与管道壁间的摩擦系数，可按表 3.2-1 采用。

表 3.2-1 计算摩阻损失的系数 k 和 μ 值

孔道成型方式	k	μ	
		钢绞线、钢丝束	预应力螺纹钢筋
预埋金属波纹管	0.001 5	0.25	0.50
预埋塑料波纹管	0.001 5	0.15	—

续表

孔道成型方式	k	μ	
		钢绞线、钢丝束	预应力螺纹钢筋
预埋钢管	0.001 0	0.30	—
抽芯成型	0.001 4	0.55	0.60
无黏结预应力筋	0.004 0	0.09	—

注：摩擦系数也可根据实测数据确定。

为减少摩擦损失，一般可采用如下措施：

① 采用两端张拉，以减小 θ 值及管道长度 x 值。

② 采用超张拉。对于后张法预应力钢筋，其张拉工艺按下列要求进行：

对于钢绞线束：

0→初应力（$0.1\sim0.15\sigma_{con}$ 左右）→$1.05\sigma_{con}$（持荷 2 min）→σ_{con}（锚固）。

对于钢丝束：

0→初应力（$0.1\sim0.15\sigma_{con}$ 左右）→$1.05\sigma_{con}$（持荷 2 min）→0→σ_{con}（锚固）。

超张拉 5%~10%使构件其他截面应力也相当高，当张拉力回降至 σ_{con} 时，钢筋因要回缩而受到反向摩擦力的作用。对于简支梁来说，这个回缩影响一般不能传递到受力最大的跨中截面（或者影响很小），这样跨中截面的预加应力也就因超张拉而获得了稳定的提高。

应当注意，对于一般夹片式锚具，不宜采用超张拉工艺。因为它是一种钢筋回缩自锚式锚具，超张拉后的钢筋拉应力无法在锚固前回降至 σ_{con}，一回降钢筋就回缩，同时就会带动夹片进行锚固，这样就相当于提高了 σ_{con} 值，而与超张拉的意义不符。

2. 锚具变形损失 σ_{l2}

后张法构件，当张拉结束并进行锚固时，锚具将受到巨大的压力并使锚具自身及锚下垫板压密而变形，同时有些锚具的预应力钢筋还要向内回缩；此外，拼装式构件的接缝，在锚固后也将继续被压密变形。所有这些变形都将使锚固后的预应力钢筋放松，因而引起应力损失。其值用 σ_{l2} 表示，按下式计算：

$$\sigma_{l2}=\frac{\sum \Delta l}{l}E_p \tag{3.2-9}$$

式中：Δl——张拉端锚具变形、钢筋回缩和接缝压缩值之和（mm），可根据试验确定，当无可靠资料时，按表 3.2-2 采用；

l——张拉端至锚固端之间的距离（mm）；

E_p——预应力钢筋的弹性模量。

表 3.2-2 锚具变形、钢筋回缩和接缝压缩值 Δl

锚具类别		Δl
支承式锚具	螺帽缝隙	1
（钢丝束镦头螺帽缝隙锚具等）	每块后加垫板的缝隙	1
夹片式锚具	有顶压时	5
	无顶压时	6~8

3. 预应力钢筋与台座间温差引起的预应力损失 σ_{l3}

当采用先张法生产预应力构件时，为了缩短构件生产周期，加速张拉设备的周转，提高经济效益，通常在浇捣混凝土后进行蒸汽养护，以加速混凝土结硬。升温时，由于混凝土尚未结硬，预应力筋所受的温度高于台座温度，预应力筋伸长，而预应力筋两端台座固定不动，因此预应力筋中应力降低。降温时混凝土已结硬，预应力筋与混凝土间建立了足够的黏结力，两者一起回缩。显然，预应力筋应力无法恢复到原来的张拉值，故产生了由温差引起的预应力损失 σ_{l3}。

已知预应力钢筋的线膨胀系数 $\alpha = 1.0 \times 10^{-5} \, ^\circ\mathrm{C}^{-1}$，弹性模量 $E_p = 2.0 \times 10^{-5} \, \mathrm{MPa}$，当台座与预应力筋之间的温差为 $\Delta t \, ^\circ\mathrm{C}$ 时，预应力筋与台座间温差引起的预应力损失 σ_{l3} 为：

$$\sigma_{l3} = \alpha E_p \Delta t = 2\Delta t \qquad (3.2\text{-}10)$$

减小 σ_{l3} 的措施：

（1）蒸汽养护时采用两次升温养护，即第一次升温至 20 ℃，恒温养护至混凝土强度达到 7~10 N/mm² 时，再第二次升温至规定养护温度。

（2）在钢模上张拉，将构件和钢模一起养护。此时，由于预应力钢筋和台座间不存在温差，故温差损失为 0。

4. 混凝土弹性压缩引起的预应力损失 σ_{l4}

预应力混凝土构件受到预加力的作用产生弹性压缩变形，对于已张拉并锚固于该构件上的预应力钢筋来说，将产生一个与该预应力钢筋重心水平处混凝土同样大小的压缩应变，由此导致预应力损失，这就是混凝土弹性压缩引起的损失 σ_{l4}。

σ_{l4} 的取值与构件预加应力的方式有关。

（1）先张法构件。

$$\sigma_{l4} = \varepsilon_c E_p = \frac{\sigma_{pc}}{E_c} E_p = \alpha_{Ep} \sigma_{pc} \qquad (3.2\text{-}11)$$

式中：α_{Ep} ——预应力钢筋弹性模量与混凝土弹性模量的比值；

σ_{pc} ——计算截面钢筋重心处，由全部钢筋预加力产生的混凝土法向应力，预应力钢筋应力可按照 $\sigma_{con} - \sigma_{l1} - \sigma_{l2} - 0.5\sigma_{l5}$ 计算。

（2）后张法构件。

$$\sigma_{l4} = \alpha_{Ep} \sum \Delta \sigma_{pc} \qquad (3.2\text{-}12)$$

式中：$\sum \Delta \sigma_{pc}$ ——计算截面先张拉钢筋重心处，由后张拉的各批钢筋产生的混凝土法向应力，预应力钢筋应力可按照 $\sigma_{con} - \sigma_{l1} - \sigma_{l2}$ 计算。

（3）减小 σ_{l4} 的措施。

① 设计时尽量使混凝土压应力不要过高。

② 采用高强度等级水泥，以减少水泥用量，同时严格控制水灰比。

③ 采用级配良好的骨料，增加骨料用量，同时加强振捣，提高混凝土密实性。

④ 加强养护，使水泥水化作用充分，减少混凝土的收缩。有条件时宜采用蒸汽养护。

5. 预应力钢筋应力松弛引起的预应力损失 σ_{l5}

钢筋在高应力作用下具有随时间而增长的塑性变形性质。当钢筋长度保持不变时，应力随时间增长而逐渐降低的现象叫钢筋的应力松弛；当钢筋应力保持不变时，应变随时间增长而逐渐增大的现象叫钢筋的徐变。试验表明松弛和徐变均会引起预应力筋的预应力损失，但钢筋的应力松弛引起的预应力损失是主要的。因此，通常将钢筋的应力松弛和徐变引起的预应力损失统称为钢筋应力松弛损失。

σ_{l5} 的取值与预应力钢筋的种类有关。

（1）预应力钢丝、钢绞线。

$$\sigma_{l5} = \psi\zeta\left(0.52\frac{\sigma_{pe}}{f_{pk}} - 0.26\right)\sigma_{pe} \qquad (3.2\text{-}13)$$

式中：ψ——张拉系数，一次张拉时 $\psi=1.0$，超张拉时 $\psi=0.9$。

ζ——钢筋松弛系数，现行标准中的钢丝、钢绞线均为低松弛，取 $\zeta=0.3$。

σ_{pe}——对后张法构件取 $\sigma_{pe}=\sigma_{con}-\sigma_{l1}-\sigma_{l2}-\sigma_{l4}$，对先张法构件取 $\sigma_{pe}=\sigma_{con}-\sigma_{l2}$。

（2）精轧螺纹钢筋。

一次张拉：$\sigma_{l5}=0.05\sigma_{con}$

超张拉：$\sigma_{l5}=0.035\sigma_{con}$

6. 混凝土收缩和徐变引起的预应力损失 σ_{l6}

混凝土收缩和徐变会使预应力混凝土构件缩短，从而引起预应力损失。收缩和徐变的变形性能相似，很难区分，故通常将收缩和徐变引起的预应力损失综合在一起考虑。

《桥规》规定，由混凝土收缩、徐变引起的构件受拉区预应力钢筋的应力损失，可按下式计算：

$$\sigma_{l6}(t) = \frac{0.9[E_p\varepsilon_{cs}(t,t_0) + \alpha_{Ep}\sigma_{pc}\phi(t,t_0)]}{1+15\rho\rho_{ps}} \qquad (3.2\text{-}14)$$

$$\rho = \frac{A_p + A_s}{A} \qquad (3.2\text{-}15)$$

$$\rho_{ps} = 1 + \frac{e_{ps}^2}{i^2} \qquad (3.2\text{-}16)$$

$$e_{ps} = \frac{A_p e_p + A_s e_s}{A_p + A_s} \qquad (3.2\text{-}17)$$

式中：$\sigma_{l6}(t)$——构件受拉区全部纵向钢筋重心处由混凝土收缩变引起的预应力损失；

σ_{pc}——构件受拉区全部纵向钢筋截面重心处由预应力（扣除相应阶段的预应力损失）产生的凝土法向压应力（MPa），可根据情况考虑自重影响；

E_p——预应力钢筋弹性模量；

α_{Ep}——预应力钢筋弹性模量与混凝土弹性模量的比值；

ρ——构件受拉区全部纵向钢筋配筋率；

A——构件截面面积，对先张法构件取 $A=A_0$，对后张法构件取 $A=A_n$，A_0 为换算截面，A_n 为净截面。

e_{ps}——构件受拉区预应力钢筋截面重心至构件截面重心的距离；

e_p——构件截面受拉区预应力钢筋和普通钢筋截面重心至构件截面重心的距离；

e_s——构件受拉区普通钢筋截面重心至构件截面重心的距离；

$\varepsilon_{cs}(t,t_0)$——预应力钢筋传力锚固龄期为 t_0、计算考虑的龄期为 t 时的混凝土收缩应变；

$\phi(t,t_0)$——加载龄期为 t_0、计算考虑的龄期为 t 时的徐变系数。

（三）钢筋的有效预应力

预应力钢筋的有效预应力 σ_{pe}，为预应力钢筋锚下控制应力扣除相应阶段的预应力损失 σ_l 后实际残存的预应力值。由上述对预应力损失的分析可见，不仅预应力损失在不同的施工方法中所考虑的项目不同，从损失完成的时间上看亦不同：有些发生于混凝土传力锚固前，有些发生于混凝土预压之后。因此，应按受力阶段进行组合，才能确定不同阶段的有效预应力。

《桥规》中考虑不同施工方法以及发生时间的预应力损失组合情况见表 3.2-3。

表 3.2-3 各阶段预应力损失值的组合

预应力损失值的组合	先张法构件	后张法构件
混凝土预压前（第一批）的损失 σ_l^{I}	$\sigma_{l2}+\sigma_{l3}+\sigma_{l4}+0.5\sigma_{l5}$	$\sigma_{l1}+\sigma_{l2}+\sigma_{l4}$
混凝土预压后（第二批）的损失 σ_l^{II}	$0.5\sigma_{l5}+\sigma_{l6}$	$\sigma_{l5}+\sigma_{l6}$

在传力锚固阶段（预加应力阶段），预应力筋中的有效预应力为

$$\sigma_{pe}^{I} = \sigma_{con} - \sigma_l^{I} \qquad (3.2\text{-}18)$$

在使用阶段，预应力筋中的有效预应力为永存预应力，其值为

$$\sigma_{pe}^{II} = \sigma_{con} - (\sigma_l^{I} + \sigma_l^{II}) \qquad (3.2\text{-}19)$$

（四）预应力混凝土受弯构件的应力计算

1. 传力锚固阶段（预加应力阶段）

此阶段自开始预加应力至预加应力完毕为止。由于预压力偏心地作用在混凝土截面上，梁将产生变形并向上拱起，于是梁两端形成支点，梁自重是该简支梁上的荷载。因而，在此阶段，梁同时承受偏心预压力和梁的自重两种外力。此阶段 σ_l^{I} 已经发生，故传力锚固后，力筋中的预拉应力已不是张拉时的最大应力（控制应力）σ_{con}，而是

$$\sigma_{pe}^{I} = \sigma_{con} - \sigma_l^{I} \qquad (3.2\text{-}20)$$

（1）预加应力在计算截面混凝土上产生的正应力。

由于施工方法和力筋布置方式不同，计算公式也有所不同。

① 直线配筋的先张法结构。

在传力锚固前，预应力钢筋被张拉在台座上［图 3.2-2（a）］。此时，力筋中的应力发生了 $\sigma_l^{\rm I}$ 中除弹性压缩损失 σ_{l4} 以外的各种损失，即 $\sigma_{l2}+\sigma_{l3}+0.5\sigma_{l5}$。故力筋中的应力为：

$$\sigma_{\rm pe}^* = \sigma_{\rm con} - (\sigma_l^{\rm I} - \sigma_{l4}) = \sigma_{\rm con} - (\sigma_{l2}+\sigma_{l3}+0.5\sigma_{l5})$$

而混凝中的应力为零。取整个构件为分离体，如图 3.2-2（b）（c）（d）所示。构件两端均受有预拉力 $N_{\rm p}$，其值为：

$$N_{\rm p} = A_{\rm p}(\sigma_{\rm con}-\sigma_l^{\rm I}+\sigma_{l4}) = A_{\rm p}(\sigma_{\rm pe}^{\rm I}+\sigma_{l4}) = A_{\rm p}\sigma_{\rm pe}^*$$

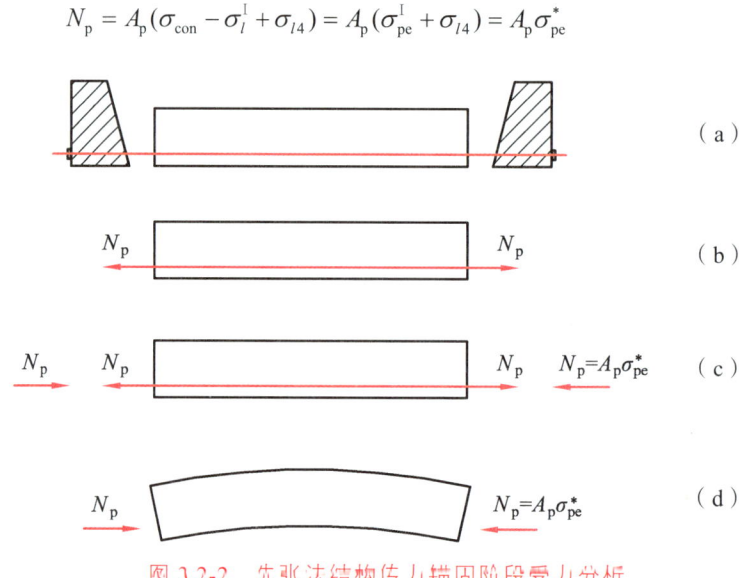

图 3.2-2　先张法结构传力锚固阶段受力分析

在切断钢筋的瞬间，偏心作用力 $N_{\rm p}$ 施加在混凝土和钢筋共同组成的截面上，即换算截面上，相当于力筋与混凝土截面共同承担力 $N_{\rm p}$。故由预加力在计算截面上、下缘处产生的正应力为：

$$\begin{aligned}\sigma_{\rm pc}' &= \frac{N_{\rm p}}{A_0} - \frac{N_{\rm p}e_0}{I_0}y_0' = A_{\rm p}\sigma_{\rm pe}^*\left(\frac{1}{A_0}-\frac{e_0}{I_0}y_0'\right)\\ \sigma_{\rm pc} &= \frac{N_{\rm p}}{A_0} + \frac{N_{\rm p}e_0}{I_0}y_0' = A_{\rm p}\sigma_{\rm pe}^*\left(\frac{1}{A_0}+\frac{e_0}{I_0}y_0\right)\end{aligned} \quad (3.2\text{-}21)$$

式中：A_0，I_0——换算截面的面积、惯性矩；

$e_{\rm n}$——力筋预加应力的合力作用点至换算截面重心轴的距离；

y_0'，y_0——截面上、下缘距换算截面重心轴的距离。

思考：如果采用净截面特性计算上下缘处产生的正应力，公式如何？

② 直线配筋的后张法结构。

由于传力锚固时孔道尚未压浆，力筋与混凝土间无黏着力，且此时因构件的弹性压缩而产生的 σ_{l4} 已发生，故只能按净截面特性进行计算，即采用被孔道削弱了的混凝净截面的几何特性。由预加力引起的混凝土应力计算式为：

$$\sigma'_{pc} = \frac{N_p}{A_n} - \frac{N_p e_n}{I_n} y'_n = A_p \sigma^{\mathrm{I}}_{pe}\left(\frac{1}{A_n} - \frac{e_n}{I_n} y'_n\right)$$
$$\sigma_{pc} = \frac{N_p}{A_n} - \frac{N_p e_n}{I_n} y_n = A_p \sigma^{\mathrm{I}}_{pe}\left(\frac{1}{A_n} + \frac{e_n}{I_n} y_n\right)$$
（3.2-22）

同学们可试着推导后张法施工曲线配筋时，由预加力引起的上下缘正应力。

（2）由于梁自重在计算截面混凝土上产生的正应力。

$$\sigma_{qc} = \frac{M_g y}{I} = \frac{M_g}{W}$$

式中：M_g——梁的自重弯矩；

　　　W——换算截面抵抗矩（先张法 W_0），或净截面抵抗矩（后张法 W_n）。

（3）由于预加力及梁自重共同作用在计算截面混凝土上产生的正应力。

将（1）、（2）两项应力叠加即可得到由于预加力及梁自重共同作用在计算截面上产生的混凝土正应力。

先张法结构上、下缘处混凝土的正应力 σ'_c、σ_c 为：

$$\sigma'_c = \frac{N_p}{A_0} - \frac{N_p e_0}{W'_0} + \frac{M_g}{W'_0}$$
$$\sigma_c = \frac{N_p}{A_0} + \frac{N_p e_0}{W'_0} - \frac{M_g}{W'_0}$$
（3.2-23）

后张法结构上、下缘处混凝土的正应力 σ'_c、σ_c 为：

$$\sigma'_c = \frac{N_p}{A_n} - \frac{N_p e_n}{W'_n} + \frac{M_g}{W'_n}$$
$$\sigma_c = \frac{N_p}{A_n} + \frac{N_p e_n}{W'_n} - \frac{M_g}{W'_n}$$
（3.2-24）

此阶段设计计算中，应保证梁在传力锚固（预加应力）时下缘混凝土不至于被压坏，也不因拉应力过大而使上缘混凝土出现裂缝，同时预应力钢筋不致因拉应力过大而引起过度的塑性变形和过大的松弛应力损失。故式（3.2-22）、式（3.2-23）和式（3.2-24）算出的预应力钢筋中的预拉应力和混凝土正应力均不得超过规范规定的容许值。

2. 运送及安装阶段

此阶段梁承受的仍是偏心预压力和梁的自重，但计算自重弯矩时，应计入冲击系数。《桥规》规定：运输、安装时冲击系数采用1.2。《铁路桥规》规定：运输时冲击系数采用1.5，安装时则采用 1.2。此时的预应力损失较传力锚固阶段大些（一般来说，钢筋松弛损失和混凝土收缩徐变损失已完成了一部分，具体计算参见前面）。

在运输与架设时，梁的支点临时向跨中移动，跨中自重弯矩与架梁后不同，尤其是在运输支点和安装吊点附近，梁的上缘混凝土产生拉应力，该值与上缘处的预应力合并，有可能导致上缘混凝土开裂。

3. 使用荷载作用阶段（运营阶段）

此阶段即梁的正常使用阶段。除偏心预压力和梁的自重外，梁还承受活载和其他恒载（例如公路桥涵的桥面铺装、人行道等，铁路桥梁的道砟、线路重量等），即 $M = M_g + M_d + M_h$。

截面上的正应力是偏心预压力及各项荷载引起的总应力。此时预应力损失已全部完成。力筋中的预应力为 σ_{pe}^{II}：

$$\sigma_{pe}^{II} = \sigma_{con} - (\sigma_l^I + \sigma_l^{II})$$

在以上的计算中，要求混凝土正应力和预应力钢筋中的预拉应力均不得超过规范中规定的限值。表 3.2-4 分别列出了《桥规》和《铁路桥规》中关于各阶段各项应力限值的规定。

表 3.2-4 《桥规》和《铁路桥规》关于各阶段预应力筋及混凝土应力限值的规定

	预应力筋及混凝土	
	先张法	后张法
张拉预应力	《桥规》和《铁路桥规》的数值相同： 钢筋应力：钢丝、钢绞线，$\sigma_{con} \leq 0.75 f_{pk}$；螺纹钢筋，$\sigma_{con} \leq 0.90 f_{pk}$	
	《铁路桥规》的数值：混凝土应力 $\sigma_c \leq 0.75 f_{ck}'$（包括临时超张拉）	
传力锚固	《桥规》的数值：钢筋应力 $\sigma_{con} - (\sigma_{l1} + \sigma_{l3} + \sigma_{l4} + 0.5\sigma_{l5}) \leq 0.65 f_{pk}$	《铁路桥规》的数值：钢筋应力 $\sigma_{con} - (\sigma_{l1} + \sigma_{l3} + \sigma_{l4}) \leq 0.65 f_{pk}$
	混凝土应力（包括存梁阶段且计自重）： 《桥规》的数值：$\sigma_c \leq 0.70 f_{ck}'$。$\sigma_t \leq 0.70 f_{tk}'$ 时，预拉区应配不小于 0.2%配筋率的纵向钢筋；$\sigma_t = 1.15 f_{tk}'$ 时，配不小于 0.4%的纵向钢筋；在两者之间时配筋率按直线内插。σ_t 不得大于 $1.15 f_{tk}'$。 《铁路桥规》的数值：$\sigma_c \leq \alpha f_{ck}'$；$\sigma_t \leq 0.70 f_{tk}'$	
运送及安装	《铁路桥规》的数值：$\sigma_c \leq 0.8 f_{ck}'$；$\sigma_t \leq 0.80 f_{tk}'$	
运营阶段	钢筋应力： 《桥规》的数值：$\sigma_{pe} \leq 0.65 f_{pk}$（钢丝、钢绞线）；$\sigma_{pe} \leq 0.8 f_{pk}$（精轧螺纹钢）。 《铁路桥规》的数值：$\sigma_{pe} \leq 0.60 f_{pk}$	
	混凝土应力： 《桥规》的数值：$\sigma_c \leq 0.50 f_{ck}$；$\sigma_t \leq 0$；$\sigma_{cp} \leq 0.60 f_{ck}$。 《铁路桥规》的数值：主力组合时 $\sigma_c \leq 0.50 f_{ck}$，主力加附加力组合时 $\sigma_c \leq 0.55 f_{ck}$；$\sigma_t \leq 0$	

注：f_{pk}——预应力钢筋强度标准值（MPa）。

f_{ck}，f_{tk}——混凝土 28 d 龄期的抗压和抗拉强度标准值（MPa）。

f_{ck}'，f_{tk}'——传力锚固阶段或存梁阶段混凝土的抗压和抗拉强度标准值（MPa）。

α——系数。混凝土强度等级为 C50~C60 时，$\alpha = 0.75$；混凝土强度等级为 C40~C45 时，$\alpha = 0.70$。

σ_c，σ_t——混凝土的边缘压应力、拉应力。

σ_{tp}，σ_{cp}——由荷载标准值和预应力产生的混凝土内的主拉、主压应力。

σ_{pe}——钢筋中的拉应力。

四、课外加油站

先张法和后张法施工工艺流程

五、思想政治素质养成

张拉控制应力不仅仅是设计文件上的数字,其计算过程比较复杂,还涉及预应力原理、预应力材料性能等多方面的因素。为了准确计算张拉控制应力,同学们必须有"知其然知其所以然"的求知态度,才能在设计、施工中做到严谨细致、精益求精。

六、任务分配和任务工作单

学生任务分配表

班级：　　　　　组号：　　　　　组长：　　　　　指导老师：

组员	任务分工	组员	任务分工

任务工作单 1

姓名：	学号：	日期：

（1）什么是预应力损失？什么是张拉控制应力？张拉控制应力的高低对构件有何影响？

（2）《桥规》中考虑的预应力损失主要有哪些？引起各项损失的主要原因是什么？如何减小各项预应力损失？

任务工作单 2

姓名：	学号：	日期：

（1）什么是钢筋的有效预应力？对先张法和后张法构件，其各阶段的预应力损失如何组合？

某后张法预应力混凝土铁路桥梁，计算跨度 $L = 32.00$ m，梁全长 $L_0 = 32.60$ m，横向由两片 T 形梁组成。采用一次张拉普通松弛的预应力钢丝。每片梁采用 20 束钢丝束，每束由 24φ5 冷拔碳素钢丝组成，其抗拉强度标准值 $f_{pk} = 1570$ MPa。两端配置钢制锥形锚头，用千斤顶在混凝土达到设计强度后自两端同时张拉。管道采用橡胶棒抽芯成型。混凝土强度等级为 C50。每片梁除梁端 1.70 m 范围内腹板较厚外，其余各处截面相同。图 1 所示为跨中截面。每束钢丝束的中段均为直线段，两边弯起，除 1 号、2 号、4 号因构造要求弯起角度 3°30′外，其余的弯起角度为 7°30′。为保证端部插芯棒，顺直钢丝，靠近端部各设一长度不小于 50 cm 的斜段，如图 2 所示。每片梁跨中和 $L/4$ 截面的几何特性、各钢丝束在该截面弯起角度的余弦的平均值以及梁的自重弯矩已算出列于表 1 中。各钢丝束因布置位置不同长度各异，经计算平均长度为 3 240 cm。设锚下钢丝束张拉控制应力 σ_{con} 采用 $0.72 f_{pk} = 0.72 \times 1570 = 1130.4$ MPa。

试计算：

（1）各项预应力损失值。
（2）张拉后 2 d 总的预应力损失值。
（3）张拉后 30 d 总的预应力损失值。
（4）最后总的预应力损失值。

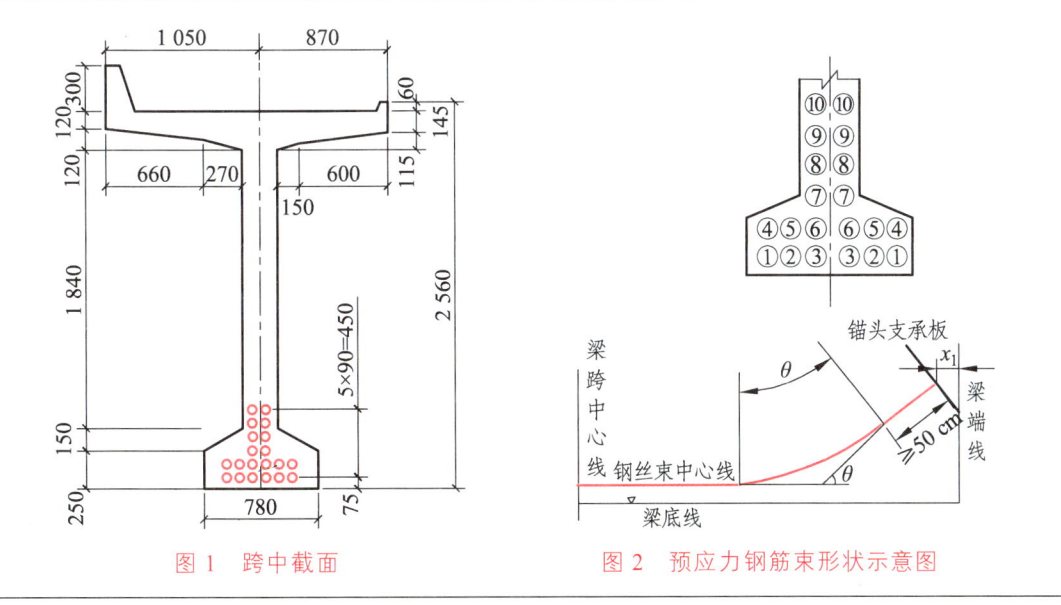

图 1　跨中截面　　　　　图 2　预应力钢筋束形状示意图

续表

表 1 截面几何特性

截面位置	截面面积/cm²		钢丝束重心至截面重心轴的距离/cm		钢筋重心处的净截面抵抗矩 W_n/cm³	各钢丝束 $\cos\alpha$ 的平均值	梁自重弯矩 M_g/(kN·m)
	A_n	A_0	e_n	e_0			
$L/2$	10 871.5	11 677.5	125.7	117.0	7.2×10^5	1	4 172.8
$L/4$	10 871.5	11 677.5	111.78	104.07	8.2×10^5	0.997 7	3 129.6

七、评价反馈

评价反馈表

姓名：	组号：		组长：			指导老师：	
评价指标	评价内容	分值	个人自评（20%）	组内互评（20%）	组间互评（20%）	教师评价（40%）	综合评价
信息检索能力	能有效利用网络、图书资源查找有用的相关信息等，能将查到的信息有效地利用到学习中	10分					
课堂感知力	是否熟悉结构设计流程，认同工作价值？在学习中是否能获得满足感？课堂氛围如何？	10分					
参与度、交流沟通	是否积极主动与教师、同学交流，相互尊重、理解？与教师、同学之间是否能够保持多向、丰富、适宜的信息交流？	10分					
	能处理好合作学习和独立思考的关系，做到有效学习；能提出有意义的问题或能发表个人见解	10分					
知识、能力获得情况	掌握张拉控制应力的概念	10分					
	掌握预应力损失的概念、种类及减小措施	10分					
	能进行各项预应力损失计算	20分					
	能计算预应力钢筋的有效预应力	10分					
思维态度	是否能发现问题、提出问题、分析问题、解决问题、创新问题？	5分					
自评反思	按时按质完成任务；较好地掌握了知识点；具有较强的信息分析能力和理解能力；具有较为全面严谨的思维能力，并能条理清楚明晰地表达成文	5分					
	反思改进						

任务二　预应力混凝土受弯构件设计要求

前面已介绍了预应力混凝土受弯构件有关承载力、应力、抗裂性和变形等方面的计算方法。本节将以预应力混凝土简支梁为例，介绍整个预应力混凝土受弯构件的设计计算方法，其中包括设计计算步骤、截面设计、钢筋数量的估算与布置以及构造要求等内容。

一、学习目标

1. 知识目标

（1）熟悉预应力混凝土设计计算步骤。
（2）掌握预应力钢筋的布置原则。

2. 能力目标

（1）能初步确定预应力混凝土构件截面尺寸。
（2）能合理布置预应力钢筋。

3. 思政目标

（1）培养积极思考、善于发现问题的品质。
（2）培养理论与实际结合的能力。

二、任务重、难点

1. 重　点

（1）预应力混凝土设计计算步骤。
（2）预应力钢筋的布置原则。

2. 难　点

合理布置预应力钢筋。

三、知识链接

（一）设计计算步骤

预应力混凝土梁的设计计算步骤和钢筋混凝土梁相类似。现以后张法简支梁为例，其设计计算步骤如下：

（1）根据设计要求、参照已有设计的图纸与资料，选定构件的截面形式与相应尺寸；或者直接对弯矩最大截面，根据截面抗弯要求初步估算构件混凝土截面尺寸。

（2）根据结构可能出现的荷载效应组合，计算控制截面最大的设计弯矩和剪力。

（3）根据正截面抗弯要求和已初定的混凝土截面尺寸，估算预应力钢筋的数量，并进行合理的布置。

（4）计算主梁截面几何特性。

（5）进行正截面与斜截面承载力计算。

（6）确定预应力钢筋的张拉控制应力，估算各项预应力损失并计算各阶段相应的有效预应力。

（7）按短暂状况和持久状况进行构件的应力验算。

（8）进行正截面与斜截面的抗裂验算。

（9）主梁的变形计算。

（10）锚固局部承压计算与锚固区设计。

（二）预应力混凝土简支梁的截面设计

1. 预应力混凝土梁抗弯效率指标

预应力混凝土梁抵抗外弯矩的机理与钢筋混凝土梁不同。钢筋混凝土梁的抵抗弯矩主要是由变化的钢筋应力的合力（或变化的混凝土压应力的合力）与固定的内力偶臂 Z 的乘积所形成；而预应力混凝土梁的抵抗弯矩是由基本不变的预加力 N_{pe}（或混凝土预压应力的合力）与随外弯矩变化而变化的内力偶臂 Z 的乘积所组成。因此，对于预应力混凝土梁来说，其内力偶臂 Z 所能变化的范围越大，则在预加力 N_{pe} 相同的条件下，其所能抵抗外弯矩的能力也就越大，也即抗弯效率越高。在保证上、下缘混凝土不产生拉应力的条件下，内力偶臂 Z 可能变化的最大范围只能在上核心距 K_u 和下核心距 K_b 之间。因此，截面抗弯效率可用参数 $\rho = \dfrac{K_u + K_b}{h}$（$h$ 为梁的全截面高度）来表示，并将 ρ 称为抗弯效率指标，ρ 值越高，表示所设计的预应力混凝土梁截面经济效率越高。ρ 值实际上也是反映截面混凝土材料沿梁高分布的合理性，它与截面形式有关，例如，矩形截面的 ρ 值为 1/3，而空心板梁则随挖空率而变化，一般为 0.4~0.55，T 形截面梁亦可达到 0.50 左右。故在预应力混凝土梁截面设计时，应在设计与施工要求的前提下考虑选取合理的截面形式。

2. 预应力混凝土梁的常用截面形式

现将工程实践中，预应力混凝土梁常用的一些截面形式（图 3.2-3）的特点及其适用的场合简述如下，以供设计时选择、参考。

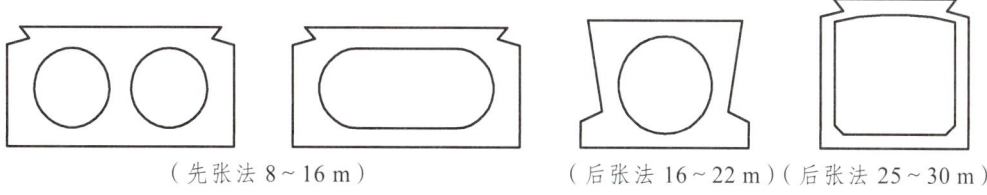

（先张法 8~16 m）　　　　（后张法 16~22 m）（后张法 25~30 m）

(a) 预应力混凝土空心板

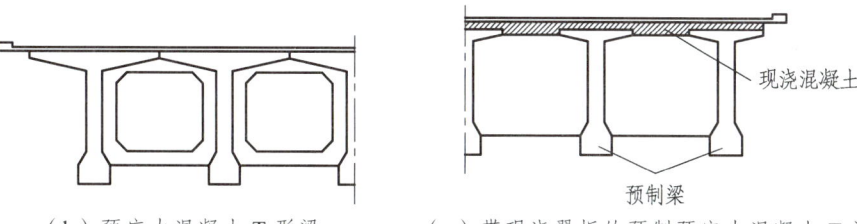

(b) 预应力混凝土 T 形梁　　(c) 带现浇翼板的预制预应力混凝土 T 梁

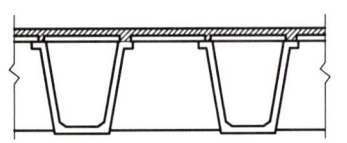 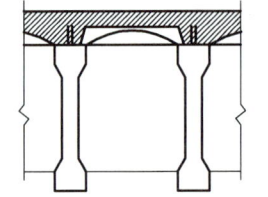 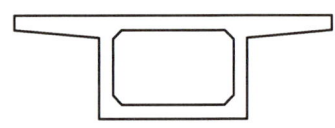

（d）预应力混凝土组合箱形梁　　（e）预应力混凝土组合T形梁　　（f）预应力混凝土箱形梁

图 3.2-3　预应力混凝土梁的常用截面形式

（1）预应力混凝土空心板［图 3.2-3（a）］。其芯模可采用圆形、圆端形等形式，跨径较大的后张法空心板则向薄壁箱形截面靠拢，仅顶板做成拱形；施工方法一般采用场制直线配筋的先张法（多用长线法生产）；通常用于跨径为 8~20 m 的桥梁。近年来，空心板跨径有加大的趋势，方法也由先张法扩展至后张法；预应力钢筋的使用从有黏结扩展到无黏结；板宽由过去的 1 m 扩展到 1.4 m 等。

（2）预应力混凝土 T 形梁［图 3.2-3（b）］。这是我国最常用的预应力混凝土简支梁截面形式。标准设计跨径为 25~50 m，一般采用后张法施工。过去常用高强钢丝 24ϕ^w5 或 18ϕ^w5 与弗氏锚具配套使用；现在多用 6ϕ^s15.2 或 7ϕ^s15.2 钢绞线束并与夹片锚具配套使用。梁肋下部为了布置筋束和承受强大预压力的需要，常加厚成"马蹄"形。T 梁的肋板主要是承受剪应力和主应力，一般做得较薄；但构造上要求应能满足布置预留孔道的需要，一般最小为 140~160 mm，而梁端锚固区段（即约等于梁高的范围）内，应满足布置锚具和局部承压的需要，故将其做成与"马蹄"同宽。其上翼缘宽度，一般是 1.6~2.5 m，随跨径增大而增加。预应力混凝土简支 T 形梁的高跨比一般为 1/15~1/25。预应力混凝土预制 T 形梁的吊装质量较大，50 m 跨径的 T 形梁质量每片达到 140t，其跨径及质量往往受起吊设备的限制。

（3）带现浇翼板的预制预应力混凝土 T 形梁［图 3.2-3（c）］。它是在预制短翼 T 形梁安装定位后，再现浇部分翼板、横梁和桥面混凝土使截面整体化的。其受力性能如同 T 形截面梁，但横向联系较 T 形梁好。其部分翼缘为现浇，故其起吊质量相对较轻。特别是它能较好地适用于各种斜度的斜梁桥或曲率半径较大的弯梁桥，在平面布置时较易处理。

（4）预应力混凝土组合箱形梁［图 3.2-3（d）］。这种梁一般采用标准设计，工厂预制，用先张法施工，适用于跨径为 16~25 m 的中小跨径桥梁。高跨比 h/l 约为 1/16~1/20。

（5）预应力混凝土组合 T 形梁［图 3.2-3（e）］。它是为了减轻吊装重量，而采用预应力混凝土 I 形梁加预制微弯板（或钢筋混凝土板）形成的组合式梁。现有标准设计图纸的跨径为 16~20 m，高跨比 h/l 为 1/16~1/18。此种截面形式因梁肋受力条件不利，故不如整体式 T 形梁用料经济。施工中应注意加强结合面处的连接，以保证肋与板能共同工作。

（6）预应力混凝土箱形梁［图 3.2-3（f）］。箱形梁的截面为闭口截面，其抗扭刚度和横向刚度比一般开口截面（如 T 形截面梁）大得多，可使梁的荷载分布比较均匀，箱壁一般做得较薄，材料利用合理，自重较轻，跨越能力大。箱形截面梁更多的是用于连续梁、T 形刚构等大跨度桥梁中。

（三）截面尺寸和预应力钢筋数量的选定

1. 截面尺寸

截面尺寸的选择，一般是根据已有设计资料、经验方法及桥梁设计中的具体要求事先拟定，然后根据有关规范的要求进行配筋验算，如计算结果表明预估的截面尺寸不符合要求则须再作必要的修改。

2. 预应力钢筋截面面积的估算

预应力混凝土梁应进行承载能力极限状态计算和正常使用极限状态计算，并满足《桥规》中对不同受力状态下规定的设计要求（如承载力、应力、抗裂性和变形等），预应力钢筋截面面积估计就是根据这些限制条件进行的。预应力混凝土梁一般以抗裂性（全预应力混凝土或A类部分预应力混凝土）控制设计。在截面尺寸确定以后，结构的抗裂性主要与预加力的大小有关。因此，预应力混凝土梁钢筋数量估算的一般方法是：首先根据结构正截面抗裂性确定预应力钢筋的数量（A类部分预应力混凝土），然后再由构件承载能力极限状态要求确定非预应力钢筋数量。预应力钢筋数量估算时截面特性可取全截面特性。

（1）按构件正截面抗裂性要求估算预应力钢筋数量。

全预应力混凝土梁按作用（或荷载）短期效应组合进行正截面抗裂性验算，计算所得的正截面混凝土法向拉应力应满足式 $\sigma_{st}-0.85\sigma_{pc}\leqslant 0$ 的要求，由该要求可得到

$$\frac{M_s}{W}-0.85N_{pe}\left(\frac{1}{A}+\frac{e_p}{W}\right)\leqslant 0 \tag{3.2-25}$$

上式稍作变化，即可得到全预应力混凝土梁满足作用（或荷载）短期效应组合抗裂验算所需的有效预加力，即

$$N_{pe}\geqslant \frac{M_s/W}{0.85\left(\frac{1}{A}+\frac{e_p}{W}\right)} \tag{3.2-26}$$

式中：N_{pe}——使用阶段预应力钢筋永存应力的合力；

M_s——按作用（或荷载）短期效应组合计算的弯矩值；

A——构件混凝土全截面面积；

W——构件全截面对抗裂验算边缘的弹性抵抗矩；

e_p——预应力钢筋的合力作用点至截面重心轴的距离。

对于A类部分预应力混凝土构件，根据式 $\sigma_{st}-\sigma_{pc}\leqslant 0.7f_{tk}$ 可以得到类似的计算式，即

$$N_{pe}\geqslant \frac{M_s/W-0.7f_{tk}}{\left(\frac{1}{A}+\frac{e_p}{W}\right)} \tag{3.2-27}$$

求得的 N_{pe} 值后，再确定适当的张拉控制应力 σ_{con} 并扣除相应的应力损失 σ_L（对于配高强钢丝或钢铰线的后张法构件 σ_L 约为 $0.2\sigma_{con}$），就可以估算出所需要的预应力钢筋的总面积 $A_p=N_{pe}/(1-0.2)\sigma_{con}$。

A_p 确定之后，则可按一束预应力钢筋的面积 A_{p1} 算出所需的预应力钢筋束数 n_1 为：

$$n_1=A_p/A_{p1} \tag{3.2-28}$$

式中：A_{p1}——一束预应力钢筋的截面面积。

（2）按构件承载能力极限状态要求估算非预应力钢筋数量。

在确定预应力钢筋的数量后，非预应力钢筋根据正截面承载能力极限状态的要求来确定。对仅在受拉区配置预应力钢筋和非预应力钢筋的预应力混凝土梁（以 T 形截面梁为例），由前述可知对两类 T 形截面，其正截面承载能力极限状态计算式分别为：

第一类 T 形截面

$$f_{sd}A_s + f_{pd}A_p = f_{cd}b'_f x \tag{3.2-29}$$

$$\gamma_0 M_d \leqslant f_{cd}b'_f x(h_0 - x/2) \tag{3.2-30}$$

第二类 T 形截面

$$f_{sd}A_s + f_{pd}A_p = f_{cd}[bx + (b'_f - b)h'_f] \tag{3.2-31}$$

$$\gamma_0 M_d \leqslant f_{cd}[bx(h_0 - x/2) + (b'_f - b)h'_f(h_0 - h'_f/2)] \tag{3.2-32}$$

估算时，先假定为第一类 T 形截面，按式（3.2-30）计算受压区高度 x，若计算所得 x 满足 $x \leqslant h'_f$，则由式（3.2-29）可得受拉区非预应力钢筋截面面积为：

$$A_s = \frac{f_{cd}b'_f x - f_{pd}A_p}{f_{sd}} \tag{3.2-33}$$

若按式（3.2-30）计算所得的受压区高度为 $x > h'_f$，则为第二类 T 形截面，须按式（3.2-32）重新计算受压区高度 x，若所得 $x \leqslant h'_f$ 且满足 $x \leqslant \xi_b h_0$ 的限制条件，则由式（3.2-31）可得受拉区非预应力钢筋截面面积为：

$$A_s = \frac{f_{cd}[bx + (b'_f - b)h'_f] - f_{pd}A_p}{f_{sd}} \tag{3.2-34}$$

若按式（3.2-32）计算所得的受压区高度为 $x > h'_f$ 且满足 $x \leqslant \xi_b h_0$，则须修改截面尺寸，增大梁高。

矩形截面梁按正截面承载能力极限状态估计非预应力钢筋的方法与第一类 T 形截面梁方法相同，只需将式（3.2-29）和式（3.2-30）中的 b'_f 改为 b。

（3）最小配筋率的要求。

按上述方法估算所得的钢筋数量，还必须满足最小配筋率的需求。《桥规》规定，预应力混凝土受弯构件的最小配筋率应满足条件：

$$\frac{M_u}{M_{cr}} \geqslant 1.0 \tag{3.2-35}$$

式中：M_u——受弯构件正截面抗弯承载力设计值，按式（3.2-30）或式（3.2-32）中不等号右边的式子计算；

M_{cr}——受弯构件正截面开裂弯矩值；

M_{cr} 的计算式为：

$$M_{cr} = (\sigma_{pc} + \gamma f_{tk})W_0 \tag{3.2-36}$$

式中：σ_{pc}——扣除全部预应力损失预应力钢筋和普通钢筋合力 N_{p0} 在构件抗裂边缘产生的混凝土预压应力；

W_0——换算截面抗裂边缘的弹性抵抗矩；

γ——计算参数，按式 $\gamma = 2S_0/W_0$ 计算，其中 S_0 为全截面换算重心轴以上（或以下）部分面积对重心轴的面积矩。

（四）预应力钢筋的分布

1. 束　界

合理确定预加力作用点（一般近似地取为预应力钢筋截面重心）的位置对预应力混凝土梁是很重要的。以全预应力混凝土简支梁为例，在弯矩最大的跨中截面处，应尽可能使预应力筋的重心降低（即尽量增大偏心距 e_p 值），使其产生较大的预应力负弯矩（$M_p = -N_p e_p$）来平衡外荷载引起的正弯矩。如令 N_p 沿梁近似不变，则对于弯矩较小的其他截面，应相应地减小偏心距 e_p 值，以免由于过大的预应力负弯矩 M_p 而引起构件上缘的混凝土出现拉应力。

根据全预应力混凝土构件截面上、下缘混凝土不出现拉应力的原则，可以按照在最小外荷载（即构件一期恒载 G_1）作用下和最不利荷载（即一期恒载 G_1、二期恒载和可变 G_2 荷载）作用下的两种情况，分别确定 N_p 在各个截面上偏心距的极限。由此可以绘出如图 3.2-4 所示的两条 e_p 的限制线 E_1 和 E_2。只要 N_p 作用点（也即近似为预应力钢筋的截面重心）的位置，落在由 E_1 及 E_2 所围成的区域内，就能保证构件在最小外荷载和最不利荷载作用下，其上、下缘混凝土均不会出现拉应力。因此，把由 E_1 和 E_2 两条曲线所围成的布置预应力钢筋时的钢筋重心界限，称为束界（或索界）。

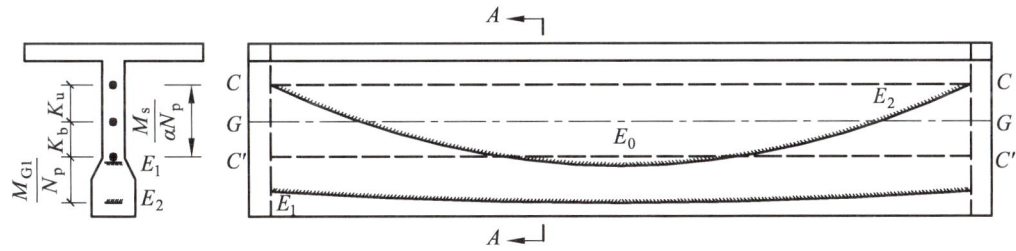

图 3.2-4　全预应力混凝土简支梁的束界图

根据上述原则，可以容易地按下列方法绘制全预应力混凝土等截面简支梁的束界。为使计算方便，近似地略去孔道削弱和灌浆后黏结力的影响，一律按混凝土全截面特性计算，并设压应力为正，拉应力为负。

在预加应力阶段，保证梁的上缘混凝土不出现拉应力的条件为：

$$\sigma_{ct} = \frac{N_{pI}}{A} - \frac{N_{pI} e_{pI}}{W_u} + \frac{M_{G1}}{W_u} \geqslant 0 \qquad (3.2\text{-}37)$$

由此求得到

$$e_{pI} \leqslant E_1 = K_b + M_{G1}/N_{pI} \qquad (3.2\text{-}38)$$

式中：e_{p1}——预加力合力的偏心距，合力点位于截面重心轴以下时 e_{p1} 取正值，反之取负值；
K_b——混凝土截面下核心距，$K_b = W_u/A$；
W_u——构件全截面对截面上缘的弹性抵抗矩；
N_{pI}——传力锚固时预加力的合力。

同理，在作用（或荷载）短期效应组合计算的弯矩值作用下，根据构件下缘不出现拉应力的条件，同样可以求得预加力合力偏心距（e_{p2}）为

$$e_{p2} \geqslant E_2 = \frac{M_s}{\alpha N_{pI}} - K_u \tag{3.2-39}$$

式中：M_s——按作用（或荷载）短期效应组合计算的弯矩值；
α——使用阶段的永存预加力 N_{pe} 与传力锚固时的有效预加力 N_{pI} 之比值，可近似地取 $\alpha = 0.8$；
K_u——混凝土截面上核心距，$K_u = W_b/A$；
W_b——构件全截面对截面下缘的弹性抵抗矩。

由式（3.2-38）、式（3.2-39）可以看出：e_{p1}、e_{p2} 分别具有与弯矩 M_{G1} 和 M_s 相似的变化规律，都可视为沿跨径而变化的抛物线，其上、下限值 E_2、E_1 之间的区域就是束筋配置范围。由此可知，预应力钢筋重心位置（即 e_p）所应遵循的条件为：

$$\frac{M_s}{\alpha N_{pI}} - K_u \leqslant e_p \leqslant K_b = \frac{M_{G1}}{N_{pI}} \tag{3.2-40}$$

只要预应力钢筋重心线的偏心距 e_p 满足式（3.2-40）的要求，就可以保证构件在预加力阶段和使用荷载阶段，其上、下缘混凝土都不会出现拉应力。这对于检验预应力钢筋配置是否得当，无疑是一个简便而直观的方法。

显然，对于允许出现拉应力或允许出现裂缝的部分预应力混凝土构件，只要根据构件上下缘混凝土拉应力（包括名义拉应力）的不同限制值作相应的演算，则其束界也同样不难确定。

2. 预应力钢筋的布置原则

（1）预应力钢筋的布置，应使其重心线不超出束界范围。因此，大部分预应力钢筋在靠近支点时，均须逐步弯起。只有这样，才能保证构件无论是在施工阶段还是在使用阶段，其任意截面上、下缘混凝土的法向应力都不致超过规定的限制值。同时，构件端部逐步弯起的预应力钢筋将产生预剪力，这对抵消支点附近较大的外荷载剪力也是非常有利的；而且从构造上来说，预应力钢筋的弯起，可使锚固点分散，有利于锚具的布置。锚具的分散，使梁端部承受的集中力也相应地分散，这对改善锚固区的局部承压也是有利的。

（2）预应力钢筋弯起的角度，应与所承受的剪力变化规律相配合。根据受力要求，预应力钢筋弯起后所产生的预剪力 V_p 应能抵消作用（或荷载）产生的剪力组合设计值 V_d 的一部分。抵消后所剩余的外剪力，通常称为减余剪力，将其绘制成图，则称为减余剪力图，它是配置抗剪钢筋的依据。

（3）预应力钢筋的布置应符合构造要求。许多构造规定，一般虽未经详细计算，但却是根据长期设计、施工和使用的实践经验而确定的。这对保证构件的耐久性和满足设计、施工的具体要求，都是必不可少的。

3. 预应力钢筋弯起点的确定

预应力钢筋的弯起点，应从兼顾剪力与弯矩两方面的受力要求来考虑。

（1）从受剪考虑，理论上应从 $\gamma_0 V_d \geqslant V_{cs}$ 的截面开始起弯，以提供一部分预剪力 V_p 来抵抗作用产生的剪力。但实际上，受弯构件跨中部分的梁腹混凝土已足够承受荷载作用的剪力，因此一般是根据经验，在跨径的三分点到四分点之间开始弯起。

（2）从受弯考虑，由于预应力钢筋弯起后，其重心线将往上移，使偏心距 e_p 变小，即预加力弯矩 M_p 将变小。因此，应注意预应力钢筋弯起后的正截面抗弯承载力的要求。

（3）预应力钢筋的起弯点尚应考虑满足斜截面抗弯承载力的要求，即保证预应力钢筋弯起后斜截面上的抗弯承载力不低于斜截面顶端所在的正截面的抗弯承载力。

4. 预应力钢筋弯起角度

从减小曲线预应力钢筋预拉时摩阻应力损失出发，弯起角度 θ_p 不宜大于 20°，一般在梁端锚固时都不会达到此值，而对于弯出梁顶锚固的钢筋，则往往超过 20°，θ_p 常在 25°~30° 之间。θ_p 角较大的预应力钢筋，应注意采取减小摩擦系数值的措施，以减小由此而引起的摩擦应力损失。

从理论上讲，预应力钢筋弯起的最佳设计是考虑预剪力作用后，只有恒载作用和恒活载共同作用的合成剪力绝对值相等，即

$$\left| V_{G1} + V_{G2} - N_{pd} \sin \theta_p \right| = \left| V_{G1} + V_{G2} + V_Q - N_{pd} \sin \theta_p \right| \tag{3.2-41}$$

也即通过 $N_{pd} \sin \theta_p = (V_{G1} + V_{G2} + V_Q/2)$ 的条件来控制预应力钢筋的弯起角度 θ_p，但对于恒载较大（跨径较大）的梁，按此确定的 θ_p 值显然过大。为此，只能在条件允许的情况下选择较大的 θ_p 值；对于邻近支点的梁段，则可在满足抗弯承载力要求的条件下，使预应力钢筋弯起的数量应尽可能多些。

5. 预应力钢筋弯起的曲线形状

预应力钢筋弯起的曲线可采用圆弧线、抛物线或悬链线 3 种形式。公路桥涵中多采用圆弧线。《桥规》规定，后张法构件预应力构件的曲线形预应力钢筋，其曲率半径应符合下列规定：

（1）钢丝束、钢绞线束的钢丝直径 $d \leqslant 5$ mm 时，不宜小于 4 m；钢丝直径 $d > 5$ mm 时，不宜小于 6 m。

（2）精轧螺纹钢筋直径 $d \leqslant 25$ mm 时，不宜小于 12 m；直径 $d > 25$ mm 时，不宜小于 15 m。

对于具有特殊用途的预应力钢筋（如斜拉桥桥塔中围箍用的半圆形预应力钢筋，其半径在 1.5 m 左右），因采取特殊的措施，可以不受此限。

6. 预应力钢筋布置的具体要求

（1）后张法构件。

对于后张法构件，预应力钢筋预留孔道之间的水平净距，应保证混凝土中最大集料在浇

筑混凝土时能顺利通过，同时也要保证预留孔道间不致串孔（金属预埋波纹管除外）和锚具布置的要求等。后张法构件预应力钢筋管道的设置应符合下列规定：

① 直线管道之间的水平净距不应小于 40 mm，且不宜小于管道直径的 0.6 倍；对于预埋的金属或塑料波纹管和铁皮管，在竖直方向可将两管道叠置。

② 曲线形预应力钢筋管道在曲线平面内相邻管道间的最小保护层厚度（图 3.2-5）计算式为：

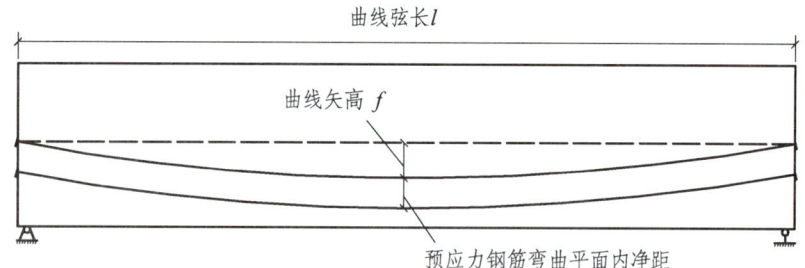

图 3.2-5　曲线形预应力钢筋弯曲平面内净距

$$c_{in} \geqslant \frac{P_d}{0.266r\sqrt{f_{cu}}} - \frac{d_s}{2} \qquad (3.2\text{-}42)$$

式中：c_{in}——相邻两曲线管道外缘在曲线平面内净距（mm）。

　　　d_s——管道外缘直径（mm）。

　　　P_d——相邻两管道曲线半径较大的一根预应力钢筋的张拉力设计值（N），张拉力可取扣除锚圈口摩擦、钢筋回缩及计算截面处管道摩擦损失后的张拉力乘以 1.2。

　　　r——相邻两管道曲线半径较大的一根预应力钢筋的曲线半径（mm），其计算式为

$$r = \frac{l}{2}\left(\frac{1}{4\beta} + \beta\right)$$

其中：l——曲线弦长（mm）。

　　　β——曲线矢高 f 与弦长 l 之比。

　　　f_{cu}——预应力钢筋张拉时，边长为 150 mm 立方体混凝土抗压强度（MPa）。

当按上述计算的净距小于相应直线管道净距时，应取用直线管道最小净距。

③ 曲线形预应力钢筋管道在曲线平面外相邻管道间的最小距离 c_{out} 计算式为：

$$c_{out} \geqslant \frac{P_d}{0.266\pi r\sqrt{f_{cu}}} - \frac{d_s}{2} \qquad (3.2\text{-}43)$$

式中：c_{out}——相邻两曲线管道外缘在曲线平面外净距（mm）；

　　　P_d、r、f_{cu} 意义同上。

④ 管道内径的截面面积不应小于预应力钢筋截面面积的 2 倍。

⑤ 按计算需要设置预拱度时，预留管道也应同时起拱。

⑥ 后张法预应力混凝土构件，其预应力管道的混凝土保护层厚度，应符合《桥规》的下列要求：

普通钢筋和预应力直线形钢筋的最小混凝土保护层厚度（钢筋外缘或管道外缘至混凝土表面的距离）不应小于钢筋公称直径，后张法构件预应力直线形钢筋不应小于管道直径的1/2且应符合《桥规》的规定。

对外形呈曲线形且布置有曲线预应力钢筋的构件，其曲线平面内的管道的最小混凝土保护层厚度，应根据施加预应力时曲线预应力钢筋的张拉力，按式（3.2-42）计算，其中 c_{in} 为管道外边缘至曲线平面内混凝土表层的距离（mm）；当按式（3.2-42）计算的保护层厚度过多地超过上述规定的直线管道保护层厚度时，也可按直线管道设置最小保护层厚度，但应在管道曲线段弯曲平面内设置箍筋，箍筋单肢的截面面积计算式为：

$$A_{sv1} \geq \frac{P_d s_v}{2 r f_{sv}} \tag{3.2-44}$$

式中：A_{sv1}——箍筋单肢截面面积（mm^2）；

　　　s_v——箍筋间距（mm）；

　　　f_{sv}——箍筋抗拉强度设计值（MPa）。

曲线平面外的管道最小混凝土保护层厚度按式（3.2-43）计算，其中 c_{out} 为管道外边缘至曲线平面外混凝土表面的距离（mm）。

按上述公式计算的保护层厚度，如小于各类环境的直线管道的保护层厚度，应取相应环境条件的直线管道的保护层厚度。

（2）先张法构件。

先张法预应力混凝土构件宜采用钢绞线、螺旋肋钢丝或刻痕钢丝用作预应力钢筋，当采用光面钢丝作预应力筋时，应采取适当措施（如钢丝刻痕、提高混凝土强度等级及施工中采用缓慢放张的工艺等），保证钢丝在混凝土中可靠地锚固，防止因钢丝与混凝土间黏结力不足而使钢丝滑动，丧失预应力。

在先张法预应力混凝土构件中，预应力钢绞线之间的净距不应小于其直径的1.5倍，且对2股、3股钢绞线不应小于20 mm，对7股钢绞线不应小于25 mm。预应力钢丝间净距不应小于15 mm。

在先张法预应力混凝土构件中，对于单根预应力钢筋，其端部应设置长度不小于150 mm的螺旋筋；对于多根预应力钢筋，在构件端部10倍预应力钢筋直径范围内，应设置3~5片钢筋网。

（五）预应力钢筋的布置

在预应力混凝土受弯构件中，除了预应力钢筋外，还需要配置各种形式的非预应力钢筋。

1. 箍　筋

箍筋与弯起预应力钢筋同为预应力混凝土梁的腹筋，与混凝土一起共同承担着荷载剪力，故应按抗剪要求来确定箍筋数量（包括直径和间距的大小）。在剪力较小的梁段，按计算要求的箍筋数量很少，但为了防止混凝土受剪时的意外脆性破坏，《桥规》仍要求按下列规定配置构造箍筋：

（1）预应力混凝土 T 形、I 形截面梁和箱形截面梁腹板内应分别设置直径不小于 10 mm 和 12 mm 的箍筋，且应采用带肋钢筋，间距不应大于 250 mm；自支座中心起长度不小于 1 倍梁高范围内，应采用闭合式箍筋，间距不应大于 100 mm。

（2）在 T 形、I 形截面梁下部的"马蹄"内，应另设直径不小于 8 mm 的闭合式箍筋，间距不应大于 200 mm；另外，"马蹄"内还应设直径不小于 12 mm 的定位钢筋。这是因为"马蹄"在预加应力阶段承受着很大的预压应力，为防止混凝土横向变形过大和沿梁轴方向发生纵向水平裂缝，而予以局部加强。

2．水平纵向辅助钢筋

T 形截面预应力混凝土梁，截面上边缘有翼缘、下边缘有"马蹄"，它们在梁横向的尺寸，都比腹板厚度大，在混凝土硬化或温度骤降时，腹板将受到翼缘与"马蹄"的钳制作用（因翼缘和"马蹄"部分尺寸较大，温度下降引起的混凝土收缩较慢），而不能自由地收缩变形，因而有可能产生裂缝。经验指出，对于未设水平纵向辅助钢筋的薄腹板梁，其下缘因有密布的纵向钢筋，出现的裂缝细而密，而过下缘（即"马蹄"）与腹板的交界处进入腹板后，其裂缝就常显得粗而稀。梁的截面越高，这种现象越明显。例如采用蒸汽养护的预应力混凝土 T 形梁，由于施工未注意到梁体温度较高、大气温度较低的情况，结束蒸汽养护就使梁体暴露在空气中而导致在梁体的三分点处出现这种裂缝，且裂缝宽度较大。为了缩小裂缝间距，防止腹板裂缝较宽，一般需要在腹板两侧设置水平纵向辅助钢筋，通常称为防裂钢筋。对于预应力混凝土梁，这种钢筋宜采用小直径的钢筋网，紧贴箍筋布置于腹板两侧，以增加与混凝土的黏结力，使裂缝的间距和宽度均减小。从这个意义上讲，将这种构造钢筋称为裂缝分散钢筋似更为合适。

3．局部加强钢筋

对于局部受力较大的部位，应设置加强钢筋，如"马蹄"中的闭合式箍筋和梁端锚固区的加强钢筋等，除此之外，梁底支座处亦设置钢筋网加强。

4．架立钢筋与定位钢筋

架立钢筋是用于支撑箍筋的，一般采用直径为 12～20 mm 的圆钢筋；定位钢筋系指用于固定预留孔道制孔器位置的钢筋，常做成网格式。

（六）锚具的防护

对于埋入梁体的锚具，在预加应力完成后，其周围应设置构造钢筋与梁体连接，然后浇筑封锚混凝土。封锚混凝土强度等级不应低于构件本身混凝土强度等级的 80%，且不低于 C30。

四、课外加油站

预应力混凝土简支梁计算实例

五、思想政治素质养成

预应力混凝土之所以能够得到广泛应用，不仅仅是因为预应力提高了构件的刚度、增加了混凝土结构的耐久性，更离不开设计人员严谨细致、一丝不苟的设计态度。预应力混凝土计算过程非常复杂，要求设计人员一定要严格执行规范标准，保证计算结果的准确性。

六、任务分配和任务工作单

学生任务分配表

班级：　　　　　组号：　　　　　组长：　　　　　指导老师：

组员	任务分工	组员	任务分工

任务工作单 1

姓名：	学号：	日期：

（1）什么是截面抗弯效率指标？

（2）什么是束界？预应力钢筋的布置原则是什么？

（3）如何确定预应力钢筋的起点？如何确定预应力钢筋的弯起角度？

任务工作单 2

姓名：	学号：	日期：

以后张法简支梁为例，说明预应力混凝土梁设计计算步骤。

七、评价反馈

评价反馈表

姓名：		组号：		组长：			指导老师：	
评价指标	评价内容		分值	个人自评（20%）	组内互评（20%）	组间互评（20%）	教师评价（40%）	综合评价
信息检索能力	能有效利用网络、图书资源查找有用的相关信息等，能将查到的信息有效地利用到学习中		10分					
课堂感知力	是否熟悉结构设计流程，认同工作价值？在学习中是否能获得满足感？课堂氛围如何？		10分					
参与度、交流沟通	是否积极主动与教师、同学交流，相互尊重、理解？与教师、同学之间是否能够保持多向、丰富、适宜的信息交流？		10分					
	能处理好合作学习和独立思考的关系，做到有效学习；能提出有意义的问题或能发表个人见解		10分					
知识、能力获得情况	熟悉预应力混凝土设计计算步骤		10分					
	能初步确定预应力混凝土构件截面尺寸		10分					
	能合理布置预应力钢筋		20分					
	掌握预应力钢筋的布置原则		10分					
思维态度	是否能发现问题、提出问题、分析问题、解决问题、创新问题？		5分					
自评反思	按时按质完成任务；较好地掌握了知识点；具有较强的信息分析能力和理解能力；具有较为全面严谨的思维能力，并能条理清楚明晰地表达成文		5分					
	反思改进							

参考文献

[1] 于辉，崔岩. 结构设计原理. 2版. 北京：北京理工大学出版社，2016.

[2] 叶见曙. 结构设计原理. 5版. 北京：人民交通出版社股份有限公司，2021.

[3] 沈蒲生. 混凝土结构设计原理. 5版. 北京：高等教育出版社，2020.

[4] 李乔. 混凝土结构设计原理. 3版. 北京：中国铁道出版社，2013.

[5] 中交公路规划设计院有限公司. 公路钢筋混凝土及预应力混凝土桥涵设计规范：JTG 3362—2018. 北京：人民交通出版社股份有限公司，2018.

[6] 中铁工程设计咨询集团有限公司. 铁路桥涵混凝土结构设计规范：TB 10092—2017. 北京：中国铁道出版社，2017.

[7] 住房和城乡建设部. 混凝土结构设计规范：GB 50010—2010. 2015年版. 北京：中国建筑工业出版社，2015.

[8] 梁兴文，王社良，李晓文. 混凝土结构设计原理. 2版. 北京：科学出版社，2007.

[9] 住房和城乡建设部. 建筑结构荷载规范：GB 50009—2012. 北京：中国建筑工业出版社，2012.

[10] 中交一公局集团有限公司 公路桥涵施工技术规范：JTG/T 3650—2020. 北京：人民交通出版社股份有限公司，2020.

[11] 黄平明，梅葵花，王蒂. 结构设计原理. 北京：人民交通出版社，2006.

[12] 孙元桃. 结构设计原理. 北京：人民交通出版社，2005.

[13] 黄侨，王永平. 桥梁混凝土结构设计原理计算示例. 北京：人民交通出版社，2005.

[14] 李辅元. 桥梁工程. 北京：人民交通出版社，2005.

[15] 贾艳敏，高力. 结构设计原理. 北京：人民交通出版社，2004.

[16] 张庆芳，张志国. 公路桥涵混凝土结构设计原理. 天津：天津大学出版社，2019.